U0262015

生态恢复保护与经济社会和谐共生研究

——以东江源国家生态功能保护区为例

李志萌 等◎著

中国社会科学出版社

图书在版编目(CIP)数据

生态恢复保护与经济社会和谐共生研究：以东江源国家生态功能保护区为例 / 李志萌等著. —北京：中国社会科学出版社，2018.12
ISBN 978-7-5203-1383-4

Ⅰ.①生… Ⅱ.①李… Ⅲ.①自然保护区—生态恢复—关系—区域经济发展—安远县②自然保护区—生态恢复—关系—社会发展—安远县
Ⅳ.①S759.992.564②F127.564

中国版本图书馆 CIP 数据核字(2017)第 273422 号

出 版 人 赵剑英
责任编辑 冯春凤
责任校对 张爱华
责任印制 张雪娇

出 版 中国社会科学出版社
社 址 北京鼓楼西大街甲 158 号
邮 编 100720
网 址 http://www.csspw.cn
发 行 部 010-84083685
门 市 部 010-84029450
经 销 新华书店及其他书店

印 刷 北京君升印刷有限公司
装 订 廊坊市广阳区广增装订厂
版 次 2018 年 12 月第 1 版
印 次 2018 年 12 月第 1 次印刷

开 本 710×1000 1/16
印 张 19.5
插 页 2
字 数 320 千字
定 价 79.00 元

目　录

导　言

一　研究目的和意义

生态安全是国家安全和社会稳定的重要组成部分。环境退化已成为世界各国普遍面临的重要问题，使退化后的生态系统功能得到恢复与保护，实现区域经济社会协调发展，成为当今世界区域发展的焦点。生态功能保护是当今国际社会区域生态保护的共同选择。当前国际上普遍重视“生态系统方式”的管理，强调对具有重要生态功能的生态系统，尊重大自然的力量，依靠生态系统的自我调节能力进行修复，或者辅以人工措施，使遭到破坏的生态系统逐步恢复或使生态系统向良性循环方向发展，强调保护区建设、管理与经济、社会发展密切相关。

我国是世界上生态系统退化最严重的国家之一，尤其以山地和草原的生态系统退化最为严重。从20世纪50年代开始我国就进行了生态恢复实践和研究[①]，20世纪80年代开始的生态平衡论，则拓展到相互协调论和可持续发展论，认为世界是“自然—人—社会”的复合生态系统，“发展”应导致复杂系统朝向更加合理、更为协调的方向进化，实现“发展度、协调度、持续度”三者结合的最优化。[②]“十一五”期间，国家颁布实施了《全国生态功能区划》，为区域生态系统管理、自然资源开发、产业调整布局及国家主体功能区划分提供科学依据，是“中国重要生态功能区模式及其政策创新，为整合生态保护与人类发展提供了新的范式”[③]。

---

① 孙书存、包维楷：《恢复生态学》，化学工业出版社2005年版。

② 李周：《中国反贫困与可持续发展》，科学出版社2007年版。

③ Paul Ehrlich等美国科学院院士的研究评述《自然》（*Nature*，Vol 486，June 7，2012）；《全国生态功能区划》获2012年度国家科学技术进步二等奖。

《国家主体功能区规划》确定的全国国土空间最新布局，明确了国土空间四大主体功能区域规划，其中禁止开发、限制开发区将为生态功能保护区的建设提供保障。我国自2001年确定首批国家级生态功能保护区建设试点以来，在跨省域和重点区域的重要生态功能区，已相应建立了25个国家级生态功能保护区建设试点。这些重要生态功能保护区在确保国家和地区生态安全，实现长治久安与可持续发展方面具有重要作用。加强重点生态功能保护区建设，"生态功能"整体性和综合性保护的理念已得到社会各界的承认和支持。我国重要生态功能区大都地处生态脆弱带，又是相对贫困、人口较多的地区，面临着人口增加、发展经济与环境保护等多重压力，部分区域生态功能整体退化甚至丧失，严重威胁国家和区域的生态安全。目前，"要以生态功能保护区抢救性保护为重点"①，加强生态功能区生态修复和功能保护，协调生态保护与经济社会发展的关系已刻不容缓，是科学发展和实现生态文明的基础。

东江源区是以水源涵养为主导功能的国家重点生态功能保护区，涵盖江西省南部的寻乌、安远、定南三县，东江源是珠江流域的源头之一，是700万香港同胞及广东珠江三角洲地区的"源头活水"，加强源区保护和建设，保持其优良的水质和充足的水量，直接关系到沿江特别是香港同胞饮用水的安全和香港的长期繁荣、稳定与发展，具有特殊的生态和深远政治意义②。目前，东江流域上游地区是全国典型的贫困地区，而中下游区域则是经济社会发达地区，上下游居民收入差距、地区差距、城乡差距十分巨大，人口压力和强烈的经济发展需求使保护区面临严峻挑战，东江源区正面临着典型的环境保护与发展的矛盾。本课题以此为例，以小见大、以点带面综合研究源区生态功能修复保护与经济社会共生发展，在全国具有典型意义，也将为全国生态功能保护区解决生态功能退化与经济社会发展的突出矛盾，积累经验、提供示范和决策参考。

---

① 国家环境保护总局：《关于印发〈国家重点生态功能保护区规划纲要〉的通知》，http://www.zhb.gov.cn/gkml/zj/wj/200910/t20091022_172483.htm，2007－10－31.

② 李志萌：《生态保护区环保与经济和谐共生发展研究——以东江源区为例》，《江西社会科学》2006年第6期。

二　研究的主要内容和主要观点

本书分上、下两篇，即生态恢复保护综合篇和东江源区生态保护与经济社会协调发展篇，共十二章。

（一）生态恢复保护综合篇

从保护生态系统、使遭到破坏的生态系统逐步恢复、提高生态系统承载力的角度提出了实现生态功能区的生态经济社会和谐共生的基础与目标。本篇对生态系统的理论研究和实践探索进行了综述，对生态系统的结构、功能和变化规律，生态功能分类和区划，生态保护、建设和管理政策进行了梳理。对国家合理空间开发结构与生态功能区定位进行解读分析，阐述了生态功能区与其他功能区的关系，生态功能区与区域发展战略的关系，以及充分发挥市场机制在配置资源中的决定性作用，推进国家重点生态功能区的保护和建设。

在工业化和城市化快速的推进中，许多类型的生态系统严重退化，给人类的生存和社会经济的可持续发展带来了严重的负面影响，必须因地制宜开展生态恢复，运用切实可行的生态系统恢复的方法和技术，借鉴国内外生态功能保护带有规律性和指导性的经验和方法，开展生态系统的保护、整治、恢复。实现国家重点生态功能区的保护与区域经济社会和谐发展，必须建立体现发展公平为价值取向的生态补偿机制。流域生态补偿则是以水源涵养为特征的生态功能区与生态经济社会和谐发展为基础，充分体现了生态服务产品的市场供求和资源稀缺程度，体现了生态服务价值。根据流域生态补偿中存在的难点和问题，选择流域生态补偿的合理模式，构建“生态共同体”，增强受偿地区生态产品的生产能力，形成保护—补偿—利用—控制的组织制度保障，以经济手段为主，调节上下游省际区域间经济发展与环境保护，平衡生态保护义务与受益权的不对称，实现区域发展共赢。

（二）东江源区生态保护与经济社会协调发展篇

以国家重点生态功能区东江源寻乌、安远、定南三县为研究对象，分析了源区的地理位置和作为珠江三角洲地区及香港特别行政区的水源涵养特殊功能定位。全面分析了东江源区环境经济社会发展现状，生态环境功能退化的自然和人为多方原因。运用生态足迹法评价源区环境承载力，得出东江源地区经济发展对生态环境压力不断增加，东江源地区发展的可持续性正逐年下降，东江源地区的经济发展是以耗竭自身资源或其他区域的自然资产为基础的。为此，对东江源区生态系统功能及生态服务价值进行合理的核算与评估，重点对东江源区森林资源、水资源两大生态服务产品的现状进行分析、核算与价值评估，提出源区应发挥优势建立生态服务产业区，积极探索森林、流域生态修复保护模式和技术，建立以资源环境承载力和环境容量为基础的经济发展模式，形成促进生态经济社会复合系统的良性循环。

东江源区是以水源涵养为主导功能的国家级生态功能保护区，特殊功能定位、禁止和限制开发政策约束使其在区域经济发展过程中不发达和欠发达的特征更加明显。作为流域内国土空间布局优化开发区和重点开发区的珠江三角洲地区是生态安全的受益者，在快速工业化、城镇化过程中积累了雄厚的经济实力，有责任对承担生态安全的生态功能区作出“反哺”，以实现生态公平与正义。政府应从全局利益出发进行公益性指引，统筹协调流域范围内的省际之间的利益与生态补偿，通过生态补偿立法，将整个流域作为一个整体，协调上下游省际之间的利益冲突与矛盾，组建国家、江西省、广东省、香港共同出资的东江源生态补偿基金，通过区域协作，构建生态补偿上下游协商机制、完善技术支撑、建立流域生态补偿实施效果评价、责任追究机制等，使东江源区生态补偿的试点工作真正落实，形成试点示范。

在生态脆弱区和脆弱带，贫困人口所占比重大，在生态保护恢复过程中，必须与当地经济社会的发展相结合，生态建设另一个核心点就是使当地群众脱贫致富。东江源地区在恢复和重建过程中，必须与地方产业与当地居民生活改善相结合，生态恢复重建才有可能真正实现。

稀土产业是东江源区三县及赣南地区的支柱产业。赣南地区是我国重要的稀土矿产资源开采地和矿产品出口贸易基地，其中重稀土储量超过世界总储量的15%。2012年颁发的《国务院关于支持赣南等原中央苏区振兴发展的若干意见》进一步强化了赣南稀土战略地位。而东江源区的安远、定南、寻乌三县离子型稀土资源储量、保有稀土资源储量分别占赣南地区57.65%和56.83%。要保护好东江源头的水质，发挥其水源涵养的重要功能，必须积极推动稀土资源保护性利用、加大稀土矿山的环境治理，及时开展矿山修复。本课题分析了赣南及源区三县稀土矿分布储量及开采历史上存在的问题，重点介绍了环境治理与土地复垦的“龙南模式”，提出必须加大东江源区及周边环境保护，探索矿山生态修复技术方式，实现稀土矿产资源节约利用，实现稀土产业转型升级。

东江源区产业发展必须根据国家重点生态功能保护区限制开发区功能定位，加快转变经济发展方式，实现产业生态化。东江源区适宜产业发展的重点领域，包括增加生态产品供给的林业资源的培育与综合利用、生态农业、生态旅游、果业的加工及稀土资源的保护性开发和矿山的修复等。关键要实现产业链与生态链的统一，促进产业系统与自然环境的相互作用和协调，本课题重点分析农民增收的支柱产业——脐橙产业发展与生态保护修复，提出支持东江源区产业转型发展的综合政策措施。

科学的生态移民对于摆脱因环境压力造成的基础性贫困具有重要意义。分析东江源区生态移民的基本特点、支持生态移民的主要政策及其实施效果，提出创新生态移民安置机制，建立和完善移民后期帮扶机制，发展和培育移民后续产业。建立长效增收机制、结合新农村建设、完善安置点的基础设施等，把生态移民与产业发展、扶贫问题、农村社区建设结合起来，最终实现东江源区生态移民“迁得出，稳得住，富得起”的目标。

建立东江源区生态功能保护区以来，中央政府、江西省、赣州市及源区三县在源区生态保护和促进区域经济社会发展中出台了一系列的支持政策、开展了系列生态修复保护工程，并取得了一定的绩效。课题组认为东江源区开展生态环境保护和建设工程后，在转变发展方式、调整和优化产业结构、生态文明建设理念的深入扎根等方面初见成效。水质状况明显改善、水量减少的势头得到遏制、水土流失的治理取得明显成效、采矿区废弃地的复垦取得明显进展、通过矿山整治，大大减少了采矿点、自然保护区个数和面积、湿地和森林公园数增加，生态环境得到进一步保护。但是，经济社会发展与生态环境保护的矛盾依然突出、流域上下游生态补偿机制尚处于探索阶段、生态环境监测体系有待进一步加强和完善。

实现东江源区环境经济社会和谐共生必须建立完善的支持体系。包括构建以人与自然共生为核心的生态伦理价值体系，实现生态功能由逆向演替到顺向演替的生态修复保护体系；以自然资源永续利用的资源保护体系；生态产业及循环经济为核心的生态经济体系；城乡协调高效和谐生态社会体系；生态功能保护的政策支持体系。重点要培育以人与自然和谐的价值理念，实现生态保护补偿机制的法治化、制度化，形成政府主导、市场运作、社会协调、群众参与的生态保护组织保障。

三　学术价值与应用价值

（一）学术价值

本课题涉及生态、经济、社会多学科，以生态经济学、生态学及可持续发展理论等为指导，借鉴国内外生态功能区及流域综合管理和江河源头治理的有效做法，以东江源区为例，对该区人口、环境、资源、产业进行全面剖析，通过调研科考相结合，运用实证、对比、系统分析、能值评价、生态足迹、资源环境承载力分析等研究方法对源区自然资源和生态系统功能及保护区经济社会发展现状进行全面评估；分析找出生态功能保护区生态效益与源区经济社会发展变数关系，寻求产业链与生态链有机结合点，为科学构建源区经济社会发展与环境保护战略提供科学依据。

（二）应用价值

科学合理地对东江源生态功能保护区建设绩效进行评估，生态效益与经济社会发展变数关系；东江源区生态修复保护模式及修复技术；生态功能退化与当地产业的关系及源区发展环境友好型产业的选择与评估；东江源区生态保护补偿机制构建和完善。生态补偿是利益分化、重组和整合的过程，如何实现生态补偿机制法治化及生态补偿标准的确定、补偿资金来源及被补偿者识别等；区域协调互动发展机制及生态功能保护区与其他主体功能区的关系。重点在跨地区、跨流域重大环境问题共同解决的协调机制研究；生态功能保护区、生态经济社会和谐共生发展支持体系研究。在生态环境保护上，通过国家东江源重点生态功能保护区建设，建立起责任、监督、补偿等有机结合的机制，把各方面的积极性很好地结合起来，实现区域协调互动发展；在经济社会发展上，改变粗放型的经济发展方式，坚持保护优先、限制开发、点状发展的原则，通过生态环保型效益经济这一全新发展模式，发展生态产业，修复和完善生态功能，实现保护区山清水秀、居民生活富裕、经济社会和谐发展。实现“同饮一江水，共建东江源，让香港同胞喝上放心水，东江源区老百姓过上好日子”的共同目标。

四　创新和特色

第一，研究思路的创新。本课题把生态经济社会的共生发展放在文明转型和价值重铸的背景中加以思考，通过生态功能保护区建设，较好地诠释科学发展与生态文明的理念。重点分析生态功能保护区与其他主体功能区的关系，从分析生态功能系统退化的成因、干扰体和其驱动机制入手，探索国家生态功能区生态修复保护模式、修复技术及生态脆弱区环境友好型产业的选择，探索建立和健全跨地区、跨流域"生态补偿"及重大环境问题共同解决的协调机制，通过生态功能保护区生态经济社会和谐共生发展支持体系，缩小地区差距，实现地区发展的公平、公正，在全国具有典型性。

第二，研究逻辑的创新。本课题以生态经济学、生态学及可持续发展理论等为指导，着重研究"自然—经济—社会"复合组成部分的生态系统恢复重建中如何促进流域社会经济发展。生态恢复（修复）不仅仅是一个自然的、技术的过程，必须以人为本，在环境承载能力许可的情况下，对区域产业结构进行调整，寻求经济上合理、政策上可操作的建设模式，在进行生态系统恢复的同时改善区域人类生存条件，是生态脆弱地区可持续发展的一般路径，具有普遍性。①

第三，研究方法的创新。本课题坚持调研科考相结合，运用实证、对比、系统分析、能值评价、生态足迹、资源环境承载力分析等研究方法，以点带面，以东江源区为例，研究分析区内生态系统功能及生态服务价值核算、评估，分析生态效益与源区经济社会发展的变数关系，寻找生态系统功能与保护区经济社会系统功能相协调一般性规律，为科学构建生态功能区经济社会发展与环境保护战略提供依据和方法支持。

---

① 李志萌：《构建环境经济社会和谐共生支持体系——基于生态功能保护区建设的思考》，《江西社会科学》2008 年第 6 期。

第一章　生态系统理论研究与实践概述

学术界围绕生态系统的理论研究和实践探索，归纳起来主要有以下几个方面：生态系统的结构、功能和变化规律研究；生态功能分类和区划研究；生态保护、建设和管理政策研究。

第一节　生态系统的结构、功能和变化规律研究

一　生态系统的概念、结构和特征

学术界对生态系统概念的表述比较一致，《生态经济建设大辞典》的表述是："生态系统是生物群落与其生存环境之间，以及生物种群相互之间密切联系、相互作用，通过物质交换、能量转换和信息传递，成为占据一定空间、具有一定结构、执行一定功能的动态平衡整体。"① 从上述定义中可以看出，生态系统的结构包括两大部分：即生物系统和非生物系统。生物系统是指植物、动物和微生物；非生物系统是指光、热、水、土、气候及各种有机和无机元素，它们相互作用，进行物质循环和能量交换。现代生态学则进一步概括为物质流、能量流和信息流。对组成生态系统的各种自然要素的特征和变化规律研究，包含在相关的各个学科中，从广义的视角分析，它们都属于生态系统的结构和要素研究。

二　生态系统承载力研究

生态系统的承载力是生态系统的重要特征，研究生态系统承载力对实现国家和区域可持续发展目标有重要意义。因为生态系统服务功能的大

① 王松霈：《生态经济建设大辞典》，江西科技出版社2013年版。

小，往往取决于生态系统的承载能力，李周认为："只要对生态系统的承载力利用不超过它们的自调节能力阈值，生态系统承载力具有可再生性、可修复性、可逆增性，并具有竞争和进化机制。"这一认识鲜明地划清了生态经济学与自然主义之间的界限，对于正确处理发展与生态保护之间的关系具有重要指导意义。①

关于生态系统承载力研究，归纳起来一般是从资源承载力和环境自净能力两个方面展开。② 例如，我国资源对人口承载力研究，早在 20 世纪 80 年代，中国科学院"中国土地资源生产力及人口承载力研究"课题组，应用区域生态系统资源生产力方法，计算出中国现有科技水平条件下，粮食最大产量为 8.3 亿吨。以人均年消费 400 公斤、500 公斤、550 公斤的消费水平计算，可承载人口分别为 20.2 亿、16.6 亿、15.1 亿人。又如，鄱阳湖生态系统承载力，则根据自净能力计算，设定要保持一湖清水的目标，假设水质控制目标为Ⅱ类，根据自净能力计算结果，COD 最大负荷量为 268288t/a，TP 最大负荷量 2161.2t/a，TN 最大负荷量 143224t/a；假设水质控制目标为Ⅲ类时，COD 最大负荷量 1576982.5t/a，TP14322.4t/a，TN286448t/a。③

三　生态系统的生态服务功能研究

我国的生态系统主要有森林、草原、水域和湿地、农田等几种主要生态系统类型。它们向人类提供赖以生存的自然环境与效用，创造与维系了地球生命的支持系统。国家重点生态功能保护区规划纲要，将生态系统的生态服务功能归纳为涵养水源、保持水土、调蓄洪水、防风固沙、维系生物多样性等方面。欧阳志云、王如松等学者将生态系统的服务功能归纳为 8 个方面：(1)有机质生产与生态产品（主要指农产品、工业原料和生物能源）；(2)生物多样性产生及维持；(3)调节气候；(4)减轻洪涝与干旱灾害；(5)提高土壤肥力；(6)传粉和种子扩散，保持生物种类的多样性；

---

① 李周、杨荣俊、李志萌：《产业生态经济：理论与实践》，社会科学文献出版社 2011 年版。

② 李周：《生态经济理论与实践进展》，《林业经济》，2008 年。

③ 王晓鸿等：《鄱阳湖湿地生态系统评估》，科技出版社 2004 年版。

(7)有害生物种的控制；(8)环境净化。[①]

森林生态系统是维护陆地生态平衡的主体，对森林生态系统功能的研究也比较深入，专家研究表明：森林对涵养水源和保持水土的作用相当明显，一般情况下，大约有20%—30%的降水被林冠所截留，70%—80%的降水穿过林冠层降落到林地上。据研究，每亩林地能蓄水20m^3，500亩的森林蓄水量可以达到100万m^3，相当于一个小型水库。此外，林地的枯枝落叶和腐殖质也可以大量吸收降水。据研究，针阔叶混交林每公顷枯枝落叶的含水量达到12—28吨。森林生态系统对净化大气和防治污染作用的研究表明：在生长季节，1公顷阔叶林一昼夜能吸收CO_2约为1000公斤，放出氧气730公斤。据研究测定：每公斤桑叶（干重量）能吸收铅尘527毫克，每公斤青杨叶能吸收铅尘616毫克[②]。在荒漠地，防护林对防风固沙和保护农田的作用很明显。专家们的研究一致认为：森林生态系统的生态功能效益要大于直接经济效益十几倍。众多专家根据国家林业部门的行业标准，运用不同的评价模型，对我国森林生态系统的服务功能进行了定量的价值评估。如中科院赵景柱等对世界13个大国森林生态系统服务功能价值进行评估，结果显示：中国森林生态系统的生态服务功能价值为7927.12亿美元，居世界第6位[③]。2012年，云南省林业厅召开新闻发布会宣布，经云南省与国家相关部门的专家合作组成的课题组研究表明，云南省森林生态系统的服务功能价值每年为1.48万亿元，相当于2012年云南省GDP的1.4倍。

湿地生态系统也是我国重要的生态系统，被誉为我国水塔的青海三江源区，是长江、黄河、澜沧江的发源地，也是我国重要的生态屏障，对我国生态安全和经济社会可持续发展有重要影响。2008年，由国务院研究室、发改委、环境部等十多个部委和国家级研究机构参与的对三江源生态服务功能价值进行评估的结果认为，三江源区的生态功能服务价值达到11万亿元。又如2000年由江西省山江湖综合开发治理办公室主持的对我

---

① 欧阳志云、王如松、赵景柱：《生态系统服务功能及其生态经济价值评价》，《应用生态学报》1999年第10（5）期。

② 张建国：《森林生态经济问题研究》，中国林业出版社1986年版。

③ 赵景柱等：《基于可持续发展综合国力的生态系统服务评价研究——13个国家生态系统服务价值的测算》，《系统工程理论与实践》2003年第1期。

国第一大淡水湖鄱阳湖湿地生态系统进行了研究，认为鄱阳湖湿地生态系统的服务功能主要有调蓄洪水、涵养水源、保护土壤、固定 CO_2 和释放氧气、促进湿地营养循环、生物栖息、降解污染等 8 项生态服务功能的服务价值进行逐项计算，汇总结果为 433.84 亿元①，相当于江西省当年 GDP 总量的 21.6%。总之，关于对生态系统的服务功能价值评估，由于评估方法和采集数据的时间不同，往往对同一系统的评价结果差异较大，但其间接的生态效益远远超过直接的经济效益的结论，得到专家们一致的认同，其重要的实际意义是唤醒我们对生态保护的认识，保护生态环境就是保护生产力。

四　生态系统的保护、修复研究

由于对资源的过度开发，对环境的利用超过自净阈值，我国生态环境的形势十分严峻，重要生态功能严重退化，主要表现：一是森林植被受到严重破坏，森林覆盖率 20 世纪末仅达 13.4%，远低于世界 31.4% 的平均水平，特别是北方的防护林植被严重破坏，绿洲萎缩，使沙尘暴逼近京津特大城市。二是大江大河源头区生态环境恶化，水源涵养功能退化。由于黄河源地区的湿地面积大量减少，导致黄河下游曾一度断流。三是江河洪水调蓄区生态系统退化，供水调蓄功能下降，从 20 世纪 50—70 年代，我国五大淡水湖围垦面积达 1.3 万平方公里，消失的湖泊 800 多个，是加剧 1998 年特大洪水的重要原因之一。四是土地生态系统严重退化，生产能力下降，严重威胁到我国农业生产的可持续发展。到 20 世纪末，我国水土流失面积占全国国土面积的 1/3，导致耕地肥力下降，20 世纪 80 年代我国耕地有机质含量仅 1%，明显低于欧美国家 2.5%—4% 的水平。土地沙漠化、盐碱化对我国农业生产的发展也是一大威胁，草原生态退化严重，20 世纪 80 年代草场退化率达到 21%，我国单位面积的草地生产力（产肉、奶、毛的水平）只相当于美国相同气候带草原生产能力的 4%。

面对严重的生态退化现象，我国有关的研究机构开展了大量的生态保护、恢复和修复研究，并取得许多成果，使上述问题有了明显的改善。生态保护和修复研究创造出许多成熟的技术和经验，主要有坚持工程技术与

---

① 张建国：《森林生态经济问题研究》，中国林业出版社 1986 年版。

生物技术相结合、自然恢复与人工建设相结合、保护治理与合理开发相结合、农林牧渔与生物能源相结合等。对坡耕地实施退耕还林、围垦区实施退田还湖、过牧草原退牧还草，实施休养生息，恢复退化了的生态系统。转变农业生产方式，利用循环经济技术、生态农业技术、立体农业技术、节水农业技术、旱地农业技术。在不同地区如南方水土流失区、北方草原区、土地沙化区、沿海滩涂区等典型地区进行试点，取得了丰硕的科研成果并得到一定的推广。如：中国科学院资源环境研究所与江西山江湖办合作，在泰和县千烟洲进行20年的研究试点，探索对南方丘陵水土流失区的生态保护和修复，取得重要成果。千烟洲原有的生态系统遭到严重破坏，逆向演变成为荒芜之地，经过20年的治理修复，已经建立起一个由针阔叶树组成的人工森林生态系统，构建起了以用材林、经济林、薪炭林、风景林、水源涵养林结构合理的生态屏障；在土地利用方面，形成了"丘上林草丘间塘，缓坡沟谷果鱼粮"的立体农业格局，土地利用率由原来的10.9%提高到95%，农业生产得到长足的发展，农民人均纯收入达到全省平均水平，森林植被得到恢复，水土流失基本得到控制，生态系统进入良性循环，被联合国教科文组织誉为"红壤丘陵综合开发治理试验研究国际示范站"①。

五 生态功能区生态与经济协调可持续发展研究

生态功能区一般是生态敏感区或脆弱地区，区位条件较差，多处在边远山区、库区或江河源头区，经济欠发达和群众生活贫困是这些地方的共同特点。希望早日摆脱贫困、实现生态与经济协调可持续发展是这些地区群众的迫切愿望。但这些地区在我国主体功能区划中列为限制开发区或禁止开发区，因此，"生态脆弱"、"贫困"和"限制开发"是这些地区的基本区情，是三个重要的关键词，保护生态和发展经济的矛盾比其他地区显得更为突出。

要实现生态与经济协调发展，专家们认为首先要厘清观念和端正认识，特别是如何理解限制开发的含义，争议较多，实践中执行的难度也较大。如安虎森等人认为，限制开发就是限制发展，在目前各种补偿机制很

① 杨淳朴、吴国琛等：《世纪工程——山江湖开发治理》，江西科技出版社1996年版。

不完善的情况下，被划入限制开发的区域，必然导致发展停滞。而另一些学者持相反的观点，如高国力认为，限制开发中的开发是指为了维护区域生态功能而进行的保护性开发，是对开发的内容、方法、强度进行约束；陈栋生、罗序斌认为限制开发区不限制资源环境可承载的产业发展，更不是限制社会发展；周民良认为限制开发不等于不开发，只是对开发范围、开发类型、开发规模受到一定约束；樊杰认为应把限制开发区理解为适度发展地区。[①] 许多学者认为，限制开发区作为与优化开发区、重点开发区相伴随的产物，在某种程度上是相对的概念，其边界会随着社会经济的发展而变化，许多学者建议，在国家层面的限制开发区内，应将区划和规划进一步细化，把区划单元定得更小，在限制开发区内找出其中优化开发或重点开发小区[②]。

在限制开发区处理好生态保护与经济发展的关系时，最关键的一点是选择好有利于生态保护的产业，在实践中有许多成功的典型。如，浙江安吉，2003 年提出创建全国第一个"生态县"，其中余村主动关停了矿山和水泥厂，脱离"石头经济"。2005 年 8 月 15 日，时任浙江省委书记的习近平来到考察，肯定了余村的做法，提出了"绿水青山就是金山银山"的科学诊断，"要知道放弃，要知道选择，要有所为有所不为，要走人与自然和谐发展之路。"，习总书记的话坚定了余村人坚持生态发展的信心。如今，生态旅游成为余村的主导产业，许多村民都自己经营农家乐。生态银行既美了乡村，又富了百姓。再以湖南省张家界生态保护区为例，张家界市在国家和省级两个层面的区划中均列为限制开发区，其优势是有丰富的绿水青山下的生态资源，劣势是绿水青山下的贫困，为了改变这种尴尬局面，张家界市委市政府提出大力发展生态保护产业这个全新的理念，总的指导思想是既不能以牺牲绿水青山为代价换取 GDP 的增长，也不能让老百姓守着绿水青山过穷日子[③]。他们认为的生态保护产业有四个特点：一是主体公益性；二是部分经营性；三是区域有限性，即保护对象的区域

---

① 《从生态功能区划到主体功能区划——科学发展的重要承载》，《绿色视野》2007 年第 10 期。

② 杨美玲、米文宝、周民良：《主体功能区架构下我国限制开发区域的研究进展与展望》，《生态经济》2013 年第 10 期。

③ 邹冬生：《生态保护产业及其集群发展战略研究》，《湖南大学学报》2013 年第 6 期。

性和稀缺性的叠加；四是长线生效性，即需要长期培育，一旦生效可长期受益。张家界的生态保护产业集群构建重点是推动两大产业转型，培育四大产业新业态。两大产业转型是指传统旅游业向生态旅游业转型、传统食品业向生态食品业转型；培植四大产业新业态，是指重点培植生态养生、生态制药、生态地产、生态文化四大新兴产业业态，取得了生态保护和经济发展双赢效果。

第二节　生态功能区划研究

随着我国生态环境形势日趋严峻，科学认识生态系统的生态服务功能，并使之与生态系统的经济功能有机结合，通过因地制宜，分区分类管理，协调生态保护和经济发展的关系，提高生态系统承载力，实现国家生态安全和经济社会可持续发展，已成为当务之急。生态功能区划必须在生态系统结构和功能研究的基础上进行。在国家层面主体功能区划和生态功能区划已出台的大背景下，对进一步完善生态功能区划的研究已成为热点之一，现将其主要研究内容和基本观点综述如下。

一　生态功能区划的概念和任务

许多专家对生态功能区划概念的文字表述尽管有些差别，但基本内涵比较接近。生态功能区划就是在分析研究区域生态环境特征与生态服务功能空间分异规律的基础上，根据生态环境特征、生态环境敏感性和生态服务功能在不同地域的差异性和相似性，将区域空间划分为不同生态功能区的研究过程。[①] 生态功能区划的本质就是生态系统服务功能区划，是整合与分异生态系统服务功能对区域人类社会经济活动影响的敏感程度，构建具有空间尺度的生态系统管理框架[②]。傅伯杰等人认为：生态区划是对生态区域和生态单元的划分或合并研究，它根据社会——经济——自然复合生态系统特征的相似性和差异性的程度对地域进行逐级划分与合并，其主

① 蔡佳亮、殷贺、黄艺：《生态功能区划理论研究进展》，《生态学报》2010 年第 30（11）期。

② 王松霈：《生态经济建设大辞典》，江西科技出版社 2013 年版。

要任务和内容包括：生态地域的划分、生态资产区划、生态敏感性区划、生态胁迫过程区划、生态环境综合区划[①]。燕乃玲、虞孝感等将生态功能区划的主要任务归纳为：(1)生态系统划分，按等级——尺度理论认识生态系统的垂直和水平结构。(2)生态系统自组织过程的认识，按照生态系统演化理论，认识生态系统的演化规律和影响因子。(3)结合区域经济社会文化特征，确定生态系统的主导生态功能。(4)确定生态环境问题发生的地区范围和程度。(5)绘制生态功能区划地图[②]。蔡佳亮等认为：生态功能区划要做好三个关键问题的分析：一是生态系统的生态过程分析，生态过程是指生态系统内部和不同生态系统之间的物质、能量、信息的流动、输入和输出过程。这是生态过程的基本机制。二是生态系统的空间格局分析，景观异质性决定了生态系统空间格局研究的重要性，它可以反映生态过程在不同尺度上作用的结果。三是生态系统的动态变化分析，随着时间的变化，生态系统的自然因子和人为因子都会发生变化，从而引起景观的变化[③]。

二　生态功能区划的形成和发展

根据现有文献资料显示：生态区划的研究最早始于19世纪末期，到20世纪初期，英国生态学家Herbertson便对全球主要自然区域单元进行了区划。20世纪30年代出现了以植被为主的生态区划，1976年美国生态学家Bailey提出了真正意义上的生态区划方案，并绘制了若干生态区划地图。

在中国，自然区划工作始于20世纪30年代，其标志是竺可桢《中国气候区域论》的发表。20世纪40年代，黄秉维对我国进行了首次植被区划。1959年，中国科学院自然区划工作委员会编写出版了《中国综合自然区划（初稿)》，首次明确区划的目的是为农、林、牧、渔、水等事业

---

① 傅伯杰、陈利顶、刘国华：《中国生态区划的目的、任务及特点》，《生态学报》1999年第5期。

② 燕乃玲、虞孝感：《我国生态功能区划的目标原则与体系》，《长江流域资源与环境》2003年第6期。

③ 蔡佳亮、殷贺、黄艺：《生态功能区划理论研究进展》，《生态学报》2010年第30（11）期。

服务。20 世纪 80 年代出版的《中国自然生态区划与大农业发展战略》一书根据生态系统的差异，首次将全国划分为 22 个生态区，这标志着中国生态区划的研究拉开帷幕。针对 20 世纪 90 年代中期中国日益严峻的生态形势，杨勤业和李双成明确了中国生态的基本分区，将全国分为 52 个生态区。21 世纪初，傅伯杰等提出了中国生态区划方案，将全国划分为 3 个生态大区，13 个生态地区、54 个生态区；从而揭示不同生态区的生态环境问题及其形成机制，为全国各区域进一步开展生态功能区划建立了宏观框架。2001 年，国家环保总局组织中国科学院生态环境研究中心编制了《生态功能区划暂定规程》，对省域生态功能区划的一般原则、方法、程序、内容和要求做了规定，用于指导和规范各省开展生态功能区划[①]。

与此同时，国家在三江平原、长江源、黄河源、鄱阳湖、洞庭湖、科尔沁沙地等 10 个重要生态功能区实施首批国家级生态功能保护区建设试点工作。到 2006 年，又增加了甘南、东江源、东川 3 个国家级生态功能保护区试点。在我国先后完成自然区划、农业区划、生态区划的基础上，又根据生态功能保护区建设试点的经验，国家环保总局 2007 年出台了《国家重点生态功能保护区规划纲要》。2008 年由国家环保总局和中科院共同编制了《全国生态功能区划》并公布实施，将全国生态功能区分为 3 个一级区、9 个二级区和 216 个三级区。对于指导我国区域生态环境管理、生态保护、生态建设、协调生态保护与经济发展的关系、实现可持续发展目标有重要意义。

三　生态功能区划的理论基础、产生和技术研究

从现有研究看，生态经济理论、地域分异理论、区域空间结构理论、可持续发展理论等作为生态功能区划的理论指导和基础，得到了许多学者的一致认可。生态经济理论引导其正确处理生态保护和经济发展的协调关系，指导我们对生态系统内部和各个生态系统之间的能量、物质流动、转化过程，更客观准确地对生态系统功能进行定位。地域分异理论有助于我们对地域类型的准确辨认。区域空间结构理论促进其空间协调，形成合理

---

① 蔡佳亮、殷贺、黄艺：《生态功能区划理论研究进展》，《生态学报》2010 年第 30（11）期。

的纵向和横向结构。可持续发展理论指导其制定整体的、全局性的较长远的生态保护与资源合理开发战略。

对于技术路线的研究，国家发改委委托中科院地理所制定的《省级主体功能区划技术规程》是采用“自上而下与自下而上相结合，多方法对比综合集成”的思路。也有专家按照“全局判断——分区评价——方案确定”的基本路线进行区划。关于识别标本归属的方法，许多专家通常采用有序分类、标准定位和矩阵分类等方法。区划方法上，以3S技术为支撑的综合集成方法得到广泛使用。也有研究者应用聚类分析法、状态空间法。虽然采用的方法不同，但其共同点是一般都以空间区划为主要内容，以生态环境保护和开发建设为主要考察维度。在规划过程中，专家们提出的生态功能分异及景观生态结构一致原则、主体功能突出，局部多样性原则、等级统一性原则、生态完整性原则、综合分析原则、可持续发展原则、跨界（行政管理区界）区划和管理原则等，得到广泛认可和遵循。

在实践中，区划单元划分是一个普遍认为的难点。在区划单元上，张明东认为在国家及大区域层面应以县级行政为单元、省级区划层面应以乡镇为单元、市（县）级区划层面应以微观公里格网GIS技术的空间发展类型为单元。但也有学者提出质疑，认为功能区划应以自然生态环境特征和经济联系强度为基础进行界定，而不应当简单地以现有行政区划为单元进行划分。不可否认，基本划分单元越小，划分会越精确，但数据的获取难度更大，工作量也剧增，在目前情况下很难实现①。

在区划指标体系的构建上，李宪坡等提出，在全国范围内统一建立一个“指标库”来规范指标选择，同时把指标分为必选、限选和可选三类以保证弹性，这样可以在评价时便于可比，也便于分类整合。魏后凯认为不同的主体功能区不应追求统一的评价指标体系②。从实践看，专家们从不同的视角出发，建立了“生态足迹”“生态承载力”“可持续发展”为特征的指标体系，主要的争论焦点是指标的可比性、代表性、简单化或复杂化程度。毫无疑问，指标体系的确立应当是生态功能区划工作的重点，多数专家认为应构建一套相对统一、科学可行的指标体系。

---

① 张胜武、石培基：《主体功能区研究进展与述评》，《开发研究》2012年第3期。

四 生态功能区划与主体功能区划的关系

继2008年《全国生态功能区划》公布实施后，2010年公布了《全国主体功能区划》，两个区划有明显的区别但又相互联系。对此，张媛等人的文章做了解读[①]。

（一）从概念看。生态功能区划是根据区域环境要素、生态环境敏感性与生态服务功能空间分异规律，将区域划分为不同生态功能区的过程。生态功能区划主要考虑区域的自然属性，是属于专项功能区划。主体功能区划是基于资源禀赋、环境容量或承载能力、现有开发密度和发展潜力，统筹考虑未来我国人口分布、经济布局、国土利用和城镇化格局，将国土空间划分为优化开发区、重点开发区、限制开发区和禁止开发区四类主体功能区。主体功能区除了考虑区域的自然属性外，更多地考虑了区域的经济和社会属性，是综合性的功能区划。

（二）从编制依据看。生态功能区划主要是根据《全国生态环境保护纲要》编制。主体功能区划主要根据《中共中央关于制定国民经济和社会发展第十一个五年规划的建议》和《中华人民共和国国民经济和社会发展第十一个五年规划纲要》编制。当然也根据了《全国生态环境保护纲要》以及先期编制完成的《全国生态功能区划》来编制主体功能区划的相关部分。因为生态功能区一般被列为限制开发区或禁止开发区。

（三）从评价内容看。生态功能区划的评价指标主要是生态环境现状、生态环境敏感性和生态服务功能的重要性三大类。主体功能区划的评价指标主要是资源环境的承载力、现有开发密度、发展潜力三大类。更细化的指标可以根据不同地区和需要设定[②]。

两者又有密切联系：一是两者同属于功能区划的范畴，是编制相关规划的依据，具有基础性、约束性和长期性的特点。主体功能区划是编制经济社会发展规划、区域规划、城镇规划的主要依据。生态功能区划是编制生态环境保护与建设规划的基础和依据。二是两者同属政府管理创新、强化空间管

---

① 张媛、王靖飞、吴亦红：《生态功能区划与主体功能区划关系探讨》，《河北科技大学学报》2009年第1期。

② 《生态功能区划与主体功能区划的关系研究》课题组：《必须明确生态功能区划与主体功能区划关系》，《浙江经济》2007年第2期。

理的手段。三是两者同属人与自然关系的研究成果，对扭转生态环境恶化、转变经济增长方式、促进人与自然和谐发展具有重要和深远的意义。

五 国家生态保护红线的提出和实施①

（一）提出背景和意义

近年来，随着我国工业化、城镇化快速发展，中国资源环境形势日益严峻，尽管我国生态环境保护与建设力度逐年加大，但总体而言，资源约束压力持续增大，环境污染仍在加重，生态系统退化依然严重，资源环境与生态恶化趋势尚未得到逆转②。已建各类保护区空间上存在交叉重叠，布局不够合理，生态效率不高，生态环境缺乏整体性保护，且不够严格，尚未形成保障国家与区域生态安全和经济社会协调发展的空间格局。划定生态保护红线的意义在于引导人口分布、经济布局与资源环境承载力相适应，促进各类资源集约节约利用，对于增强我国经济社会可持续发展的生态支持能力具有极为重要的意义。习近平主席在2013年5月24日中央政治局学习时强调要划定并坚守生态红线，体现了中央最高决策层构建国家生态安全格局的政策导向和决心。

（二）概念内涵

2014年1月，环保部印发了《国家生态保护红线——生态功能基线划定技术指南（试行）》，技术指南指出：生态保护红线的实质是生态环境安全的底线，目的是要建立最严格的生态保护制度。③

生态环境安全底线包括：环境质量达标红线、污染物排放总量控制红线、环境风险管理红线。生态功能保障基线包括：禁止开发区生态红线、重要生态功能区红线、生态环境敏感区和脆弱区生态红线，纳入的区域禁止进行工业化、城镇化开发。自然资源利用上限是规定不应突破的最高限值，目的是促进资源节约，保障能源、水资源、土地资源的高效利用④。

---

① 国家环境保护部：《国家生态保护红线——生态功能基线划定技术指南（试行）》，2014年。

② 杨邦杰、高吉喜、邹长新：《划定生态保护红线的战略意义》，《中国发展》2014年第1期。

③ 李干杰：《划定生态保护红线 确保国家生态安全》，《中国矿业报》2014年2月11日。

④ 同上。

（三）实施情况

2012 年 4—10 月，由环保部主持，制定了《全国生态红线划定技术指南（试行）》，从理论方法和操作层面上统一认识，2012 年底确定在内蒙古、江西、湖北、广西四省进行红线划定试点。2013 年全面展开红线划定试点工作，并要求 2014 年完成。

第三节　生态保护管理政策体系研究

一　管理体制的研究

目前我国进行生态保护和建设的管理体制基本上分两种类型：一类是以行政区划为主体的管理体制。由于我国处于“大政府、小社会”的总体格局，政府管理的有效性和权威性受到全社会的认同。为贯彻党中央、国务院关于建设生态文明的战略决策，我国各级地方政府大多进行了生态省、生态市、生态县、生态乡（镇）的规划建设，从实施效果看取得可喜成就，对推动全国生态文明建设起了积极作用，创建了一大批宜居生态城市和秀美乡村，改善了群众的生活环境，提高了居民的幸福指数。正因为政府管理的有效性和权威性，我国目前编制的《全国主体功能区划》，均以县级行政区作为主体功能区划的基本单元，基本保持了县域单元的完整性。当然选择县级单位作为区划的基本单元也有一定的合理性，与我国县级单位的数量、国土面积、人口、经济实力和管理手段，也比较切实可行。另一类是跨行政区域的流域综合管理体制。流域综合管理体制是以水系流域自然单元为基础的管理体制，在国外特别是发达国家得到广泛应用，许多专家对它的科学性和合理性都给予充分肯定。早在 20 世纪 80 年代，江西省首次鄱阳湖综合科考时，就曾经邀请过美国田纳西流域管理局总工程师、美籍华人专家谢汶先生来指导推介流域管理的经验，后来时任江西省长的吴官正也率团考察过田纳西流域管理局。近十多年来，学术界也出版过一些学术专著，论证流域综合管理对生态保护和建设的优越性、必要性和可行性。例如杨桂山、于秀波等 2004 年编著《流域综合管理导论》、胡振鹏于 2010 年出版《流域综合管理理论与实践》等。但从全国总体来看，实践中推进流域综合管理的效果并不理想，机构难建立、管理难到位、政策难出台，基本处于学术研究探索阶段。

二 生态补偿机制研究

（一）生态补偿的类型

建立生态补偿机制是促进我国生态保护、协调区域发展的一项重要制度设计，相关的研究成果也较多，从现有生态补偿的实践和研究成果看，生态补偿可分为两种类型：一类是政府主导型生态补偿形式。主要由中央和省级政府主导实施，我国已经出台实施的生态补偿有天然林保护工程、退耕还林（还草）、退田还湖工程、森林生态效益补偿和生态转移支付等项目。天然林保护十年间中央财政投入7840亿元，地方政府配套178亿元；退耕还林（还草）10年间中央投入2332亿元，森林生态效益补偿中央投入200多亿元，省级政府也有相应的配套，如江西省天然林保护每亩补助10元。2009年中央设立国家重点生态功能区转移支付科目，以引导地方政府加强对生态保护的积极性，当年生态转移支付预算30亿元，2012年增加到300亿元，全国有600多个县获得了生态保护转移支付。同时，省级政府也相应设立生态保护转移支付，例如实施力度较大的北京市，将8747平方公里（占全市面积的60%）的面积划为生态涵养区，并对其进行生态补偿，实施以后取得明显效果，专家评估认为对首都生态环境保护的贡献率超过60%①。另一类是市场主导型生态补偿形式。自然环境具有公共物品的属性，生态效益具有外部性和非竞争性、非排他性，决定了生态服务具有“搭便车”等外部性问题的存在，解决这些问题可以在明晰生态产品产权的基础上，通过市场交易实现生态补偿，主要涉及领域有水权交易、排污权交易、碳汇交易等。我国首例水权交易出现在2000年浙江省东阳市与义乌市之间。首例排污权交易2001年由美国环保协会与江苏省南通市环保局配合，实现二氧化硫排污权交易。碳汇交易又称清洁发展机制（CDM），是根据《京都协议书》设立的，截至2014年10月23日，经国家发改委批准的CDM项目已达5059个。总体上市场主导型生态补偿规模还比较小，但其发展前景广阔，是我国生态补偿机制改革的方向。

（二）生态补偿的原则

专家们认为：坚持生态补偿原则的公平性、科学性和动态性原则，必

① 李云燕：《北京市生态涵养区生态补偿机制的实施途径与政策措施》，《中央财政大学学报》2011年第12期。

须得到普遍的遵循。所谓公平性就是坚持破坏者付费、使用者付费；受益者补偿、保护者得到补偿。或者表述为“谁保护谁受益”“谁受益谁付费”。所谓科学性就是生态补偿的价值计算、补偿对象和补偿范围都要建立在科学分析的基础上，补偿方案设计既要有科学依据，又要适合当前的经济发展水平和承受能力。所谓动态性就是可调整性，要根据不同阶段的经济发展和人民生活水平适当调整，而不是简单设置一个固定标准值。此外，有的专家提出政府主导与全社会参与原则、权利与责任对等原则，都应得到社会的认可①。

（三）对生态补偿实施的评价和建议

为贯彻党中央、国务院建设生态文明的战略决策，国家决定在限制开发区和禁止开发区加快建立生态补偿机制，设立专门的生态补偿基金用于生态保护、修复和维护，促进形成规范的财政转移政策，这些决定得到社会各界的高度评价②。为使生态补偿机制更加完善，一些专家经过充分调研和深入研究后，也指出其中的一些问题。如李国平、李潇③认为：根据中国财政部2009年、2011年、2012年先后出台的国家重点生态功能区转移支付办法，对转移支付资金的分配机制没有体现向财力较弱的地区倾斜。这源于以“标准财政收支缺口”为核心的国家重点生态功能区转移支付的分配机制，加剧了国家重点生态功能区之间生态保护与修复状况的不平衡，使得财力较强、生态环境质量较好的地区生态环境得到改善，财力较弱、生态环境质量较差的地区生态环境越来越差的恶性循环。李云燕认为：“目前北京市实施的生态涵养区生态补偿办法还很不完善，现行实施的补偿只是对集体生态林管护员不完全的工资性补偿，不是对全体集体林所有者的补偿，未体现‘谁保护谁受益’‘谁受益谁付费’的原则”④。同时，从其他研究者的调查报告中发现，也存在生态补偿只补给基层政

① 李云燕：《北京市生态涵养区生态补偿机制的实施途径与政策措施》，《中央财政大学学报》2011年第12期。

② 唐俐俐、孙国峰：《我国主体功能区划与区域联合生产力培育浅析》，《生产力研究》2011年第7期。

③ 李国平、李潇：《国家重点生态功能区转移支付资金分配机制研究》，《中国人口·资源与环境》2014年第5期。

④ 李云燕：《北京市生态涵养区生态补偿机制的实施途径与政策措施》，《中央财政大学学报》2011年第12期。

府，而没有补给生态产品生产者的情况。有的专家认为："生态功能区所在的基层政府，在自身财力困难的情况下仍然对保护生态有一定的投入。因此，生态功能区所在的基层政府和群众都应当获得生态补偿的一定份额，基层政府掌握一定的生态补偿资金也可以举办一些个体群众难以办成的生态保护和建设项目。"大家建议必须进一步完善生态补偿的办法和措施，主要是加强生态保护立法、出台生态补偿法规、建立动态调整、奖惩分明、导向明确的生态补偿长效机制，颁布生态补偿资金管理办法，规范生态补偿资金的使用，科学制定生态补偿标准、补偿范围，规范补偿主体和受益主体，合理提出各个受益主体之间的受益比例[①]；中央和省市政府要加大对生态补偿的投入和财政转移支付力度，高国力[②]认为要加快研究制定《财政转移支付法》，明确规定用于全国限制开发区经常性生态环境建设资金增长速度要略高于中央财力增长速度；探索建立健全省以下财政转移支付机制；加大对生态敏感区与脆弱区投入，不以财政收支缺口基数为主，而应以公共服务均等化、生态保护难度和生态功能重要性为原则确定补偿标准，遏制"生态退化——贫困化"的恶性循环。

三　加强重点生态功能区环境保护管理研究[③]

重点生态功能区关系到国家和较大范围的生态安全，是构建国家生态安全屏障的重要支撑，许多专家提出了加强重点生态功能区环境保护管理的意见和建议。国家环保部、发改委、财政部根据党的十八大精神并于2013年1月发文，提出了加强国家重点生态功能区环境保护和管理的总体要求、主要任务和保障措施。主要任务是[④]：（1）严格控制开发强度。对国家重点生态功能区范围内的各类开发活动进行严格管制。原则上不再新建各类开发区和扩大现有工业开发区面积，已有的工业开发区要逐步改

---

① 环境保护部、国家发展和改革委员会、财政部：《关于加强国家重点生态功能区环境保护和管理的意见》，环发〔2013〕16号，2013年1月22日。

② 高国力：《我国主体功能区划分及其分类政策初步研究》，《宏观经济研究》2007年第4期。

③ 环境保护部、国家发展和改革委员会、财政部：《关于加强国家重点生态功能区环境保护和管理的意见》，环发〔2013〕16号，2013年1月22日。

④ 同上。

造成低消耗、可循环、少排放、“零污染”的生态型工业区。(2)加强产业引导。在不影响主体功能定位、不损害生态功能前提下，支持适度开发利用特色资源，合理发展适宜性产业。(3)全面划定生态红线。要求在国家重要（重点）生态功能区、陆地和海洋生态敏感区、脆弱区等区域划定生态红线，并制定生态红线管制要求和环境经济政策。(4)加强生态功能评估。制定国家重点生态功能区生态功能调查与评价指标体系及评估技术规程，完善考核机制，考核结果作为中央对地方国家重点生态功能区转移支付资金分配的重要依据。同时作为产业布局、项目审批、财政转移支付和环境保护监管的重要依据。(5)强化生态环境监管。严格落实国家节能减排政策措施，保证区域内污染物排放总量持续下降。对专项规划和建设项目要设立环评专门章节。建立天地一体化的生态环境监管体系，完善整体联动监管机制。健全生态环境保护责任追究制度，加大惩罚力度①。(6)健全生态补偿机制。严格按照要求把财政转移支付资金主要用于保护生态环境和提高基本公共服务水平。鼓励探索建立地区间横向援助机制，生态环境受益地区要采取资金补助、定向援助、对口支援等多种形式，对相应的重点生态功能区进行补偿②。

四　加强对生态功能保护区各项配套政策的总体设计

（一）人口政策

人口密度过大不利于生态环境保护，要根据生态功能区的资源环境承载力，研究测算该区域的最适宜人口规模，把多余的人口有序转移到其他承载力较强的区域，建立生态移民专项基金，提高现有的生态移民补助标准，建立生态移民部门间配合协作机制，使各项移民政策能得到落实③。

（二）就业政策

鼓励生态功能保护区域内的剩余劳动力跨区域流动就业，要建立和完

---

① 环保部：《禁止城镇建设与工业开发成片蔓延式扩张》，http：//www. chinanews. com/gn/2013/02 -01/4542113. shtml.

② 《三部委要求各地加强国家重点生态功能区环境保护》，http：//finance. chinanews. com/ny/2013/02 -01/4542132. shtml.

③ 唐俐俐、孙国峰：《我国主体功能区划与区域联合生产力培育浅析》，《生产力研究》2011 年第 7 期。

善政府扶助、社会参与的职业培训机构，建立培训网络，加强技能培训，为剩余劳动力转移就业创造条件，加强劳务输出管理和配套服务，争取与发达地区签订劳务输出的长期稳定的合同，引导和组织劳动力合理有序流动。

（三）产业政策

许多专家的文章在以下几点取得共识：

1. 要在细化规划的基础上，在生态功能保护区内的非核心地或红线以外，划出一定可以适度开发的空间，高国力认为可以在受益地区划出一定空间的“产业区地”，扶持限制开发区的特色产业发展。

2. 政府有关部门要根据各个重点生态功能区的特点和环境要求，列出适宜发展、限制发展和禁止发展的产业名录，提高生态环境准入门槛，生态功能保护区所在政府要根据产业名录进行招商引资，对不符合产业发展名录的现有产业和企业要进行转移和淘汰。

3. 对重点生态功能区具有独特的资源优势而国家又有需求的战略性资源型产业，虽然会产生污染、破坏生态环境的项目（例如东江源区的稀土开采项目），必须在中央政府统一规划下实行保护性开发，实施总量控制和采用先进的生产技术，把对环境的影响减少到最低限度。

（四）财税和投融资政策

1. 要根据公共服务均等化的目标，进一步加强生态功能区一般性财政转移支付力度。将生态功能区的经常性生态建设资金纳入中央政府预算科目。并随着财政实力的增强，不断加大转移支付力度，要从国家财政的角度，保证生态功能区的群众和全国同步进入小康水平。

2. 要在进一步界定生态企业的基础上，对生态企业实施税收优惠。金融机构实施贷款优惠。

3. 探索采用财政贴息、投资补贴、国债资金、股票、债券等形式支持生态产业、生态企业的发展。

第二章　国家合理空间开发结构与生态功能区定位

在“十一五”期间，国家先后颁布实施了《国家主体功能区规划》和《全国重要生态功能区划》（以下简称《规划》《区划》），这是我国贯彻党的十七大提出的建设生态文明、实现科学发展战略的两个标志性文献，它形成了我国合理的空间开发结构，对各类主体功能区给予科学准确的定位，是我国在发展物质文明过程中保护和改善生态环境的成果，对保证我国全面建成小康社会，进而实现全面现代化，实现人与自然和谐发展具有深远的指导和实现意义。

第一节　编制《规划》《区划》的国情背景和理论依据

一　国土空间开发格局优化的背景

（一）《规划》《区划》是在对我国国土资源进行科学综合评价基础上形成的成果

经过科学综合评价[①]，我国国土空间具有以下特点：

1. 陆地国土空间辽阔，但适应开发的面积少。我国陆地国土空间面积广大，总面积达960万平方公里，居世界第三位，但60%的国土空间为山地高原。适宜工业化城镇化开发的面积只有180余万平方公里，占国土总面积的19%左右，扣除已有的建设用地外，今后可用于工业化城镇化开发及其他方面建设的国土面积只有28万平方公里左右，约占全国陆

① 《国务院关于印发全国主体功能区规划的通知》，国发〔2010〕46号，2010年12月21日。

地面积的3%。由于适宜开发的国土面积少，决定了我国必须走节约集约用地的发展道路[1]。

2. 水资源总量丰富，但时空分布不均。我国水资源总量为2.8万亿立方米，居世界第6位，但人均水资源仅为世界人均水资源占有量的28%。而且水资源空间分布不均，水资源分布与土地资源分布、经济布局不相匹配，南方地区水资源量占全国81%，但时间分布不均，多集中在春夏之交，易受洪涝灾害，秋冬季少水易受干旱，北方地区仅占19%[2]。南方水资源丰富，但由于污染严重，一些地方出现水质型缺水，影响人民生活和经济发展。北方地区水资源供应紧张，北方地区多数城市出现不同程度的缺水状况。

3. 能源和矿产资源丰富，但总体相对短缺。我国能源和矿产资源总量比较丰富，但主要化石能源和矿产资源的人均占有量大大低于世界平均水平，难以满足现代化建设的需要[3]。能源结构以煤炭为主，给保护生态环境带来很大压力，经济建设中需求量大的主要矿种（例如铁矿）储量严重不足。而且能源和矿产资源主要分布在生态环境脆弱或生态功能重要地区。能源和矿产资源总量、分布、结构与满足需求、保护生态环境、应对气候变化之间的矛盾十分突出。

4. 生态类型多样，但生态环境比较脆弱。我国生态类型多样，森林、湿地、草原、荒漠、海洋等生态系统均有分布。森林覆盖率20.36%，蓄积量137.21亿立方米；草原面积4亿公顷，占国土面积41.7%；自然保护面积占国土总面积的15.2%。但由于生态功能不强，生态脆弱区域面积广大，中度以上生态脆弱区域占全国陆地面积的55%，其中重度脆弱地区面积占19.8%，极度脆弱地区面积占9.7%，这些地区难以开展大规模高强度的工业化城镇化建设。

5. 自然灾害频繁，灾害威胁较大。我国受灾害影响的区域及人口较多，灾害风险很大，受全球气候变化和我国生态功能退化的双重影响，总体看，我国自然灾害具有频率高、强度大、损失重的特点。加大了我国工

① 《国务院关于印发全国主体功能区规划的通知》，国发〔2010〕46号，2010年12月21日。

② 同上。

③ 同上。

业化城镇化建设的成本并给人民生命财产安全带来较大的隐患。

6. 我国在国土空间开发利用过程中存在一些突出的问题，必须在规划或区划中考虑到的，也可以说是面临的挑战。一是耕地快速减少，粮食安全问题突出。我国耕地总量由1996年的19.51亿亩，减少到2008年的18.26亿亩，人均耕地由1.59亩减少到1.37亩，逼近我国农产品供给安全的“红线”。二是生态损害严重，生态系统功能退化。我国部分地区在发展经济时并没有考虑当地的资源和生态环境承载能力，导致其森林、草原、湿地生态功能退化，水土流失严重，每年流入江河的泥沙量达20多亿吨，土地荒漠化面积达267万平方公里，加之由于全球气候变化，导致地质和海洋灾害频发。三是资源开发强度大，环境问题突显。一些地方发展放松较为粗放，开发过度，导致水资源短缺和能源不足的问题越来越突出，不但加大了建设成本，压缩了绿色生态空间，还带来了严重的环境污染。四是空间结构不合理，空间利用效率低。从总体看，我国工矿建设占用空间偏多，绿色生态空间偏少，在城镇化过程中，城镇用地扩张大大快于人口城镇化进程，开发区占地面积过多且过于分散，导致城镇单位面积产出不高，土地利用效率偏低。五是城乡和区域发展不协调，公共服务和生活条件差距大。我国国土辽阔，各地的自然、经济、社会条件差异很大，导致地区发展很不平衡。城乡二元结构仍然明显，使城乡和地区之间的公共服务和生活水平差距较大。

以上国土空间的特点和问题是编制《规划》《区划》的重要依据。

（二）《规划》《区划》是对未来国土空间开发趋势的科学把握[①]

今后一段时期，是全面建成小康社会的关键时期，我国发展仍处于大有作为的重要战略机遇期，必须深刻认识和全面把握国土空间开发趋势，才能妥善应对由此带来的严峻挑战。

——人民生活不断改善，满足居民生活的空间需求面临挑战。我国处于人口总量持续增加和居民生活消费结构快速转变的阶段，造成对生活空间和农产品需求量增加，进而对耕地保护，提出了更高的要求。

——城镇化水平不断提高，满足城镇化建设的空间需求面临挑战。我

① 《国务院关于印发全国主体功能区规划的通知》，国发〔2010〕46号，2010年12月21日。

国正处于城镇化加快发展阶段，城镇规模的用地空间需求不断增加，而农村居民用地会存在部分闲置等问题，城乡用地结构矛盾突出将带来新的问题。

——基础设施不断完善，满足基础设施建设的空间需求面临挑战。我国交通、能源等基础设施建设尚处于继续发展和不断完善阶段，基础设施建设用地仍是刚性需求，甚至会占用一些绿色空间和耕地。

——经济增长趋于多极化，满足中西部地区的建设空间需求面临挑战。我国经济增长呈现多极化趋势，随着东部地区资源环境承载力逐步饱和，经济增长加快向中西部拓展，这就需要继续扩大这些地区的工业化城镇化建设用地空间①。

——水资源矛盾日益突出，满足水源涵养的空间需求面临挑战。随着全球气候变化和用水量增加，水资源短缺的局面更趋严重，满足用水需求既要节约用水，又要恢复扩大河流、湖泊、湿地、草原、森林等水源涵养空间。

——全球气候变化影响不断加剧，保护和扩大绿色空间面临挑战。我国是一个发展中国家，既要发展经济，又要为应对全球气候变化作出积极贡献，这就需要改变以往的发展模式，尽可能少改变土地自然状况，扩大绿色生态空间，增强固碳能力②。

二　国土空间开发区划理论依据

《规划》《区划》是生态经济理论在国土空间管理中的应用成果。20世纪80年代，是我国生态经济创建并蓬勃发展的时期，通过生态经济理论研究和普及，极大地提高了我国人民的生态文明水平，生态保护理念日益深入人心，越来越多的人认识到，生态与经济必须协调发展。协调论是生态经济学的基本理论，协调论的第一要义是生态目标和经济目标必须有机统一起来，经济社会发展必须建立在生态资源环境承载力的范围内，不能超过生态系统自调节能力的阈值，生态系统承载力才具有可再生性，这

① 《国务院关于印发全国主体功能区规划的通知》，国发〔2010〕46号，2010年12月21日。

② 同上。

是人类社会可持续发展的基础。超过这个阈值，不但生态系统不能持续正向演替，经济社会也无法持续发展。协调论的第二个要义是保护生态系统就是保护生产力，改善生态系统，提高生态系统的承载力就是发展生产力。由于生态系统的承载力具有可修复性、可再生性，因此必须通过加大生态建设力度提高生态系统的承载力。协调论的第三个要义是生态系统的承载力由生态系统中自然要素的质量所决定，由各种自然要素之间的匹配性所决定。我国地域辽阔，由于地域分异规律的作用，各地的自然要素和它们之间的匹配性有很大差别，导致不同区域生态系统承载力存在一定的差异。只有根据不同地域生态系统的承载力，提出相应的开发强度，才能做到生态与经济协调发展，人与自然和谐发展。根据这些原理，《规划》《区划》提出了全国合理的国土空间开发格局，根据各区域生态系统的承载力、现有开发强度和发展潜力，分为优化开发区、重点开发区、限制开发区和禁止开发区，并对不同生态功能区提出了不同的定位要求。

第二节　国家合理空间开发结构的基本框架

一　建立国家合理空间开发结构的总体思路和目标

（一）总体思路

以科学发展为指导，以生态经济理论为依据，树立新的开发理念，调整开发内容，创新开发方式，规范开发秩序，提高开发效率，构建高效、协调、可持续的国土空间开发格局，建设中华民族美好家园①。

树立新的开发理念，必须根据不同区域生态系统的特点和承载力，现有开发强度和发展潜力，将国土空间分为优化开发区、重点开发区、限制开发区、禁止开发区②。优化开发区是指经济开发强度（这里指的开发强度主要是指工业化、城镇化水平）较高、资源环境问题突出的城市化地区，必须通过优化产业结构，转变粗放的发展方式，转移部分传统产业，实现产业升级，达到优化空间开发结构、提高国土开发效率的目标；重点

---

① 《国务院关于印发全国主体功能区规划的通知》，国发〔2010〕46 号，2010 年 12 月 21 日。

② 同上。

开发区是指经济发展已经有一定的基础、生态资源环境承载力较强、发展潜力较大、集聚人口和经济的条件较好的地区，该地区是重点推进工业化城镇化开发的地区，也是国家今后重点开发的城市化地区。限制开发区分为两类：一类是农产品主产区，如平原地区尽管适应于工业化城镇化开发，但为了保障我国农产品安全，必须把增强农业综合生产能力作为首要任务，对于大规模高强度的工业化城镇化开发活动应予以限制；另一类是生态系统脆弱或生态功能重要的敏感地区，例如江河源头区、水源涵养区、水土保持区、森林、草原、湿地等生态功能重要的地区，这些地区不具备大规模高强度的工业化城镇化开发的条件，必须限制开发规模，否则会引起整个生态系统的逆向演化。禁止开发区是指依法设立的各类自然保护区、国家风景名胜区、世界文化自然遗产、森林公园、地质公园，生物多样性保护、水域或湿地保护区，是国家生态安全的屏障。四类开发区的划分，形成了我国合理的国土空间开发结构，是一种符合科学发展观，符合生态经济理论的新的开发理念。

四类开发区的主体功能不同，因而它的开发内容、开发方式也不同，国家在不同主体功能区的政策支持重点也不同。但各主体功能区同等重要，相互联系。优化开发和重点开发区是指城市化地区，主要功能是增强综合经济实力，同时保护好耕地和生态环境；农产品主产区的主要功能是提高农业综合生产能力，同时保护好生态环境，在不影响主体功能的前提下，适度发展非农产业；重点生态功能区的主要功能是增强生态产品供给能力，同时可适度发展不影响主要生态功能的适宜产业①。

在推进主体功能区建设中，要坚持保护自然资源，保护生态环境，坚持优化结构、集约开发、协调开发、统筹开发的原则。

（二）建立国家合理空间开发结构的目标

经过10年左右的努力，到2020年，基本形成国家合理的国土空间开发结构的总体要求，具体目标如下：

——国土空间开发格局清晰。四类开发区的主体功能得到体现，四类开发区的内在联系得到进一步协调和统筹。

---

① 《国务院关于印发全国主体功能区规划的通知》，国发〔2010〕46号，2010年12月21日。

——国土空间结构得到优化。主要控制目标为城市面积控制在10.65万平方公里，农村居民点面积减少到16万平方公里以下，耕地保有量不低于18亿亩，其中基本农田占80%以上，建设占用耕地控制在3万平方公里以下，林地保有量312万平方公里以上，森林覆盖率达到30%以上，草原面积占陆地空间40%以上。

——空间利用效率提高。单位国土面积的GDP，特别是城市土地的产出明显提高，城市人口密度明显提高，农业单位面积产量明显提高，单位面积的森林、草原、湿地的生态产品和生态服务能力明显提高。

——区域发展协调性增强。城乡二元结构明显弱化，不同区域发展差距缩小，城乡居民收入和不同区域居民收入差距缩小，和谐社会的构建取得明显进展。

——可持续发展能力提升。经济、社会、生态更加协调发展，国家创新能力明显提高。

二 国家合理空间开发结构和布局

（一）“两横三纵”为主体的城市化发展格局

构建以陆桥通道（沿陇海铁路、甘新铁路）、沿长江通道为两条横轴，以沿海、京哈京广、包昆通道为三条纵轴，以国家优化开发和重点开发的城市地区为主要支撑，以轴线上其他城市化地区为重要组成的城市化战略格局。推进环渤海、长三角、珠三角地区的优化开发，形成3个特大城市群。推进冀中南地区、太原城市群、呼包鄂榆地区、哈长地区、东陇海地区、江淮地区、海峡西岸经济区、中原经济区、长江中游地区（包括武汉城市圈、环长株潭城市群、鄱阳湖生态经济区）、北部湾地区、成渝地区、黔中地区、滇中地区、藏中南地区、关中天水地区、兰州西宁地区、宁夏沿黄经济区、天山北坡地区等18个地区的重点开发，形成若干新的大城市群和区域性的城市群①。

（二）“七区二十三带”为主体的农业发展格局

构建东北平原、黄淮海平原、长江流域、汾渭平原、河套灌区、华南

① 《国务院关于印发全国主体功能区规划的通知》，国发〔2010〕46号，2010年12月21日。

和甘肃新疆等农业主产区为主体，以基本农田为基础，以其他农业地区为重要组成的农业战略格局①。

表 2—1　　全国七区二十三带农业主产区

七区	二十三带	主要地区
东北平原主产区	（1）优质粳稻为主的水稻产业带 （2）籽粒与青贮兼用型玉米产业带 （3）高油大豆为主的大豆产业带 （4）肉牛、奶牛、生猪、畜产品产业带	黑龙江、吉林两省的松嫩平原、三江平原、辽宁省的辽河平原、内蒙古的一部分地区，大城市郊区县
黄淮海平原主产区	（5）专用小麦产业带（强筋、中强筋） （6）优质棉花产业带 （7）籽粒与青贮兼用型玉米产业带 （8）高蛋白大豆产业带 （9）肉牛、羊、奶牛、生猪、禽畜产业带	河北、河南、山东、安徽、江苏北部 5 省的黄河、淮河、海河流域，山东丘陵地区、河北燕山、太行山山麓平原区
长江流域主产区	（10）双季稻为主的水稻产业带 （11）优质专用小麦产业带（中/弱筋） （12）优质棉花产业带 （13）“双低”油菜产业带 （14）生猪、家禽畜产品产业带 （15）淡水鱼、河蟹为主水产品产业带	长江流域中下游的江汉平原、洞庭湖平原、鄱阳湖平原、江淮平原、杭嘉湖平原及部分丘陵区，湘鄂皖赣中南部丘陵山区，长江上游的四川盆地、重庆市沿长江地区

① 《国务院关于印发全国主体功能区规划的通知》，国发〔2010〕46 号，2010 年 12 月 21 日。

续表

七区	二十三带	主要地区
汾渭平原主产区	(16) 优质专用小麦产业带 (17) 籽粒、青贮兼用型玉米产业带	山西省临汾、运城、晋中、吕梁地区，陕西省的渭南、咸阳、宝鸡地区，甘肃天水平凉地区，西安、太原等大中城市郊区县
河套灌区主产区	(18) 优质专用小麦产业带	宁夏银川南北、内蒙古乌海、巴彦淖尔、包头、鄂尔多斯
华南主产区	(19) 优质高档籼稻为主水稻产业带 (20) 甘蔗产业带 (21) 对虾、罗非鱼、鳗鲡为主的水产品产业带	闽南、粤中、粤西、桂南、滇南、海南岛
甘肃新疆主产区	(22) 优质专用小麦带 (23) 优质棉花产业带	甘肃河西走廊，新疆天山南北地区，包括北疆的阿勒泰、伊犁、石河子、哈密、南疆的阿克苏、和田、喀什，等

(三)“两屏三带”为主体的生态安全格局

构建以青藏高原生态屏障、黄土高原——川滇生态屏障，东北森林带、北方防沙带和南方丘陵山地带以及大江大河重要水系为骨架，以其他国家重点生态功能区为重要支撑，以点状分布的国家禁止开发区域为重要组成的生态安全战略格局①。

到2020年上述三大战略任务实现时，全国主体功能区布局基本形成。经济布局更趋集中均衡，形成多元、多极、网络化的城市化格局；城乡区域发展更趋协调，城乡差距逐步缩小；资源利用更趋集约高效，资源节约型环境友好型社会初步形成；环境污染防治更趋有效，工业和生活污染排放得到有效控制；生态系统更趋稳定，森林、草原、湿地、水系、荒漠、

① 《国务院关于印发全国主体功能区规划的通知》，国发〔2010〕46号，2010年12月21日。

农田等生态系统功能增强；国土空间的管理更趋科学，绩效评价和政绩考核的客观性、公正性大大增强。

第三节　国家生态功能分区及定位

2008年由国家环保部和中国科学院共同编制的《全国生态功能区划》公布并开始实施，它对于指导我国区域生态环境管理、生态保护、生态建设、产业布局、资源开发利用和社会经济发展规划，协调社会经济发展与生态保护之间的关系，实现科学发展、绿色发展具有重要意义。

一　生态功能区划的基本原理和依据

（一）生态功能区划基本原理

生态功能区划是建立在生态系统原理上的地域单元的科学划分，那么我们如何来理解生态系统的概念呢，《世界资源报告（2000—2001）》将生态系统定义为："由相互作用、相互联系的生物体（生命体系）及其生物体生存的自然环境（生命支撑体系）所形成的群落"。如果说得更通俗一点，也可以这样表述：生物体（包括人类在内）与它所处的自然环境所组成的统一体，这个统一体就是一定地域范围的生态系统。例如，生活在林地上的人群所从事采集、打猎、伐木等生活和生产活动，进行物质交换和物质循环，那么这个地域单元就是一个森林生态系统。如果这个人群生活在草原上，从事动物放牧等生活和生产活动，那么这个地域单元就是草原生态系统。生态功能区划就是生态系统功能分类和地域划分的一种形式，这种分类和地域划分，必须是相应地域范围完整的生态系统单元，在同一个生态系统单元，它所提供的生态产品和生态服务功能具有一定的相似性，然后将不同的生态系统单元分类和地域划分标注在相应比例尺的地图上。由此看来，生态功能区划所具有的特征是：

——在原理上是基于对自然生态系统空间分异规律的利用。由于不同区域的地理差别，气候、水文、土壤、植被、地质地形及各项自然资源的禀赋不同，而具有不同的自然生态系统，并影响人类的社会活动，生态功能区划就是建立在自然生态系统空间分异规律的基础上的。

——同一生态系统的主导生态服务功能具有相似性。一般说来，某一区域生态系统可以提供多种生态服务功能，但根据人们的价值选择，可以确定起主导作用的生态功能以及起次要作用的辅助生态功能。例如，江西东江源区生态系统的主导功能应当是水源涵养型，是向广东珠三角地区和香港提供清洁的水资源，以保持东江下游经济发达地区社会经济的繁荣和稳定，除此之外还可以起到保持水土的作用，这是它的辅助生态功能。

——生态系统单元的完整性。生态系统服务功能是作为一个完整的生态单元所表现出来的，如果不是一个完整的生态系统单元，那么它的生态服务功能也不能充分表现出来。

——生态系统的层次性体现在生态功能区划的层次性。这种层次性最明显地体现在流域生态系统的层次上，例如我国大江大河都形成了完整的大范围的生态系统，以长江流域为例，有180万平方公里的流域面积，构成一个完整的大范围的生态系统，长江又有许多支流，大的一级支流就有嘉陵江、汉江、湘江、赣江等，它们也构成下一层次的生态系统单元，一级支流又分为二级三级支流，这样就为生态功能区划提供了自然区划的基础。一般说来，层次越高，提供的生态服务功能越具有多样性。

——区划单元的选择与区域管理目标的适应性。区划的目的是为了建立一个对生态系统进行科学管理的框架。例如东江源区作为一个生态系统区划单元，在明确它作为水源涵养的主体功能以后，就必须建立一个与主体功能相适应的管理目标和政策体系。

（二）生态功能区划主要依据

我国公布的全国生态功能区划正是建立在对全国生态调查的基础上，分析区域生态系统特征、生态系统服务功能与生态敏感性空间分异规律后，确定不同地域生态系统单元的主导生态功能的基础上编制而成的，它的主要依据是：

——对我国生态系统空间特征的科学分析和准确把握。在生态调查的基础上，对我国主要生态系统，如森林生态系统、草原生态系统、湿地生态系统、荒漠生态系统、农田生态系统、城镇生态系统的数量、质量、分布、存在问题、开发利用方向等都作了全面分析研究，成为编制生态功能区划的基础性资料。

——对生态敏感性进行了科学评价。我国土地辽阔，各个区域的生态敏感性有很大差异，例如我国黄土高原对土壤侵蚀性敏感性强。华北内蒙古地区对沙漠化敏感性强，至今土地荒漠化问题虽然有所遏制，但没有完全停止。沿海土地的盐渍化敏感性强。贵州、广西等石灰岩地区的石漠化敏感性强。青藏高原土壤冻融侵蚀敏感性强。工业化城市的酸雨敏感性强。这些也是编制生态功能区划的重要依据。

——对生态系统服务功能的类型和重要性进行了评价。经过专家们的分区分类评价后，认为我国生态系统服务功能可分为生态调节、产品提供、人居保障三大类功能。其中，生态调节功能又可分为水源涵养、土壤保持、防风固沙、生物多样性保护、洪水调节五个亚类；产品提供功能主要是指农产品、畜产品、林产品、水产品提供功能；人居保障功能主要是指居住和城镇建设功能。[①]

——国内外有关的研究成果为我国生态区划提供了借鉴。中华人民共和国成立以后，先后完成了中国综合自然区划、气候区划、土壤区划、植被区划、农业区划、林业区划等，为后来的生态区划提供了理论和方法。生态区划在国外是1976年美国生态学家Bailey绘制了世界上第一张美国生态区划图。加拿大也在稍后开展了生态区划工作，至20世纪90年代形成了全国统一的国家生态区划框架。

二　全国生态功能区划框架

按照我国的气候和地貌等自然条件，将全国陆地生态系统划分为东部季风、西部干旱、青藏高原3个生态大区[②]，然后根据《生态区划暂行规程》，将全国生态功能区分为3个等级[③]：

1. 根据生态系统的自然属性和所具有的主导服务功能类型，将全国划分为生态调节、产品提供和人居保障3个生态功能一级区。

2. 在生态功能一级区的基础上，依据生态功能重要性划分为生态功能二级区。生态调节功能包括水源涵养、土壤保持、防风固沙、生物多样性保护、洪水调节功能；产品提供功能包括农产品、畜产品、水产品、林产品；人居保障功能包括人口和经济密集的大城市和重点城镇群9个二

① 环境保护部、中国科学院：《全国生态功能区划》，《环境保护部公告》2008年7月18日。

② 同上。

③ 徐长勇：《我国主要生态功能区绿色农业发展模式研究》，《生态经济》2009年第6期。

级区。

3. 生态功能三级区是在二级区基础上，按照生态系统与生态功能空间分异特征、地形差异、土地利用组合来划分生态功能三级区。[①]

表 2—2 全国生态功能区划体系表

生态功能一级区（3类）	生态功能二级区	生态功能三级区举例（216个）
生态调节区	1. 水源涵养	大兴安岭北部落叶松林水源涵养
	2. 防风固沙	呼伦贝尔典型草原防风固沙
	3. 土壤保持	黄土高原西部土壤保持
	4. 生物多样性保护	三江平原西部生物多样性保护
	5. 洪水调节	洞庭湖湿地洪水调蓄
产品提供区	6. 农产品提供	三江平原农业生产
	7. 林产品提供	大兴安岭林区林产品
人居保障区	8. 大城市群	长三角大都市群
	9. 重点城镇群	武汉城镇群

资料来源：2008 年国家环保部、中科院《全国生态功能区划》。

现将全国生态功能区划体系中三级区划个数、面积及占全国国土面积比重列表如下：

表 2—3 全国陆地生态功能区类型统计表

主导生态服务功能		三级区个数	面积（万平方公里）	占全国面积比例（%）
生态调节	水源涵养	50	237.90	24.78
	土壤保持	28	93.72	9.76
	防风固沙	27	204.77	21.33
	生物多样性保护	34	201.05	20.94
	洪水调蓄	9	7.06	0.73

① 蔡佳亮、殷贺、黄艺：《生态功能区划理论研究进展》，《生态学报》2010 年第 6 期。

续表

主导生态服务功能		三级区个数	面积（万平方公里）	占全国面积比例（%）
产品提供	农产品提供	36	168.63	17.57
	林产品提供	10	30.90	3.22
人居保障	大都市群	3	4.23	0.44
	重点城镇群	19	8.03	0.84
	合计	216	956.29	99.61

注：（1）本区划不含香港特别行政区、澳门特别行政区和台湾省的面积合计为3.71万平方公里；（2）本表资料来源2008年国家环保部、中国科学院《全国生态功能区划》；（3）大都市群、重点城镇群面积是指城区面积，不包括市镇行政辖区。

三　生态功能区定位及生态保护方向

（一）水源涵养生态区

主要分布在大江大河的源头地区、山区、库区等，其中对国家生态安全有重要作用的水源涵养生态功能区主要包括大兴安岭、三江源、甘南、珠江源、东江源、淮河源、丹江口水库区等[①]。该区的主导功能定位为水源涵养，保持稳定的水量，并按国家要求确保水质达标，该区属限制开发区。资源过度开发、生态系统功能退化、冰川后退、雪线上升是该区的主要生态问题。主要生态保护方向是限制资源过度开发，如过度放牧、毁林开荒、开垦草地、无序采矿等，加强生态恢复与生态建设，恢复植被，治理水土流失，控制水源污染，确保水质和水量稳定。

（二）土壤保持生态功能区

主要分布在西北、华北的黄土高原区和南方山地丘陵红壤区，其中对国家生态安全有重要作用的土壤保持生态功能区主要有太行山地区、黄土高原、四川盆地丘陵区、南方红壤丘陵区、西南喀斯特地区等[②]。该区的主导功能定位为水土保持，加强水土流失治理，防止新的水土流失，该区

---

① 环境保护部、中国科学院：《全国生态功能区划》，《环境保护部公告》2008年7月18日。

② 同上。

属限制开发区。土壤植被破坏、土壤侵蚀和沙漠化是该区主要生态问题。主要生态保护方向是全面实施保护天然林、退耕还林、退牧还草，开展小流域综合治理，恢复植被，调整产业结构，发展农村替代产业，发展生态农业和可再生能源，减少薪柴，保护森林。

（三）防风固沙生态功能区

主要分布在东北、华北、西北的沙漠边缘的防护林带区，其中对国家生态安全有重要作用的防风固沙生态功能区有科尔沁沙地、呼伦贝尔沙地、阴山北麓浑善达克沙地、毛乌素沙地、黑河中下游、塔里木河流域及环京津风沙原区等。该区的主导功能定位为防风固沙，防止土地进一步沙化，该区属于限制开发区，过度放牧、水资源严重短缺、水资源过度开发导致的土壤荒漠化、沙尘暴等问题是该区的主要生态问题。生态保护的主要方向是严格控制过度放牧和水资源过度利用，控制引水工程，恢复植被，调整畜牧业生产方式，调整产业结构，实施退牧还草，保护沙区湿地。

（四）生物多样性保护生态功能区

主要分布在动植物资源丰富的林区和湿地区，其中对国家生态安全具有重要作用的生物多样性保护生态功能区有：长白山山地、秦巴山地、浙闽赣交界山区、武陵山山地、南岭山地、海南岛中南部山地、西双版纳和藏东南山地热带雨林区、三江平原湿地、长江中下游湖泊湿地、东南沿海红树林等①。人口过快增加、城镇化开发过度、水、森林、草原开发利用过度、外来物种入侵、生物多样性受到威胁是该区的主要生态问题。该区的主导功能定位为生物多样性保护，防止外来物种侵入。该区属限制开发区，但其中依法设立的自然保护区、森林公园等属禁止开发区。生态保护的主要方向是加强对禁止开发区的自然保护，加强对动植物种的保护，对重大工程要实施生物多样性影响的生态评价，加强动植物检验检疫，严控外来物种入侵。

（五）洪水调蓄生态功能区

主要分布于大江大河中下游平原湿地和湖泊，其中对国家生态安全具

---

① 环境保护部、中国科学院：《全国生态功能区划》，《环境保护部公告》2008 年 7 月 18 日。

有重要作用的洪水调蓄功能区有松嫩平原湿地、淮河中下游湖泊湿地、长江中下游的江汉平原湖泊湿地、洞庭湖、鄱阳湖、安徽省沿江湖泊湿地等[①]。该区的主导功能定位为洪水调蓄，属于禁止开发区，但经科学论证，国家立项批准的前提下，可以兴建有利于洪水调蓄的水利工程。该区的主要生态问题是由于水土流失的影响，湖泊泥沙淤积严重，湖泊容积缩小，一些中小湖泊甚至消失，调蓄能力下降。该区的生态保护主要方向是加强湖泊调蓄功能建设、实施退田还湖、严禁围湖造田、加强流域综合管理、保护上游植被、治理水土流失、控制水体污染、保护水质。

（六）农产品提供生态功能区

该区是指以提供粮食、棉花、油料及其他经济作物以及肉、蛋、奶、水产品等农产品为主。长期从事农业生产的地区，主要分布在平原、丘陵、盆地等集中连片的农业主产区，如前面指出的七区二十三带农业区。该区的生态功能定位是提供农产品，属于限制开发区。耕地占用问题突出、农田土壤肥力下降、农业面源污染比较严重、草原牧区退化严重是该区的主要生态问题。该区生态保护的主要方向是严格保护基本农田，培养土地肥力，加强农田基本建设，扩大高产良田，增强抗灾能力，发展生态农业，发展无公害农产品、绿色食品、有机食品，在牧区要合理核定载畜量，实现畜草平衡。

（七）林产品提供生态功能区

该区是指以提供林产品为主的林区，主要是指速生丰产林基地，集中分布在大兴安岭、长白山、长江中下游丘陵山地、西南山地等速生丰产林集中地区。该区的生态功能定位是提供林业产品，属限制开发区。该区的主要生态问题是林业资源过量采伐，森林质量下降，林种和树种结构不合理。该区生态保护的主要方向是加强速生丰产林建设和管理，科学合理采伐、实现采育平衡，改善农村能源结构，发展可再生能源，减轻对森林资源的压力。

（八）大都市群及重点城镇群生态环境保护

大都市群包括京津冀大都市群、珠三角大都市群和长三角大都市群，

---

① 环境保护部、中国科学院：《全国生态功能区划》，《环境保护部公告》2008 年 7 月 18 日。

主要生态问题是城市无序扩张带来新的城市病，表现为环境污染、交通拥堵、人居环境质量不高。优化该区人口分布、优化经济结构，实现产业升级，形成全国重要的创新区域。重点城镇群则是除上述三个大都市群以外的东、中、西部地区 18 个城市（镇）群。城市无序发展、城镇环境污染严重、环保设施滞后、城镇生态功能低下、人居环境欠佳是该区的主要生态问题。该区的发展和生态保护方向是加强城镇基础设施和环境保护建设，推进创建生态城市、森林城市，通过优化产业结构，发展循环经济，提高资源能源利用效率的基础上推动经济可持续发展，该区要走新型工业化和新型城镇化道路，改善人居环境，提高集聚人口和产业的能力，形成我国经济增长和对外开放的新的战略空间。

表 2—4　　生态环境指标（EI）体系①

<table>
<tr><th>指标类型</th><th>一级指标</th><th colspan="2">二级指标</th></tr>
<tr><td rowspan="2">共同指标</td><td>自然生态指标</td><td colspan="2">包括：林地覆盖率、草地覆盖率、水域湿地覆盖率、耕地和建设用地比例</td></tr>
<tr><td>环境状况指标</td><td colspan="2">包括：SO_2 排放强度、COD 排放强度、固废排放强度、工业污染源排放达标率、Ⅲ类或优于Ⅲ类水质达标率、优良以上空气质量达标率</td></tr>
<tr><td rowspan="6">特征指标</td><td rowspan="6">自然生态指标</td><td>水源涵养类型</td><td>水源涵养指数</td></tr>
<tr><td>生物多样性维护类型</td><td>生物丰度指数</td></tr>
<tr><td rowspan="2">防风固沙类型</td><td>植被覆盖指数</td></tr>
<tr><td>未利用地比例</td></tr>
<tr><td rowspan="2">水土保持类型</td><td>坡度大于 15 度耕地面积比</td></tr>
<tr><td>未利用地比例</td></tr>
</table>

四　江西省生态功能区划

江西省生态功能区划是根据全国生态功能区划的分区原则②，结合对

① 财政部：《国家重点生态功能区转移支付办法》2011 年 7 月 19 日。

② 许开鹏、黄一凡、石磊：《已有区划评价及对环境功能区划的启示》，《环境保护》2010 年第 14 期。

江西省生态敏感区、脆弱区生态环境特征基础上，研究生态资产分布，生态胁迫过程和生态敏感性，考虑到人类活动对生态环境影响，根据社会—经济—生态系统特征的相似性和差异性程度进行划分的。全省生态功能区分三级划分，一级区为生态区，按全省地貌划分，突出江西地貌在全国宏观地貌格局中的地位，分五个生态区：

1. 赣北平原湖泊生态区。地势低平坦荡，平原水域广阔；水土条件优越，湖泊湿地生物多样性特征显著；耕地面积比重较大，粮食和水产地位突出；经济发展水平总体较高，但内部不平衡问题比较严重。生态环境保护与建设发展重点是加大各类污染综合防治，确保生物多样性保护功能在全省和全国的重要地位。

2. 赣中丘陵盆地生态区。东西南三面环山，盆地谷地低平宽广，水土后备资源丰富，林地和耕地面积比重较大，主要农产品地位突出，农业综合开发潜力较大。生态环境保护与建设发展重点是加强农田水利基本建设，确保粮食生产基地地位；发展生态农业，提高农业经济效益；保护现有森林植被，加大中部低丘岗地水土保持生态修复和周边山区生态功能保护建设。

3. 赣南山地丘陵生态区。地处赣江上游，花岗岩与红岩面积较大；水土及生物资源丰富，钨和稀土矿产资源地位突出；水土流失相当突出；农业生产条件较好，经济发展水平相对滞后。要强化水土保持生态修复，严防形成新的水土流失；着力农业产业结构调整，大力发展生态高效农业和循环经济①；加强诸广岭东麓、九连山北麓、武夷山脉南段西麓和雩山山地生态功能保护与建设。

4. 赣西山地丘陵生态区。气候资源丰富类型多样，森林、水力资源丰富，煤炭、铁矿资源地位突出，农业发展已有一定基础，但区域经济发展总体水平较低。需要切实保护好森林植被，综合防治各类污染，强化水土流失预防和监督，加快水土保持生态修复进程，加大现有自然保护区建设力度。

5. 赣东丘陵山地生态区。地势东高西低南高北低，降水充沛，森林

---

①　环境保护部、中国科学院：《全国生态功能区划》，《环境保护部公告》2008 年 7 月 18 日。

资源比较丰富；风景名胜众多，北瓷中铜南橘地位突出，经济发展已有较好基础，但水土流失比较严重。必要切实保护好森林植被，综合防治各类污染，加强水土保持生态修复，严防形成新的水土流失，加大现有自然保护区建设力度。

二级区为生态亚区，按流域划分，全省划分16个生态亚区。三级区为生态功能区，按流域内不同地貌和生态功能划分，体现地貌和生态空间分异的基本格局，全省分43个生态功能区，其中东江源等7个为国家级生态功能区，8个省级生态功能区。东江源生态功能区属赣南山地丘陵生态区，位于安远、寻乌、定南三县交界处，为东江源头地区，是香港和广东省东江沿岸水资源供水区。

表2—5　江西国家、省级重要生态功能区一览表

种类 序号	国家级重要生态功能区	省级重要生态功能区	备注
1	鄱阳湖湖泊湿地生物多样性与蓄洪分蓄洪生态功能区	章水上游水源涵养与水质保护生态功能区	
2	东江源水源涵养与水质保护生态功能区	修水上游水源涵养与水质保护生态功能区	
3	贡江源绵水湘水流域水土保持与水质保护生态功能区	饶河昌江上游水质保护与水源涵养生态功能区	
4	赣江抚河下游滨湖平原农业环境保护与防洪分蓄洪生态功能区	乐安江上游北部水源涵养与水质保护生态功能区	
5	梅江上游及琴江流域水土保持与水质保护生态功能区	信江上游东部水土保持与水质保护生态功能区	
6	鄱阳湖平原西北部水质保护与防洪生态功能区	抚河上游南部水源涵养与水质保护生态功能区	
7	吉泰盆地中部农业环境保护与水土保持生态功能区	袁水中下游水质保护与水土保持生态功能区	
8		赣江下游河谷平原农业环境保护与分蓄洪生态功能区	

第四节 几个重大关系及政策协调

在正确理解和实施《国家主体功能区规划》和《全国重要生态功能区划》时，要明确和处理好以下几个重大关系：

一 生态功能保护区与其他主体功能区的关系

这里指的生态功能保护区是指5大生态调节区，其他主体功能区是指产品提供区与人居保障区，从表2—3中可以看出，5大生态调节区的总面积占全国国土面积的77.54%，而产品提供和人居保障区合计面积只占全国国土面积的22.07%，也就是说，我们应理解为以超过3/4的国土面积作为生态安全屏障，保证1/4的国土实现农业现代化和工业化、城镇化的可持续发展。我们认为这样的空间总体布局是符合生态经济与可持续发展理念的，在土地资源丰富的发达国家，生态用地一般都达到80%以上，有的达到90%以上。在我国人多地少的国情和西部广大地区生态脆弱，不适宜大规模开发的情况下，如果工业化、城镇化用地盲目扩张，生态安全屏障遭到破坏，这样的工业化和城镇化是不可持续的。因此，生态功能保护区与其他主体功能区，在功能定位上既有明显的区别，但又是不可分割的统一体，最终目标是为实现国家现代化和可持续发展服务的，两者都是国家现代化战略的组成部分，是同等重要但功能不同的区域。正确理解这个关系，必须体现在政策的协调和落实，国家在资金投入上，除了重视工业化、城镇化与农业现代化的投入外，还要重视生态调节区的生态保护和建设的资金投入。各个主体功能区要按照功能定位目标进行建设和保护，生态保护功能区要以提高生态服务功能为目标，产品提供区要以提高农产品综合生产能力为目标，人居保障区要以提高人口和经济聚集度为目标，合理安排好经济、社会、生态投入的比重和项目，才能确保总目标的实现。

二 主体功能与其他功能的关系

在同一个生态功能区内，往往有好几个生态功能，其中必有一个是主体功能，还有其他为非主体的辅助功能，例如东江源生态功能区，其主体功能定位为水源涵养，但也有保持水土的作用，因为东江源区还存在严重的水土流失，在许多情况下，主体功能与非主体功能是相辅相成的。又如鄱阳湖生态功能区，它的主体功能是洪水调蓄功能，但鄱阳湖的生态功能是多种多样的，还有生物多样性保护、水产品的提供、淡水供给、降解污染、发展航运等功能，这样我们在政策和管理体制的协调上，就要发挥鄱阳湖的综合生态功能，注重鄱阳湖的综合利用和综合治理，才能更好地发挥鄱阳湖的综合生态效益和经济社会效益。不能以洪水调蓄来排斥鄱阳湖的综合利用，因为洪水调蓄也只有洪水来袭时才有此功能，所以在管理体制上切忌多头管理和部门分割，必须设立综合管理机构，在做好综合开发利用规划的基础上实施综合管理。

三　生态功能区与区域发展战略的关系

传统的区域发展战略一般是指通过高强度的工业化城镇化建设，尽快做大经济总量，但如果这个区域是在5大生态功能调节区内，它占到全国3/4的国土面积，而且又是属于限制开发区，那么这个区域的发展战略定位，就要与国家合理的空间开发结构相衔接，区域战略要服从于国家战略，才能维护国家的生态安全和可持续发展。但在重点开发的城市区可以实施重点开发，是点和面的关系，点上（城镇区）是重点开发，面上是限制开发。还必须明确的是限制工业化城镇化的大规模高强度开发，并不等于限制该区域的经济发展和人民生活水平的提高，通过发展资源节约型和环境友好产业，发展与该区域生态系统的承载力相适应的中小城镇，同样可以发展区域经济，使人民的生活水平不断提高。同时国家在财税政策上也会给予限制开发区更多的政策扶持，所以生态功能区内的局部区域发展有一个发展观念的转变和区域政策的创新问题。由于生态功能区地域广阔，许多情况下是跨省、市、县行政区域，要根据各区域的生态系统承载力不同，进一步划分不同的二级区、三级区，实行不同的区域发展战略，使之更符合当地的实际情况。涉及跨行政区域的发展，如流域上下游的生态补偿必须由上一级政府进行协调，跨省域的由中央有关部门协调，使生态补偿的政策能够真正得到落实。

四 生态功能保护区与能源、矿产资源开发的关系

我国的能源和矿产资源大多分布在生态环境脆弱或生态功能重要的区域，而能源和矿产资源又是国家经济建设所必须的资源，如果限制它的开发，必然影响我国经济社会的发展，但它的开发是点上的开发，在大范围的面上仍然是保护区，点上开发也要根据国家需要实行有序开发、合理开发，通过科学规划，合理确定开发矿点的布局、开发时序、开发强度、进出口贸易、价格管理等方面进行合理调控，提高资源开发利用效率，防止内部恶性竞争，提高资源开发利用的经济效益。在能源和矿产资源开发过程中，要保护生态环境，保护土壤植被，防止重金属对水资源和土壤的污染，矿产开发告一段落后要及时进行复垦，恢复植被。政府要加强对矿产开发项目的审批和对环境影响的评估，在生态敏感区要提高环境准入门槛。总之，在生态功能保护区内的能源和矿产资源要实行科学合理开发，形成点上开发面上保护的格局，才能既满足国家建设对资源的需要，又有利于区域经济社会的可持续发展。

五 政府与市场的关系

国家主体功能规划和全国重要生态功能区划，体现了国家经济、社会、生态三者相互关系的国家战略规划、规划目标的实现，体现了国家合理空间开发结构的形成。政府要通过规划引导，运用法律、经济、行政手段，并充分发挥市场机制在配置资源中的决定性作用，推进国家主体功能区的形成。在优化开发区，鼓励优先发展高附加值产业，提高产业、企业效能标准和用地门槛，优化产业结构和用地结构。在重点开发区，要更多地利用经济政策，特别是投资、财税、金融政策，促进生产要素向这些地区集中，要加大基础设施投资力度，适当扩大建设用地供给和人口聚集，提高城镇化率。在限制开发区，政府要通过审批或环评等手段，遏制对环境有重大影响的大规模和高强度开发，同时在财政税收上，对限制开发区要实行更加优惠的政策，培育特色优势产业发展，对国家急需的特色产业实施保护性开发，加快建立生态补偿机制，设立补偿基金，加大财政转移支付力度，并且随着国家经济实力的增长而不断增加，根据资源环境承载

力，合理确定人口数量，有序转移过剩人口。禁止开发区要明确中央和地方政府支出责任，确保自然保护区管理经费投入和人员工资，对未搬迁居民的生活和公共服务水平，应不低于我国中等收入水平，使生态保护和生态安全处于可持续状况。

第三章　国内外生态恢复的模式技术及其借鉴

随着工业化和城市化进程的加快，经济社会的迅速发展，人口急剧增长，人们对自然资源过度开发，造成了对森林资源的严重破坏，水土流失面积不断增加，土地荒漠化、环境污染、能源危机日趋严重，生物多样性不断降低，造成自然灾害频频发生，使生态系统的类型严重退化，降低了生态系统初级和次级生产力，严重影响人类的生存、社会经济的可持续发展。如何合理协调、整治、恢复、保护生态环境，如何正确开发利用自然资源，无疑是亟待解决的问题。

第一节　生态恢复的内涵与原理

一　生态恢复的内涵

国际恢复生态学会先后提出四个定义：生态恢复是修复被人类损害的原生生态系统的多样性及动态的过程（1994）；生态恢复是维持生态系统健康及更新的过程（1995）；生态恢复是帮助研究生态整合性的恢复和管理过程的科学，生态整合性包括生物多样性、生态过程和结构、区域及其历史情况、可持续的社会实践等广泛的范围（1995）；生态恢复学是研究如何修复由于人类活动引起的原生生态系统生物多样性和动态损害的一门学科，其内涵包括帮助恢复和管理原生生态系统的完整性的过程。这种完整性包括生物多样性临界变化范围，[①] 生态系统结构和过程、区域和历史

---

① 师尚礼：《生态恢复理论与技术研究现状及浅评》，《草业科学》2004 年第 5 期。

内容，可持续发展的文化实践（2004）。[①]

生态恢复的定义颇多，国内外具代表性主要有：

美国生态学会定义生态恢复就是人们有目的地把一个地方改建成明确的、固有的、历史上的生态系统的过程，这一过程的目的是竭力仿效那种特定生态系统的结构、功能、生物多样性及其变迁的过程；美国自然资源委员会（The US Natural Resource Council）认为：使一个生态系统恢复回到较接近其受干扰前的状态即为生态恢复；Jordan（1995）认为：使生态系统回复到先前或历史上（自然的或非自然的）的状态即为生态恢复；Cairns（1995）认为：生态恢复是使受损生态系统的结构和功能恢复到受干扰前状态的过程；Egan（1996）认为：生态恢复是重建某区域历史上有的植物和动物群落，而且保持生态系统和人类传统文化功能的持续性过程。

我国学者李洪远、鞠美庭等（2005）认为：生态恢复就是恢复被损害生态系统到接近于它受干扰前的自然状况或预设目标的管理与操作过程。[②] 恢复既包括回到原始状态又包括完美和健康的含义[③]。何兴元等（2006）认为：生态恢复是指根据生态学原理，通过生物、生态以及工程技术与方法，人为地改变和切断生态系统退化的主导因子或过程，调整、配置和优化系统内部及其与外界的物质、能量和信息的流动过程及其时空秩序，使生态系统的结构和组成保持一定的完整性、生态功能正常持续发挥；任海等（2008）提出，生态恢复是帮助退化、受损或毁坏的生态系统恢复的过程，它是一种旨在启动和加快对生态系统健康、完整性及可持续性进行恢复的主动行为。

纵观上述各个定义内涵，以说明一个过程为主是生态恢复的内涵，而且主要是指纯自然行为。但是任何一个原始的生态系统，如果被过度干扰甚至是破坏，完全失去了内外原有的平衡之后，是无法恢复到原貌的。即使通过人工努力或长时间的再次自然选择使原系统的生态功能实现甚至超过原有水平，但系统的结构与形式是不可能完全重复的。其目标是使生态系统遵循自然生态系统演替的规律性，最终达到稳定的状态。

---

① 艾晓燕、徐广军：《基于生态恢复与生态修复及其相关概念的分析》，《黑龙江水利科技》2010 年第 3 期。

② 李洪远、鞠美庭：《生态恢复的原理与实践》，化学工业出版社 2005 年版。

③ 同上。

二　生态恢复基本理论

生态恢复不仅仅是自然生态系统的自然演替，而且也是人类有目的地进行改造；除了简单的物种恢复，也是对系统的结构、功能、生物多样性和持续性进行全面的恢复。生态恢复是生态系统工程的一个分支，生态恢复主要应用了生态学理论。[①]

（一）生态限制因子原理

生态因子是指环境中对生物生长、发育、生殖、行为和分布有直接或间接影响的环境要素。例如温度、土壤、水分、空气、养料、光照和其他相关生物等。环境中各种生态因子都不是孤立的存在，而是彼此联系、互相促进、互相制约的。任何一个单因子的变化，都必将会引起其他因子发生不同程度的变化及其反作用。生物的生存和繁殖依赖于各种生态因子的综合作用，其中关键性因子就是限制因子，其限制着生物的生存和繁殖。任何一种生态因子只要接近生物忍耐的极限，它就会成为这种生物的限制因子。生态系统的限制因子强烈的制约着系统的发展。[②] 在系统的发展过程中有许多个因子起限制作用，而且因子之间也相互作用。当一个生态系统被破坏后，要恢复时将会遇到许多因子的制约，例如温度、土壤、水分、养料、空气、光照等，必须寻找出该系统的关键因子，才能迅速有效地进行生态恢复。[③④]

（二）生态系统的结构理论

生态系统是由生物组分与环境组分组合而成的，是结构有序的系统。生态系统的结构是指生态系统中的组成成分及其在时间、空间上的分布和各组分能量、物质、信息流的分布方式和特点，生态系统的结构包括物种结构、时空结构和营养结构。物种结构又称组分结构，是指生态系统是由

---

① 朱丽：《关于生态恢复与生态修复的几点思考》，《阴山学刊》2007 年第 1 期。

② 宋法龙：《以基材—植被系统为基础的生态护坡技术研究》，安徽农业大学硕士学位论文，2009 年。

③ 叶建军、许文年、王铁桥、周明涛等：《南方岩质坡地生态恢复探讨》，《岩石力学与工程学报》2003 年第 22（增 1）期。

④ 杨永利：《滨海重盐渍荒漠地区生态重建技术模式及效果的研究——以天津滨海新区为例》，中国农业大学博士论文，2004 年。

哪些生物组成的，以及它们之间量比关系；生态系统中各生物种群在空间上的配置和在时间上的分布，成为生态系统的时空结构；由生产者、消费者、分解者三大功能群体组成的食物网、食物链是生态系统的营养结构。建立合理的生态系统结构有利于提高系统的功能。生态系统结构合理程度，体现在生物群体与环境资源组合之间相互适应的程度。合理的生态系统结构能充分发挥、保护资源优势，使其得到持续利用。在时空结构角度上，应充分利用光、水、热、土资源，提高光能利用率；在物种结构上，提倡物种多样性，促进系统的稳定和发展。在时空结构角度上，应充分利用光、水、热、土资源，提高光能利用率；在营养结构的角度上，实现生物物质和能量的多极利用与转化，形成一个高效，循环的系统。①

（三）生物适宜性原理

生物通过长期与环境的协同进化，产生了对环境的生态依赖，生物的生长发育对环境产生了要求，每种生物要求在最适宜的环境中生长。②

（四）生态位原理

英国生态学家 G. E. Hutchinson 认为：生物完成其正常生命周期所表现的对特定生态因子的综合位置。③ 每一个生物在物种在生态系统中都有其特殊的功能与地位，每一个生态因子为一维，以生物对生态因子的综合适应性为指标，形成超几何空间。根据生态位原理，对某些空闲或功能效益较差（常表现为物质循环、能量流动、价值转换等十分脆弱或受阻）的生态位，可通过配套引进新物种，以采取措施强化或充实空闲生态位，提高资源利用率，改善生态系统的结构和功能。

（五）生物群落演绎理论

在自然条件下，如果群落遭到破坏，一般情况下能够恢复，但是恢复时间各不相同有长有短。其恢复的过程为：首先是被称为先锋植物的种类侵入遭到破坏的地方并定居和繁殖，然后先锋植物改善了被破坏地的环境，使得其他物种侵入并被部分或全部取代，进一步改善了环境，更多物

---

① 穆林林：《生态公路边坡生态恢复设计与研究》，武汉理工大学硕士学位论文，2010 年。

② 同上。

③ 杨永利：《滨海重盐渍荒漠地区生态重建技术模式及效果的研究——以天津滨海新区为例》，中国农业大学博士论文，2004 年。

种侵入的结果是生态系统渐渐恢复到它原来的外貌和物种。[①②③]

（六）生物多样性原理

生物多样性是指生物形式的多样性，包括遗传多样性、物种多样性、生态系统与景观多样性。生态系统的多样性越高，生态系统越稳定，表现在系统抗逆性就越强，出现高生产力物种的机会也越高，系统利用光能效率高，能量流动稳定。

第二节　生态恢复模式与技术

受害生态系统的恢复可以遵循两个模式途径：当生态系统受害不超过负荷并在可逆的情况下，压力和干扰被去除后，恢复可在自然过程中发生。例如对退化的草场进行围栏保护，经过几年草场即可得到恢复。另一种是生态系统的受害是超负荷的，而且发生了不可逆的变化，仅仅只依靠自然过程并不能使生态系统恢复到初始状态，必须通过人的帮助，必要时需要非常特殊的方法，起码要使受害状态得到控制[④]。

一　生态恢复的类型

生态系统类型繁多，其退化的表现形成也不一样。生态恢复是对不同的退化生态系统而进行的，生态恢复类型表现出不同的特点，主要的类型包括森林生态恢复、水域生态恢复、湿地生态恢复、草地生态恢复、海洋与海岸带生态恢复和废弃地生态恢复等。

二　生态恢复的一般步骤

（一）调查与诊断环境背景以及现状

通过调查与研究环境背景，分析与研究什么环境因子是有利因素，什

---

① 叶建军、许文年、王铁桥、周明涛等：《南方岩漠化坡地生态恢复探讨》，《水电科技进展》2003 年第 2 期。

② 胡双双：《岩质边坡生态护坡基材研究》，武汉理工大学硕士学位论文，2006 年。

③ 穆林林：《生态公路边坡生态恢复设计与研究》，武汉理工大学硕士学位论文，2010 年。

④ 施大华、张强：《生态恢复的理论与方法研究》，《科学教育研究》2007 年第 3 期。

表 3—1　　生态恢复的类型一览表

类型	主　要　内　容
森林生态恢复	人类长期的过度砍伐使用，森林生态系统退化日益严重，甚至有的地方已变成了裸地。目前封山育林、退耕还林、林分改造等方法用于世界各地进行林地生态恢复。
水域生态恢复	水域生态系统包括水域中由生物群落及其环境共同组成的动态系统，水域生态系统的恢复则要重建干扰前的功能及相应的物理、化学和生物特性。在水体生态恢复过程中常常要求重建干扰前的物理条件，调整水和土壤中的化学条件以及水体中的植物、动物和微生物群落。
湿地生态恢复	湿地是“地球之肾”。随着经济社会的发展，工业化、城市化进程的推进，全球大概有 80% 的湿地资源已经丧失或退化。湿地生态恢复是通过生物技术、生态工程，对已经退化或消失的湿地进行修复或重建，使其再现被干扰前的结构和功能，发挥其原有的作用。
草地生态恢复	草地在不合理人为因素干扰下普遍出现退化，植物生产力下降、质量降级、土壤理化和生物性状恶化，以及动物产品的下降等现象。全世界目前有半数以上的草地已经退化或者正在退化，中国草地严重退化面积占到了草地总面积的 1/3。草地生态恢复是通过改进现存的退化草地、建立新草地两种方式来完成的。
废弃地生态恢复	自然资源的大量开采，造成土壤和植被的破坏，导致严重的水土流失，形成大面积的废弃地，直接侵蚀和污染周边的土地、水源。废弃地的整治在生态系统的恢复与重建中的地位越来越凸显。
海洋与海岸带生态恢复	由于海洋资源的过度开发和使用，海洋受的污染也越来越严重。海岸带是陆地与海洋相互作用的过渡地带，由于目前人口活动不断地向海岸带地区集聚，海岸带将面临巨大的压力，资源和环境问题日益突出。对海洋和海岸带进行生态恢复，海洋和海岸带环境可以得到恢复，防止资源继续遭到破坏，并且避免生态环境进一步恶化和可持续性发展。

么是不利因素，什么是限制因子，这样以便在植被恢复与重建时可以扬长避短，充分发挥区域优势，取长补短，弥补不足。充分考虑植被的作用，这既是植被恢复与重建的基础，同时也是制订可行的对策和方法的保障。①

① 马世骏：《现代生态学透视》，科学出版社 1990 年版。

（二）选择恢复与重建的合理对策

植被恢复与重建的对策与途径，一般有植被恢复演替、土壤生物改良与客土复垦3种。在确定了恢复与重建对策后，应该制定合理的生态经济规划，根据该区域的自然特征、退化现状与趋势、人类经营生产活动方式以及人类干扰活动状况等等进行因地制宜、因势利导、分区分片地重建与植被恢复。

（三）筛选与引种物种

选择物种是植物群落和植被重建的基础，应该针对具体地段进行。一般情况下以经济效益为主的人工植物群落，应该选择具有良好经济性状的物种，例如果树、中药材、饲用作物等；以生态效益为主的物种，应该选择涵水、保土、改良土壤环境和生产力高的物种，例如落叶或常绿阔叶型乔灌木。物种选择一般以乡土物种为主，在引入外来物种时，必须遵循一定的原则，先作适宜性评价，然后“试种”，将引种建立在生态合理的基础上。①

（四）组合与实施植物群落

必须依据生态经济规划目标与布局，应用与筛选出的适宜物种，同时模拟自然群落的时空结构，组建不同类型的植物群落，并实施于布局好的适宜地段。

三　生态恢复的主要模式

生态恢复无论是在不同地域或同一地都可采取不同的模式。模式的采用直接影响着恢复的方式、路径和速度，恢复的程度，投入的经济成本及产生的效益。一般来说生态恢复有如下几种模式。②

（一）封隔恢复（也称之为非人工干预恢复）

将被恢复地完全封隔开来，避免任何人为干扰，也没有任何人类的抚育恢复活动，让退化区域自行恢复，如封山育林。

（二）低人工干预恢复

在封隔恢复的条件下，仅仅通过人工创造一定的物理或化学条件，或

---

① 王煜倩：《生态退化与生态恢复研究综述》，《太原科技》2009年第4期。

② 胡聃：《生态恢复设计的理论分析》，《中国环境科学学会成立20周年大会论文集》，中国环境科学出版社。

在不同演替恢复阶段，引进一些重要物种，适“机”地改变群落结构，在一定程度上诱导、增强退化生态系统的恢复潜力，退化生态系统主要依赖于其固有的恢复潜力形成某一顶级群落，这种恢复表现上常常归属于局部复原。

（三）适度人工干预恢复

依据群落演替状况，以一定频率、强度和不同方式的正向干预调节，修复、补偿、开拓和重创群落内在的依存原初演替能力，群落依然主要沿原有演替顶级演化，能够形成本地顶级群落的基本构架。

（四）高度人工干预恢复

依据人类的自身发展需要，在频率、程度和方式上，强烈干预和控制其演替，最终形成人类既定的群落，并加以开发利用。

四 生态恢复技术

生态恢复技术是运用生态学原理与系统科学的方法，将现代化技术与传统的方法，通过把合理的投入和时空进行巧妙结合，使得生态系统保持良性的物质、能量循环，达到人与自然协调发展的恢复治理技术。

生态恢复应用的主要技术有：生态恢复规划技术（地理信息系统GIS、遥感技术RS、全球定位系统GPS，简称3S技术）及生态恢复生物技术与生态恢复工程技术。在生态恢复规划技术中，生态系统重要的规划技术就是3S技术，在大的空间尺度上，生态恢复研究所需要的许多数据往往是通过遥感手段获得的。而在收集、存贮、提取、转换、显示、分析这些容量庞大的空间数据时，地理信息系统是极为有效的计算机工具。具体的地理位置是空间数据的重要内容，全球定位系统能快速准确地获得空间定位数据。[①] 它们应用于生态恢复中，不同类型和不同退化程度的生态系统，其生态恢复技术不同。根据生态系统类型的不同，可分为下列几类：[②]

---

① 赵晓英：《对中国生态恢复的几点思考》，《资源生态环境网络研究动态》1999年第10（4）期。

② 师尚礼：《生态恢复理论与技术研究现状及浅评》，《草业科学》2004年第5期。

表 3—2　　生态恢复技术①②③④

生态恢复技术类型	主　要　技　术
土壤生态恢复技术	沙漠化土地生态恢复重建工程技术、南方红壤酸土生态恢复重建技术、矿山开垦地和盐碱地生态恢复工程技术
湖泊水体生态恢复技术	生活污水的生态化处理、工业废水的生态处理与恢复工程技术、地下水污染生态恢复工程技术、江河湖泊富营养化的生态恢复技术
退化及破坏植被的生态恢复重建技术	农林系统植被生态恢复工程技术、草场生态恢复工程与技术、生态公益林的建设与管理技术、生物多样性恢复与重建技术
水土保持与小流域开发生态恢复技术	小流域治理生态原理、水土保持工程恢复技术、水土保持综合恢复工程技术、水土保持生物恢复工程技术、小流域治理生态恢复工程及生态恢复技术
自然保护区生态恢复工程与技术	自然保护区是生态恢复中重要的技术手段，对生物多样性保护、自然保护区的建设、对濒危物种的保护、对景观与生态系统多样性的保护具有十分重要的意义

此外还可分为海洋岛屿生态系统、农村生态系统和城市生态系统恢复工程技术，大气系统生态恢复技术。⑤

不同类型（例如草地、森林、湿地、农田、河流、湖泊、海洋）、不同程度的退化生态系统，其恢复方法也各不相同。从生态系统的组成成分角度来看，恢复主要包括非生物和生物系统的恢复。无机环境的恢复技术包括水体恢复技术（例如换水、控制污染、积水、去除富营养化、排涝和灌溉技术）、土壤恢复技术（例如土壤改良、表土稳定、施肥、耕作制

① 李文朝：《富营养水体中常绿水生植被组建及净化效果研究》，《中国环境科学》1997 年第 17（1）期。

② 彭少麟：《退化生态系统恢复与恢复生态学》，《中国基础科学》2001 年第 3 期。

③ 包维楷、刘照光、刘庆等：《生态恢复重建研究与发展现状及存在的主要问题》，《世界科技研究与发展》2001 年第 23（1）期。

④ 卢剑波、王兆骞等：《南方红壤小流域生态系统综合开发利用的限制因子分析》，《自然资源》1995 年第 4 期。

⑤ 师尚礼：《生态恢复理论与技术研究现状及浅评》，《草业科学》2004 年第 21（5）期。

度与方式的改变、控制水土侵蚀、换土及降解污染物等)、空气恢复技术(例如烟尘吸附、生物和化学吸附等)。生物系统的恢复技术包括植被(物种的引入、品种改良、植物快速繁殖、植物的搭配、植物的种植、林分改造等)、消费者(微生物的引种及控制)的重建技术和生态规划技术(RS 、GIS、GPS)的应用。

在生态恢复实践过程中,同一项目也可能会应用上述多种技术。综合考虑区域实际情况是生态恢复中最重要的,充分运用各种技术,通过研究和实践,尽可能快地恢复生态系统的结构,从而恢复其功能,促进生态、经济、社会效益可持续性发展的实现。恢复技术要点列于表 3—3①。

表 3—3　　生态恢复技术体系②③

恢复类型	恢复对象	技术体系	技术类型
非生物环境因素	土壤	土壤肥力恢复技术	聚土改土技术、绿肥与有机肥施用技术、生物培肥技术(如 EM 技术)、化学改良技术、少耕、土壤结构熟化技术、免耕技术
		水土流失控制与保持技术	生物篱笆技术、坡面水土保持林、草技术;等高耕作技术、土石工程技术(小水库、谷坊、鱼鳞坑等)、复合农林牧技术
		土壤污染控制与恢复技术	移土客土技术、深翻埋藏技术、施加抑制剂技术、增施有机肥技术、土壤生物自净技术、废弃物的资源化利用技术
	大气	大气污染控制技术	新兴能源替代技术、烟尘控制技术、生物吸附技术
		全球化控制技术	土地优化利用和覆盖技术、温室气候的固定转换技术(如利用细菌、藻类)、无公害产品开发与生产技术、可再生能源技术

① 章家恩、徐琪等:《恢复生态学研究的一些基本问题探讨》,《应用生态学报》1999 年第 10(1)期。

② 任海、彭少麟等:《恢复生态学导论》,科学出版社 2002 年版。

③ 张经炜、姚清尹、李焕珊等:《华南坡地研究》,科学出版社 1994 年版。

续表

恢复类型	恢复对象	技术体系	技　术　类　型
非生物环境因素	水体	水体污染控制技术	物理处理技术（例如沉淀剂、加过滤）、化学处理技术、氧化塘技术、生物处理技术、水体富营养化控制技术
		节水技术	地膜覆盖技术、集水技术、节水灌溉（渗灌、滴灌）
生物因素	物种	物种选育与繁殖技术	种子库技术、基因工程技术、野生生物种的驯化技术
		物种引入与恢复技术	先锋种引入技术、天敌引入技术、土壤种子库引入技术、林草植被再生技术、乡土种种苗库重建技术
	种群	物种保护技术	就地保护技术、自然保护区分类管理技术、迁地保护技术
		种群动态调控技术	种群规模、密度、年龄结构、性比例等调控技术
		种群行为控制技术	种群竞争、他感、寄生、迁移、捕食、共生等行为控制技术
	群落	群落结构优化配置与组建技术	透光抚育技术、林灌草搭配技术、林分改造技术、群落组建技术、择伐技术、生态位优化配置技术
		群落演替控制与恢复技术	内生与外生演替技术、原生与次生快速演替技术、水生与旱生演替技术、封山育林技术
生态系统	结构功能	生态评价与规划技术	4S辅助技术（RS、GIS、GPS、ES）、土地资源评价与规划、景观生态评价与规划技术、环境评价与规划技术
		生态系统组装与集成技术	景观设计技术、生态系统构建与集成技术、生态工程设计技术
景观	结构功能	生态系统间链接技术	城市农村规划技术、生态保护网络、流域治理技术

资料来源：任海、彭少麟：《恢复生态学导论》，科学出版社2002年版。

第三节　国内外生态恢复的进展情况

我国是全球生态系统退化最严重的国家之一，我国的生态重建实践与研究也是较早开始的国家之一。环境的长期定位观测试验与综合整治我国从 20 世纪 50 年代就开始了。例如华南地区在 50—60 年代末开始了退化坡地上荒山绿化、植被恢复，建设“三北”地区的防护林工程在 70 年代开始了。80 年代以后期，在农牧交错区、干旱荒漠区、丘陵山地、湿地进行了大量退化或脆弱生态环境恢复重建、沿海地带保护等提出了切实可靠的生态恢复重建技术与模式。21 世纪随着环境保护意识的增强，先进科学技术的运用，生态恢复重建能力逐渐提高。

一　森林生态恢复与重建

我国森林资源在“大跃进”和“文革”时期经历过两次严重破坏，资源消长一直处于赤字运行，到改革开放初期出现“两危”即资源危机和资金危困，森林生态功能严重退化，因此林业部门的一项战略任务就是森林生态的恢复与重建的不利因素。森林生态恢复与重建是为了遏制森林日益退化的状况，以恢复其健康的结构和功能，凡是干扰森林生态环境退化的活动，都可以被认为是对森林的生态恢复与重建的不利因素。森林生态恢复与重建是维持人类社会以及自然资源可持续发展的有效途径，改革开放 30 多年来，我国林业建设速度不断加快。从表 3—4 中可以看出，第一次全国森林资源清查与第八次全国森林资源清查相比，全国森林面积由 12186 万公顷增加到 20800 万公顷，增长了 70.7%；活立木总蓄积量由 95.3 亿立方米增加到 164.3 亿立方米，增长了 72.4%；森林覆盖率由 12.70% 增加到 21.63%。第八次全国森林资源清查结果表明，人工林保存面积 6933 万公顷，人工林蓄积 24.83 亿立方米，人工林面积居世界首位。森林的总量和质量都有大的提高。

天然林保护。中国于 1998 年实施了天然林保护工程，天然林保护是以对天然林的重新分类和区划为基础，调整森林资源经营方向，促进天然林资源保护、培育和发展为措施，以消除森林采伐对生态环境的影响，保护生态环境为目标。天然林资源保护工程包括长江上中游、黄河上中游地

表 3—4　　　中国森林资源主要指标的变化

年份	活立木蓄积（万 m^3）	森林面积（万 ha）	森林蓄积（万 m^3）	森林覆盖率（%）
1973—1976	953227	12186	865579	12.70
1977—1981	1026060	11528	902795	12.00
1984—1988	1057250	12465	914108	12.98
1989—1993	1178524	13370	1013700	13.92
1994—1998	1248786	15894	1126659	16.55
1999—2003	1361810	17491	1245585	18.20
2004—2008	1491300	19545	1372100	20.36
2009—2013	1643300	20800	1513700	21.63

区天然林资源保护工程和东北、内蒙古等重点国有林区天然林资源保护工程两部分。工程包括两期，第一期是 2000—2005 年，以加强对天然林采伐的调减，加大生态公益林的建设，对下岗职工进行分流和安置为主要内容。第二期是 2006—2010 年，以保护天然林资源、恢复林草植被，基本实现木材生产以采伐天然林为主向以经营利用人工林为主转变，促进经济与社会可持续发展为主要内容。工程总投资为 962 亿元。天然林保护工程的实施，有效保护了 5600 万公顷天然林，营造公益林 1526.7 万公顷，森林蓄积净增 4.6 亿立方米。① 远期目标要以实木材生产基本利用人工林，使天然林得到根本恢复并有所发展，充分发挥森林资源的生态屏障作用。②

防护林体系建设。防护林体系是集生态效益、经济效益、社会效益，为子孙后代造福的工程，对防风固沙、调节气候、保持水土、改良土壤、涵养水源，确保国土生态安全有不可替代的作用。我国政府从 1978 年起，先后开展了十大防护林工程建设，分别是："三北"（东北西部、华北北部、西北地区）防护林体系工程、长江中上游防护林体系工程、平原绿化工程、太行山绿化工程、沿海防护林体系工程、辽河流域综合治理防护

① 李周：《生态环境保护与中国农村发展》，http：//www.doc88.com/p—81160371023.html.

② 李周、杨荣俊、李志萌：《产业生态化：理论与实践》，社会科学文献出版社 2011 年版。

林体系工程、防沙治沙工程、淮河、太湖流域综合治理防护林体系工程、黄河中游防护林体系工程、珠江流域综合治理防护林体系工程。十大防护林工程规划区总面积 705.6 万平方公里，占国土总面积的 73.5%，覆盖了中国主要的水土流失、风沙危害和台风、盐碱等生态环境脆弱区。规划造林总面积 1.2 亿公顷[①]。整个工程到2050 年完成，届时我国森林覆盖率将有很大提高，尤其是华北和西北地区的森林覆盖率提高到 15% 以上，被国际社会称为宏伟的绿色长城建设。

退耕还林工程。根据我国 1998 年特大洪水的教训，同时也根据我国农产品短缺问题已基本解决的状况，国务院于 1999 年提出退耕还林工程，在除上海、江苏、浙江、福建、山东、广东以外的 25 个省区市 1897 个县实施。工程建设期为 2001—2010 年，分两个阶段进行：第一阶段（2001—2005 年）退耕还林 667 万公顷，宜林荒山荒地造林 867 万公顷；第二阶段（2006—2010 年）退耕还林 800 万公顷，宜林荒山荒地造林 867 万公顷。这是涉及面最广、政策性最强、群众参与度最高的生态环境建设工程。1999—2007 年期间，累计投入工程建设资金 1300.1 亿元，累计完成造林面积 1968.5 万公顷。2007 年，国家决定退耕还林补助政策延长一个周期，以巩固退耕还林成果、解决退耕农户生活困难和长远生计问题。补助标准为：长江流域及南方地区每公顷退耕地每年补助现金 1575 元，黄河流域及北方地区每公顷退耕地每年补助现金 1050 元。[②] 原每公顷退耕地每年 300 元生活补助费继续发放给退耕农户，并与管护任务挂钩。各地可根据本地财政能力，在国家规定的补助标准基础上，再适当提高补助标准。退耕还林工程的实施，取得明显的成效，水土流失的治理和造林绿化速度明显加快，通过退耕还林工程的造林面积占全国造林总面积的 50% 以上，促进了农业产业结构的调整，果业、药材、草业、养殖业、农产品加工业快速发展，初步改变了农业结构单一的状况，农民收入进一步提高。

从以上分析可以看出，林业建设所取得的成就，说明林业生态功能正在恢复，从三次全国森林普查的结果可见，我国森林蓄积量在不断增加，

① 李周：《生态环境保护与中国农村发展》，http：//www.doc88.com/p—81160371023.html.

② 李周、杨荣俊、李志萌：《产业生态化：理论与实践》，社会科学文献出版社 2011 年版。

储存的碳量也增加，这正是我国坚持多年来的林业生态恢复工程为减少全球温室气体作出的贡献。

表 3—5　　各气候区近三次普查的森林总生物量和碳变化趋势

	面积	1990 年（第四次）		1995 年（第五次）		2000 年（第六次）		年增碳汇
		蓄积	碳	蓄积	碳	蓄积	碳	
寒温带和温带	194.76	3137.87	1443.42	3340.29	1536.54	3467.78	1595.18	15.18
暖温带	378.17	841.72	345.1	959.03	393.2	1056.02	432.97	8.79
亚热带	338.8	5497.28	2680.19	6068.69	2942.5	6853.46	3292.04	61.18
热带	44.96	433.03	190.53	540.4	237.77	720.38	316.97	12.64
合计	956.69	9909.9	4659.24	10908.41	5110.01	12097.64	5637.16	97.79

二　草地资源恢复保护

我国各类草原将近有 4 亿公顷，大约占国土面积的 41.7%。2013 年全国草原天然草原鲜草总产量 10.6 亿吨，折合干草约 3.1 亿吨，载畜能力 2.4 亿羊单位，与发达国家相比草原生产力低下，从历史上看，我国草原生态退化很严重，退化面积 2000 多万公顷。产草量是 20 世纪 80 年代比 60 年代下降 40%。草地生产能力只相当于美国同气候带草地的 5%。随着禁牧、休牧、减灾和划区轮牧等草原生态恢复措施的推行和人工草地建设、天然草原改良步伐的加快，舍饲圈养的实施，特别是从 2011 年起实施草原补奖政策，2013 年在全国 13 个草原省区 657 个县补奖资金投入 159.5 亿，12 亿亩草原禁牧休养生息，26 亿亩实施草畜平衡，实施大面积减突保护工程，取得明显成效。退牧还草工程区内植被覆盖度平均提高 15 个百分点，植被高度提高 47%，产草量提高 58%。但是从全国看牲畜超载率仍大于 20%，草原生态环境“局部改善，总体恶化”的态势尚未根本改变。

三　水土流失治理的进展

我国水土流失特点是分布广、类型多、强度高、危害深、治理难度大。水土流失主要分布在黄河上中游的黄土高原、长江上中游和华南红壤山地丘陵，全国每年流失土量达50多亿吨，相当于流失4000万吨化肥的氮、磷、钾含量。由于水土流失给国民经济造成巨大损失，国家投入巨资治理，每年综合治理水土流失面积由20世纪90年代初的2万平方公里，提高到现在的4万多平方公里。开展水土保持60年来，贯彻实施水土保持法，加强了水土保持监测预报，建立了一批监测中心，全国水土流失治理面积达到10199.1万公顷，每年可保持土壤15亿吨，增加蓄水能力250多亿立方米，增产粮食180亿公斤，1300多万水土流失区群众通过水土保持解决了温饱，许多农民走上了富裕发展的道路。经过数年的努力，我国生态修复取得可喜进展，全国实施封禁的县达到1200个以上。累计实施封育保护面积69万平方公里，其中38万平方公里的生态得到初步修复。水土保持目标是：力争用15—20年的时间，初步治理或修复全国水土流失区，使得我国多数地区生态逐步趋向良性循环；在所有坡耕地采取水土保持措施（包括坡改梯、等高耕作、退耕、保土种植等）；严重流失区的水土流失强度大幅度下降，中度以上侵蚀面积减少50%；70%以上的侵蚀沟道得到控制，下泄泥沙明显减少；全国人为水土流失得到有效控制，开发建设项目水土保持“三同时”制度落实率接近100%，水土流失重点预防保护区实施有效保护。

四 水环境保护的进展

我国水资源总量为28000亿立方米，年平均河川径流量为27000亿立方米，占总量的96%。我国人均水量2300立方米，约为世界人均水量的1/4。为了保护好我国水环境，采取了保护水环境和节约用水的措施。通过我国持续多年的水环境管理，优化产业结构，淘汰落后产能；推进污水治理等工作，2008年地表水中高锰酸盐指数年平均浓度为5.7毫克/升，第一次达到Ⅲ类水质标准。2009年上半年为5.3毫克/升。七大水系Ⅰ—Ⅲ类水质断面由2005年的41%提高到2008年的[①]55%。同期，28个重点湖泊（水库）中的Ⅱ类水质比例由7%提高到14.3%。通过各种节水措施，农业用水量占全国用水总量的比例由1997年的70.4%降低至2006年的63.2%，下降了7.2个百分点。用水总量在经济快速增长的情境下保护相对稳定。

① 李周：《生态环境保护与中国农村发展》，http：//www.doc88.com/p—81160371023.html.

五　湿地生态恢复

我国湿地资源丰富，面积大、类型多、分布广，湿地面积曾经达到6570万公顷，占全国国土面积7%，占世界湿地面积11%，但到2004年调查时降为3848万公顷，占国土面积3.3%。由于自然干扰和人类活动的强烈干预等原因，许多湿地都面临着退化和消失的威胁。一是天然湿地大量丧失。以东北的天然湿地三江平原、山区湿地长白山最为显著，由于开垦沼泽、沼泽化草甸和沟谷沼泽，目前湿地率减少了70%。二是长江中下游湿地大量丧失。因大规模围湖造田，使五大淡水湖湿地锐减，洞庭湖的围垦面积最大达1700km²，湖泊面积的缩小，大大削弱了天然湿地对洪水的调节能力，人为加重了洪涝灾害。三是云贵高原湿地丧失。云南纳帕海是云南西北部金沙江流域的季节性沼泽湿地，因排水开垦，40多年来湿地大面积减少。四是滨海湿地丧失。由于围垦滩涂湿地，加上城乡工矿占地、人工养殖占地，滩涂湿地面积丧失已相当于现有海岸带天然湿地总面积的40%。①

如何对退化的湿地进行恢复，使湿地资源能在有效保护的前提下支撑社会经济的健康、稳定和持续发展，已成为摆在我们面前的一项艰巨课题。湿地生态恢复是指在退化或丧失的湿地，通过生态技术或生态工程进行生态结构的修复或重建，使其发挥原有或预设的生态服务功能。由于湿地类型的多样性，湿地生态恢复要根据不同类型实施，湿地生态系统结构与功能的退化划分为缺水萎缩、污染退化、泥沙淤积退化、疏干排水退化、生物资源过度利用与生物多样性受损、红树林破坏、生物入侵退化等7个类型。自我国加入国际湿地公约以来，湿地保护重建进程加快，20世纪90年代以来，中国已经批准和实施了一大批湿地保护与生态恢复工程：贵州省草海是生态恢复的成功案例，现已恢复到20平方公里以上。1997年，内蒙古自治区对乌兰诺尔湿地实施了生态恢复引水工程；2001年江苏省实施了阳澄湖湿地恢复保护工程；2002年，国家林业局实施了"内蒙古乌梁素海湿地生态保护示范工程建设项目"，在乌梁素海典型草型湖

---

① 刘兴土：《我国湿地的主要生态问题及治理对策》，《湿地科学与管理》2007年第3（1）期。

泊内进行大规模综合性生态恢复；批准了河北衡水河、上海崇明岛东滩、湖北洪湖、湖南南洞庭湖、云南拉市海 5 个湿地保护与恢复示范工程建设项目。近十多年国家林业局为保护黄河水源、长江源等湿地及重点对海岸、湖泊湿地进行修复，如对黄河、长江上中游地区综合运用工程措施和生物措施来治理水土流失，小流域综合治理，滨湖区实行退田还湖，陡坡地退耕还林还草，恢复森林植被和草地。国家层面正将湿地保护纳入经济社会发展评价体系，严格保护自然湿地，科学修复退化湿地，积极推进示范工程，2013 年颁布《国家林业局湿地保护管理规定》《关于加强国家湿地公园建设管理的通知》指导地方开展湿地立法，规范湿地公园建设和管理行为，新建一批国家湿地公园试点。

六　废弃地土地复垦与生态恢复

我国废弃土地约 2 亿亩，其中矿山开采废弃地近 9000 万亩，不仅使这些土地失去经济利用价值，还造成严重的生态环境问题，由于认识不到位，投入不足等问题，土地复垦形势依然严峻，土地破坏的数量还大于复垦恢复的数量，土地损毁仍然赤字运行。从历史发展过程分析，自新中国成立以来，我国矿山废弃地的土地复垦和生态恢复工作可分为 3 个阶段。第一阶段是自发探索阶段，始于 20 世纪 50 年代，以研究土地退化和土壤退化问题为主，主要目标是实现矿山废弃地的农业复垦。由于社会认识、经济和技术方面的原因，土地复垦进展缓慢，直到 20 世纪 80 年代已复垦的矿山废弃地不到 1%[①]。第二阶段是修复治理阶段，1988 年和 1989 年分别颁布《土地复垦规定》和《中华人民共和国环境保护法》，标志着我国土地复垦事业从自发、零散状态进入有组织的修复治理阶段，土地复垦开始走上法治化，加上当时生态经济理论的研究宣传和普及，经过 20 多年的探索和发展，取得了一定成效，复垦率从 80 年代初的 2% 提升到世纪末的 12%，但仍然远低于发达国家 65% 的复垦率。从复垦的效果来看，煤矿较好，非金属矿次之，而金属矿山最差[②]。

---

① 魏远、顾红波等：《矿山废弃地土地复垦与生态恢复研究进展》，《中国水土保持科学》2012 年第 4 期。

② 杨晓艳、姬长生、王秀丽：《我国矿山废弃地的生态恢复与重建》，《矿业快报》2008 年第 10 期。

第三阶段是《中华人民共和国土地管理法》的实行。进一步加大了耕地保护力度，实行了土地用途管制制度、耕地补偿制度即“占多少、垦多少”和基本农田保护制度，提出了耕地总量动态平衡的战略目标。这一阶段的工作重点转向以生态系统健康与环境安全，对土地复垦提出更高的要求。为适应工作需要，国家先后出台《全国土地开发整理规划》《土地开发整理规划编制规程》《土地开发整理项目规划设计规范》与土地复垦相关的规章制度。2001 年，国务院颁布了《全国生态环境保护纲要》，2011 年又颁布了《土地复垦条例》，将土地复垦纳入国家法律，并作为维护国家生态环境安全目标的重要内容。使土地复垦进一步规范化、科学化。本阶段我国土地复垦工作进展迅速，复垦率迅速上升，好的单位能达到毁一复一。从总体分析，我国废弃地中 70% 可以复垦为农业用地，其中大部分可作为耕地，20% 以上可作为建设用地，应本着因地制宜、综合治理、宜农则农、宜建则建的原则，在近期内做到复垦数大于破坏数，发挥土地复垦在增加土地资源中的作用。

第四节　国外生态修复及典型案例

一　水生态修复与环境污染治理①

进行河流回归自然的改造已成为世界发达国家水生态。20 世纪 80 年代末，德国、瑞士等欧洲国家提出了全新的“亲近自然河流”概念和“自然型护岸”技术。根据有关资料介绍，通过亲近自然治理后欧洲的 MELK 流域，每百米河段的鱼类个体数量、生物量分别从治理以前的 150 个、19kg 提高到治理后的 410 个、55kg。1993 年与 1995 年德国莱茵河分别发生两次洪灾，莱茵河的水泥堤岸限制了水向沿河堤岸渗透是主要原因，而使莱茵河流生态遭到破坏。目前德国正对河流进行回归自然的改造，把水泥堤岸改为生态河堤，重新恢复河流两岸储水湿润带，并对流域内支流实施裁直变弯的措施，以延长洪水在支流的停留时间，减低主河道洪峰量。

20 世纪 70 年代，美国的南佛罗里达州修建了许多人工河道，但逐渐

① 刘晓涛：《关于城市河流治理若干问题的探讨》，《上海水务》2001 年第 9 期。

发现周围湿地越来越干，生物多样性也急剧减少，进入90年代开始改造，目前已恢复曲流河道的状态，著名的洛杉矶河也正在拆除衬砌。现在很多国家都在对破坏河流自然环境进行反思，逐渐将河流进行回归自然的改造。20世纪90年代以来，德国、瑞士、美国、法国、日本、奥地利等国大规模拆除了以前人工在河床上铺设的硬质材料。采用混凝土施工、衬砌河床城市水系治理方法，因忽略自然环境的系统循环，已被各国普遍否定，建设生态河堤已成为国际大趋势。

近年来荷兰人提出“还河流以空间”的新理念，使河流在流量、泥沙输移、深比等方面达到动态平衡，这可能要求放弃几百年前筑围堤形成的滩地。目前，荷兰人正在研究的措施包括疏浚河道、挖低漫滩（与自然开发相结合），甚至退堤、扩大漫滩。

世界发达国家城市河流治理的经验表明，要发挥城市河流的生态功能，控制污水直接排放入河流，是减轻河流污染的根本措施，英国泰晤士河的治理就是一个典型的成功的范例。1964年开始英国对泰晤士河进行治理。通过立法，控制生活污水与工业废水排放，重建和延长了伦敦下水道，建设了453座污水处理厂，形成了完整的城市污水处理系统，每天处理9.44×10^{8}gal污水，使排入河流废水由污水变成清水。30年来，泰晤士河的污染已减少90%，河水逐渐变清，水质明显改善，水生生物数量不断增加，1979年已有104种鱼类在河中畅游，成群水鸟在河面上飞翔觅食，泰晤士河重新成为伦敦一道风景线。

1965年以后日本针对因城市化急剧发展围绕河流引起的问题开展了新的河流治理，尤其是20世纪70年代以来，由于连续遭受3次大的水灾，于1977年6月开始推行“城市综合治水对策”。为解决城市化增加的雨水径流，既采用传统的工程措施，也实施了许多现地贮留、渗透、多目的治水绿地、地下大型贮留池、地下河等新型治水措施。恢复流域在开发过程中丧失了的生态功能，并减少发生泛滥时的受害损失。在20世纪90年代初日本就开展了“创造多自然型河川计划”，1991年开始推行“多自然型河道建设”，重视创造变化水边环境的河道施工方法，提出了面向21世纪的河流治理方略。其目标就是建成一个具有健康富裕的生活条件与美丽自然环境相协调的富有活力的社会。为此，提出一系列管理体制，以确保一般河流的水量、恢复洁净水流、保护水质、形成良好的河流景观与滨水环境，建设城市水网并加强绿化，在水边空地具有舒适开阔的空间，并重视它的生物多样性，将城镇改造成与滨水环境成为一体的居住区。由此可见，恢复水生态，还其自然、宜人、充满生机的原貌，创造适应现代社会滨水空间形象，是当今世界生态建设和生态保护的潮流趋势。这些理念和做法值得我们在水生态保护与修复过程中加以学习和借鉴。

二 矿山废弃地土地复垦与生态恢复

发达国家对矿区废弃地的治理可追溯至19世纪末期[①]。最早开始矿区废弃地土地复垦和生态恢复的是德国和美国，取得成效较好的有德国、美国、澳大利亚、英国等。国外对矿山沉陷区植被恢复、矿山固废综合利用、废弃地复垦技术、土壤重金属去除、土壤重金属的植物富集、矿山废弃地物种多样性、3S技术在土地复垦、矿山开采对环境的影响机理、矿区水体修复开展了研究和实践。

1918年美国印第安纳州的矿主开始在采空区进行林业复垦，《1920年矿山租赁》中就明确要求保护土地和自然环境，1970年之后生态恢复比率超过70%。1977年，国会通过并颁布第一部全国性的土地复垦法规《露天开采控制和复垦法令》，严格规定矿山开采的复垦程序。土地复垦管理工作主要由内政部牵头，矿业局、土地局和环保局协助管理工作。在恢复技术方面，尤其在生物复垦和改良土壤方面成绩显著。按《复垦法》边开采边复垦，复垦率要求达到100%，现已达到85%。德国重工业发达，对能源需求巨大，是世界上重要的采煤国，年产煤炭2亿吨。德国政府对煤矿废弃地的土地复垦及环保问题十分重视，到2000年，全国煤矿开采破坏土地1626万公顷，62%已被复垦。由于机构健全、严格执法，资金渠道稳定，德国的土地复垦与生态恢复工作取得了很大成绩。又如澳大利亚的采矿业是主导产业，矿山恢复已经取得长足进展和令人瞩目的成绩，被认为是世界上先进而且成功处理扰动土地的国家，已形成以高科技为主导、多专业联合、综合性治理开发为特点的土地复垦模式。在澳大利亚，则要求矿山开采前要进行环境影响评价，有详尽的复垦方案，复垦结

---

① 李海英、顾尚义、吴志强：《矿山废弃土地复垦技术研究进展》，《矿业工程》2007年第5（2）期。

束后，政府要按监测计划实施环境监测，直至达到与原始地貌参数近似。为尽可能降低采矿业的环境破坏，近年来澳大利亚又提出“最佳实践”的理念，生态复垦后的矿山植被茂密，环境优美[①]。现作典型介绍。

案例：澳大利亚矿山恢复与技术[②]

澳大利亚是一个重要的矿业国，矿业每年给澳大利亚的经济带来约400亿美元的产值。但是过去也曾经出现过对环境保护措施以及废物处理不当、开发项目只注重生产，而忽略考虑生物多样性与生态的情况。澳大利亚政府最近几十年已经花巨资恢复历史活动对环境造成的破坏，加大对矿山生态环境的治理力度。既注重技术应用，又重视管理保护。澳大利亚在恢复技术方面在国际上处于领先地位，特别是矿山现场生态恢复。1996—1997年期间矿业部门花了3.69亿美元用于环境保护，主要用于废水管理、水资源保护以及生物多样性和景观生态系统的保护方面。大多数矿山是在闭坑后建立本地生态系统并使其达到稳定。

澳大利亚的矿山环境管理由中央政府确定立法框架，各州相对有较大权限。各州根据各自不同的情况设立能源自然资源部、环保部、农业部等部门。矿业公司依据通过州政府审批的《开采计划与开采环境影响评价报告》，以崇尚自然、以人为本、恢复原始的理念，一边开采一边把结束开采的矿山进行生态恢复。

植被恢复：为了达到开采范围植物的原始恢复，公司在开采前必须专门组织植被研究中心或社会中介机构对矿区的草本、乔木、灌木等植物的品种、分布、数量进行调查、分析，并收集本地的植物种植，包括把大的乔木有计划地迁移。在植物种植计划中，通过播撒种子能够帮助建立本地物种。矿业部门为此做了大量的工作，通过利用种植处理和储藏技术、选择播撒种植的时间、开发休眠终止技术以及各种工程措施，形成了低成本、高效率的种植播撒技术，最大程度地使生态系统得到恢复。

土地复垦：表土是否富有生命力对于矿山土地的恢复非常重要。表土还原是目前在利用的一项技术，虽然并不都能直接将表土还原，但大多数

---

① 杨晓艳、姬长生、王秀丽：《我国矿山废弃地的生态恢复与重建》，《矿业快报》2008年第10期。

② 徐曙光：《澳大利亚的矿山环境恢复技术与生态系统管理》，《国土资源情报》2003年2月15日。

矿山还是采用了这项技术，并最大程度地减少表土堆放的时间。矿山在剥离表土时，考虑到下一步的复垦，须把适合植物生长的腐殖土单独堆放，并把树木砍伐后无用的树枝、树叶碎成小块，复垦时可覆盖在表土上面，减少水分蒸发，确保复垦后植物的生长。

酸性废水的处理：在矿山开采的同时，导致地表水、地下水被污染。处理酸性废水，最常用的措施是收集并加入碱性物质中和处理。这些碱性物质包括石灰石、石灰、苏打以及氧化锰等，随后将这些细金属沉淀物覆盖。另一种方法是被动系统，依靠被动碱性产生系统把碱性物引入外排废水中，常用的有被动缺氧性石灰石导入系统、连续性碱性物产生系统和湿地处理系统。

矿山环境治理的验收：验收可由政府主管部门根据矿业公司制定的《开采计划与开采环境影响评价报告》而确定的生态环境治理协议书为依据，组织有关部门和专家分阶段进行验收。矿山生态环境治理验收的基本标准有三条，即：复绿后地形地貌整理的科学性；生物的数量和生物的多样性；废石堆场形态和自然景观接近，坡度应有弯曲，接近自然。如果矿业公司对矿山生态环境治理得好，可以通过降低抵押金来奖励；取得较大成绩的矿业公司，政府还将颁发奖章鼓励①。

三　流域湿地恢复与环境治理

密西西比—俄亥俄—密苏里流域湿地恢复具有较好的代表性。密西西比（Mississippi）—俄亥俄（Ohio）—密苏里（Missouri）（MOM）流域位于美国的中西部，由于大面积水土流失，使得墨西哥湾水体缺氧。

MOM 流域的生态和水环境恢复是美国保护墨西哥湾环境的一项重要工作。工程的目标是 MOM 流域的生态恢复，墨西哥湾富营养化问题的解决以及整个流域环境质量的改善。恢复目标是流域内 2.2×10^6 公顷由于农业灌溉以及洪水泛滥引起水土流失的湿地的重建和恢复工作。

主要采用的生态恢复方法，Mitsch 等在一份联邦报告中提出减少农业氮流失的三种方法：一是通过减少氮肥使用并且采用管理方法来减少氮的

---

① 王永生、黄洁、李虹：《澳大利亚矿山环境治理管理、规范与启示》，《中国国土资源经济》2006 年第 11 期。

流失；二是设置截留设施防止氮污染地下水和地表水；三是在密西西比河上建立截流系统防止洪水造成的大量氮流失。①

四　城市公园的恢复与环境治理

加拿大多伦多汤米—汤普森公园的恢复的做法值得借鉴。多伦多（Toronto）是加拿大最大的城市，人口约为400万人。20世纪以来，作为几大河流的交汇点，多伦多成为历史上五大湖运输的最重要的港口。

恢复目标主要包括以下四个方面：保护重要物种；保护环境重要区域；增加水生和陆生生境；增加公共娱乐机会。

主要的恢复技术。汤米—汤普森公司栖息地建设工程要点：一是通过构建生境的多样性，为鱼类和野生动物创造不同功能的栖息地，通过提供多样的湖岸、构架生境、生长植物的湖岸线和季节性淹没的湖岸线等为鱼类和野生生物提供繁殖场所；促进湿地植物和水生植物的生长以提供多样的生境；为特定物种建立鱼类和野生生物生境结构，为其各个生命阶段建立关键生境。二是种植形式多样的乡土湿地植物，促进各演替阶段植物群落的发展。利用播种、扦插、土壤种子库、移植等手段来恢复水生植物和陆生植物，以促进植物群落的自然演替。营造特色的植物群落，例如灌木丛、草甸、咸水和淡水群落等。②

第五节　国内外生态恢复的经验启示

生态恢复是以依靠自然力量为主、人为参与为辅，受损生态系统的恢复工程，由于其投资小、收效大，因此引起世界各国政府的高度重视，同时也是保障生态安全、资源安全、实现可持续发展的重要措施，国内外生态恢复的丰富实践给我们的主要启示有以下几点。

一　加强生态恢复相关学科的综合研究与实验

生态恢复具有集自然科学与社会科学、研究与管理为一体的特点，超

① 李洪远、马春等：《国外多途径生态恢复40案例》，化学工业出版社2010年版。
② 同上。

出了单一学科、纯学术研究的范畴，生态恢复是生态学、经济学、社会学综合研究，工程技术、信息技术、生物技术、材料技术、能源技术等综合应用的系统工程。发达国家先行开展了土地复垦和生态恢复方面的研究，特别是对各类生态恢复的技术进行深入研究，并在实践中加以修正。综合多学科优势建立全方位、多层次的生态恢复共同研究。

二　坚持生态可持续发展与预防性相结合

加强对生物多样性进行保护以及适当的管理是实现生态可持续发展的重点。预防性原则在西方发达国家的政策中提到了，这一原则尤其在国家生态可持续发展战略以及生物多样性保护国家战略中都提到了。预防性原则在政府部门有关环境的协议中也提出了，即："如果存在严重危害或者不可逆转的环境危害所造成的威胁，那么就不应当以缺乏充分的科学根据为由，推迟采取各种措施，防止环境发生退化。"澳大利亚矿业部门为了可持续性发展，也注重采取预防性原则，事先采取各种措施，防止环境发生退化，并在保证生态可持续发展的前提下开展活动。

三　坚持生态效益、社会效益和经济效益相结合

根据不同区域的发展规划，运用景观生态设计原理和恢复生态学原理，结合各区域的具体情况，并且尽最大可能变废为宝，促进生态系统顺向演进，达到稳定平衡，同时在生态恢复的基础上，积极发展多种产业，以获得最大的生态效益、社会效益和经济效益。

四　注重发展新的技术方法运用和推广

生态恢复要注重技术创新，进行实验时要注意科学数据的采集，才能作出有说服力的科学设计。例如，新的技术方法和数据采集发展在澳大利亚矿业部门高度重视。矿业部门在1996年开展了有关项目研究，发展新的技术方法。首先分析确定重建生态系统所需要的潜在生态过程是否会在所恢复的矿区出现。应用"生态系统功能分析"这种有效方法，矿业部门和政府先后采纳，以此作为澳大利亚矿业环境研究中心（ACMER）的矿业资助研究的一部分。澳大利亚根据对牧场生态系统20年的研究，对一系列因素进行了调查，目的是确定在一定的时期内，生态系统达到自我可

持续性和营养物质循环的程度。该方法目前已经得到推广，并且正在通过进一步的矿山现场试验来做出评价。按照植物品种选择和配比的原则，根据不同的立地条件进行科学分析，开展有针对性的工作，选用适宜的生态修复工程技术，因地制宜，合理组合。生态恢复是一项长期系统的工程，需要不断进行技术经验的积累，充分考虑与周边环境和谐的目标群落能否完整实现，不仅要考虑眼前出现的效果，更应注重后期持久效果。

五　加强立法，建立和完善管理体制

政府部门组织决策，制定相应的工作程序、管理规则和法律保障体系等，如在保证矿山生态系统进行有效恢复方面，德国、英国、美国及澳大利亚政府通过教育与鼓励的方式进行管理，并不是通过管理人员采取简单的行政命令的方式，相关部门在履行各自环保职能的同时相互协调和监督，使资源开发利用有序进行。为了保证这种管理的有效性，行业部门制定了相关的法律条例，如澳大利亚矿业协会在1996年制定了“澳大利亚矿山环境管理规范”，并将有关生态系统保护问题纳入到其他法律条例中。

六　充分利用市场机制，推动生态恢复进程

要充分利用市场机制来推动生态恢复进程，在论证、规划和设计阶段，以及开发阶段都可以引进市场机制，并且制定相应的优惠经济政策，培育多元化的投资机制，做到“谁投资、谁得益”，给予投资者享有开发成果所有权或经营权，同时从法律法规上明确界定，否则，投资者的利益就难以得到有效的保护，投资者就会缺乏投资的积极性[①]。

---

① 黄敬军、华建伟等：《废弃露采矿山旅游资源的开发利用——以盱眙象山国家矿山公园建设为例》，《地质灾害与环境保护》2007年第18（2）期。

第四章　水源涵养区生态功能保护与流域生态补偿[①]

生态补偿制度是推进生态文明，建设美丽中国的重要制度保障。党的十八大报告提出，要加强生态文明制度建设，尽快“建立反映市场供求和资源稀缺程度、体现生态价值和代际补偿的资源有偿使用制度和生态补偿制度。”[②]生态补偿机制的基本价值取向是公平正义，流域生态补偿则以经济手段为主调节上下游省际区域间经济发展与环境保护，平衡生态保护义务与受益权的不对称。流域是一种整体性极强的自然区域，流域内各自然要素的相互关联极为密切，地区间影响明显，特别是上下游间的相互关系密不可分。[③] 然而，流域作为一个完整的自然区域，却被不同的行政区域所分割。作为经济利益相对独立的地方政府，其经济活动一般以本区利益为导向，这不可避免地在各行政区域之间产生利益冲突。由此，需要建立区际生态补偿机制，以实现流域内各行政区域的共赢和共享，推动流域区际的协调发展。

第一节　流域生态补偿体现生态责任和生态利益分配正义

一　流域生态补偿内涵实质

生态补偿最初源于对自然生态补偿，看作是生态系统对外界干预的一

---

① 李志萌：《流域生态补偿：实现地区发展公平、协调与共赢》，《鄱阳湖学刊》2013 年第 1 期。

② 胡锦涛：《坚定不移沿着中国特色社会主义道路前进　为全面建成小康社会而奋斗》，《人民日报》2012 年 11 月 18 日。

③ 陈湘满：《论流域开发管理中的区域利益协调》，《经济地理》2002 年第 5 期。

种自我调节，以维持系统结构、功能和系统稳定。随着人类环境意识增强和对生态环境价值的认可，生态补偿概念得到不断发展，一般认为生态补偿是保护资源的经济手段。通过对损害（或保护）资源环境的行为进行收费（或补偿），提高该行为的成本（或收益），从而激励损害（或保护）行为的主体减少（或增加）因其行为带来的外部不经济性（或外部经济性），达到保护资源的目的①。流域生态补偿，则是指在流域范围内，流域生态服务的受益者对生态服务的提供者、利益受损者进行补偿，对流域生态的破坏者进行收费。流域内人类活动按照其目的不同大体可归纳为保护与修复治理和开发与建设两大类，保护与修复类活动主要以改善和提供生态环境为目的，而开发与建设主要以追求经济利益为目的。跨省流域生态补偿则以经济手段为主调节上下游省际区域间经济发展与环境保护，平衡生态保护义务与受益权的不对称。用经济的手段达到激励人们对生态系统服务功能进行维护和保育，解决由于市场机制失灵造成的生态效益的外部性并保持社会发展的公平性，达到保护生态与环境效益的目标②。可见，生态补偿体现了两种含义：人类对生态环境的补偿，实现生态正义；人类社会成员之间的补偿，实现生态责任和生态利益分配的正义。

二　流域生态补偿理论与依据

流域生态补偿与生态补偿有着相同的理论基础。目前普遍认为生态补偿理论基础主要包括：

外部性理论。流域内水生态系统服务外部性可以分为两类：一是水生态系统服务消费的外部性效用，如对清洁水的消费，一个消费者饮用的清洁水受到另一个经济行为影响。二是生态系统服务供给的外部效用，例如对水源地进行生态保护，可使得整个流域受益，具有明显的利益溢出效应，即下游地区可以免费享受生态保护的好处。因此，流域生态治理中明显存在着成本收益的空间异置特征、外部性现象，这就必须依靠政府运用

---

① 毛显强、钟瑜、张胜：《生态补偿的理论探讨》，《中国人口·资源与环境》2002 年第 12（4）期。

② 李文华、李芬、李世东等：《森林生态效益补偿的研究现状与展望》，《自然资源学报》2006 年第 21（5）期。

税收、补贴等干预手段实现外部效应的内部化。[①] 作为一种法律设计，环境法应将污染防治“内部化”于日常的经济活动中，使企业（经纪人）将外部不经济行为——污染防治视为商业活动的一部分，即将污染防治边际成本内化为必要的生产成本，以实现资源配置的帕累托最优，实现社会边际成本收益与私人边际成本收益的一致。

公共产品理论。流域生态资源具有非竞争性和非排他性，属于公共产品的范畴。作为公共产品，流域生态资源在消费中的非竞争性，往往导致过度使用的“公地悲剧”，导致供给不足的“搭便车”现象，最终使得整个水生态系统受损。政府管制与政府买单是有效解决公共产品的有效机制之一。环境污染的根源或环境质量之所以恶化，关键是由于人们所使用的环境资源所有权和使用权规定得不够严密和周全。面对着“公用权悲剧”，各国政府做出的谨慎反应是把公共财产资源转化为公有财产资源，并为此建立一整套的资源分配和使用制度。[②] 从而避免“公地悲剧”的减少和“搭便车”现象的发生。

生态资本理论。流域内的生态资本主要包括：进入社会生产与再生产过程的水、矿产等资源以及水体等环境具有的纳污能力；自然资源（及环境）的质量变化和再生量变化，即生态潜力；生态系统的水环境质量和大气等各种生态因子为人类生命和社会生产消费所必需的环境资源，即生态环境质量[③]。生态环境资源具有价值和稀缺性，整个生态系统就是通过各环境要素对人类社会生存及发展的效用总和体现它的整体价值。随着社会的进步，人类对生存环境质量的要求就越高，生态系统的整体性就越重要，向自然的索取与投资要平衡，使得生态资本不断增值，才能实现区域可持续发展。

生态服务功能价值理论。流域内的生态服务功能价值包括：水作为一种特殊的生态资源，可以将水的服务功能分为水经济服务功能与水生态服务功能。水经济服务功能指水维持人的生产与生活活动的功能，包括生活

---

① 钱水苗、王怀章：《论流域生态补偿的制度构建——从社会公正的视角》，《中国地质学报》2005 年第 9 期。

② 王金南：《环境经济学：理论·方法·政策》，清华大学出版社 1994 年版。

③ 赵银军等：《流域生态补偿理论探讨》，《生态环境学报》2012 年第 21（5）期。

用水、农业用水、工业用水、发电、航运、渔业等。水生态服务功能指水维持自然生态过程与区域生态环境条件的功能，包括维护河道水沙平衡、运输营养物质、净化环境、固定二氧化碳、调节气候、提供生境、维护生物多样性、休闲娱乐与美学功能。水资源的价值构成主要由直接价值与间接价值组成。水资源直接价值是水资源被取用作为投入物进行生产、维护生态等功能时所体现的价值，既有生产价值、也有生态维护功能价值等。水资源的间接价值是指水资源的机会使用价值，是水资源在今后被利用可能产生的价值。

博弈理论。流域内发展的博弈如经济学中的这样一种竞争状态：有两个或两个以上的人各自追求自身的利益，而任何人都不能单独决定其结果。水生态需求者为了自身利益最大化，总是无偿地利用水生态资源产品，水生态保护者因为保护行为没有收益而放弃保护，选择“涸泽而渔”的方式利用生态资源，结果是双方的利益都没有实现。从理论上说，省际间流域生态补偿共存在以下情况：一是上下游省份都作出积极贡献（上游保护 、下游补偿）；二是上下游省份都作出消极贡献（上游不保护、下游不补偿）；三是上游省份作出积极贡献而下游省份作出消极贡献（上游保护、下游不补偿）；四是上游省份作出消极贡献而下游省份作出积极贡献（上游不保护、下游补偿）[①]。在多次博弈下，双方达成合作协议，规定违约惩罚，在博弈双方关心长远利益的情况下，则第一种情况上下游“补偿、保护”的合作均衡就可以实现。

三　推进跨省流域生态补偿的意义

1. 促进我国建立国土空间开发保护制度的需要。为了建立科学的空间开发秩序和合理的空间开发结构，根据资源承载能力、现有开发密度和发展潜力，我国从宏观上划分了国土空间开发四大主体功能区，即重点开发区、优化开发区、限制开发区、禁止开发区，各地按不同区域功能选择不同的发展重点，促进区域增长方式的转变，实现地区生态文明，这是我国国土管理模式和区域经济发展理念上的伟大创新。作为流域江河源头大

① 钱水苗：《论流域生态补偿的制度构建——从社会公正的视角》，《中国地质大学学报（社科版）》2005 年第 5 期。

都集中在“老、少、边、穷”地区，我国的主要大江大河也集中在西部、中部地区，特殊的自然禀赋与生态功能，使这些地区承担着国家生态安全保护，为建设“美丽中国”承担“给自然留下更多修复空间、给农业留下更多良田”[1] 的重任，属于限制开发和禁止开发，不适宜进行规模型的工业化、城镇化建设。这些地区在全国区域经济发展过程中差距不断拉大，不发达和欠发达的特征更加明显，当地居民收入较低，处于相对贫困状态。若没有相应的生态补偿机制，国家将很难形成合理的空间开发结构，所以要对保护区因生态环境保护造成发展机会的直接损失与间接损失进行补偿，实现生态公平与正义。

2. 源头地区人民与全国同步实现小康的需要。我国主要江河干流主要有长江、黄河流域、海河流域、淮河流域、珠江流域、松辽流域等。从流域的经济发展水平看，上中下游经济发展水平与全国西、中、东部发展水平具有一致性。我们以中国的母亲河长江、黄河江河源头地区及珠江水系东江源区与中下游居民收入比较来看：

长江干流流经包括：青海—西藏—四川—云南—重庆—湖北—湖南—江西—安徽—江苏—上海 11 个省（市、自治区）。位于下游地区的东部地区浙江、江苏、上海所构成的长江三角洲地区是中国沿海最发达地区，其人均 GDP（元）、城镇居民收入（元）、农民纯收入（元）远远超过中西部地区，如人均 GDP 省（市）最高值为最低值的 4 倍以上。

表 4—1　　长江流域各省（市）份经济社会发展水平比较（2012 年）

	青海	西藏	四川	云南	重庆	湖北	湖南	江西	安徽	江苏	上海
GDP（亿元）	1893.54	701.03	23872.80	10309.47	11409.60	22250.45	22154.23	12948.88	17212.05	54058.22	20181.72

① 中国共产党十八大报告：《坚定不移沿着中国特色社会主义道路前进　为全面建成小康社会而奋斗》，《人民日报》2012 年 11 月 18 日。

续表

	青海	西藏	四川	云南	重庆	湖北	湖南	江西	安徽	江苏	上海
人均GDP(元)	33181	22936	29608	22195	38914	38572	33480	28800	28792	68347	85373
财政收入(亿元)	146.69	70.07	1827.04	1063.90	970.17	1324.44	1110.74	978.08	1305.09	4782.59	3426.79
地方财政收入(亿元)	186.42	86.58	2421.27	1338.15	1703.49	1823.05	1782.16	1371.99	1792.72	5860.69	3743.71
城镇化率(%)	47.44	22.75	43.53	39.31	56.98	53.50	46.65	47.51	46.50	63.00	89.30
城镇居民收入(元)	19746.63	20224.17	22328.33	23000.43	24810.98	22903.85	22804.55	21150.24	23524.56	32519.10	44754.50
农民纯收入(元)	5364.38	5719.38	7001.43	5416.54	7383.27	7851.71	7440.17	7829.43	7160.46	12201.95	17803.68

黄河流域包括青海—甘肃—四川—宁夏—内蒙古—陕西—山西—河南—山东9个省（自治区）。在黄江流域省份经济发展指标GDP相对长江流域较为均衡，内蒙古是由于近年来能源产业的快速发展，带动了经济快速提升。但在流域内东部山东、河南也明显领先。

表4—2　　黄河流域各省份经济社会发展水平比较（2012年）

	青海	四川	甘肃	宁夏	内蒙古	陕西	山西	河南	山东
GDP（亿元）	1893.54	23872.80	5650.20	2341.29	15880.58	14453.68	12112.83	29599.31	50013.24
人均GDP（元）	33181	29608	21978	36394	63886	38564	33628	31499	51768
财政收入（亿元）	146.69	1827.04	347.78	207.02	1119.87	1131.55	1045.22	1469.57	3050.20
地方财政收入（亿元）	186.42	2421.27	520.40	263.96	1552.75	1600.69	1516.38	2040.33	4059.43
城镇化率（%）	47.44	43.53	38.75	50.67	57.74	50.02	51.26	42.43	52.43
城镇居民收入(元)	19746.63	22328.33	18498.46	21902.24	24790.79	22606.01	22100.31	21897.23	28005.61
农民纯收入(元)	5364.38	7001.43	4506.66	6180.32	7611.31	5762.52	6356.63	7524.94	9446.54

同样，在珠江水系源经云南、贵州、广西，以及珠江水系的东江流域源头的江西、湖南，水源涵养区农民的人均纯收入与广东珠三角的发达地区农民相比差距巨大，而下游珠江三角洲地区和香港又是我国沿海最发达地区和国际大都市，上下游经济发展差距有扩大之势。

表4—3　　珠江流域各省份经济社会发展水平比较（2012年）

	云南	贵州	广西	广东	香港	湖南	江西
GDP（亿元）	10309.47	6852.20	13035.10	57067.92	20419（亿港元）	22154.23	12948.88

续表

	云南	贵州	广西	广东	香港	湖南	江西
人均 GDP（元）	22195	19710	27952	54095	285403（港元）	33480	28800
财政收入（亿元）	1063.90	681.66	762.46	5073.88	4422（亿港元）	1110.74	978.08
地方财政收入（亿元）	1338.15	1014.05	1166.06	6229.18	7339（亿港元）	1782.16	1371.99
城镇化率（%）	39.31	36.41	43.53	67.40		46.65	47.51
城镇居民收入（元）	23000.43	20042.88	23209.41	34044.38	291481（港元）	22804.55	21150.24
农民纯收入（元）	5416.54	4753.00	6007.55	10542.84		7440.17	7829.43

江河源头地区正面临着人口增加、环境保护和强烈的经济发展渴望等多重压力，这就需要国家和中下游地区以多种形式的生态补偿政策措施，通过外部输血式的补偿和内部造血式的发展相结合，支持源区人民生产生活设施逐步改善、生态产业结构基本形成、生态功能稳定、基本公共服务水平接近或达到全国平均水平，与全国同步实现建成小康社会。

3. 江河流域可持续发展的需要。流域生态补偿要解决的问题主要是要促进公共服务均等化，保障上下游人民群众享有同等的生存权、发展权；促进上、下游各行政单元内部经济发展、社会进步、生态环境保护协调发展。根据环境容量，实现科学发展；促进上、下游各行政单元之间协调发展、互惠共生、和谐多赢。可见，生态保护补偿不是“恩赐”，而是公平发展的体现。实施生态补偿，从长远来看，上、下游的利益是一致的。上游保护好生态，不仅上游得益，下游更能获得生态效益。上游生态破坏，污染水质，不仅上游受损，下游则将付出更沉重的代价，这是“一损俱损，一荣俱荣”的共同利益所在。当上游地区因保护生态环境“无偿奉献”而无法获得相应的利益时，必然挫伤保护者的积极性，所以，必须以市场为导向，通过一定的政策手段，消除区域合作的各种障碍，变行政单元各自的发展而导致的偏利、偏害为互惠、和谐、多赢。[①]让流域生态保护成果的受益者支付相应的费用，实现对流域生态环境保护投资者的合理回报和流域生态环境这种公共物品的足额提供，激励流域上下游的人们从事生态环境保护投资，并使生态环境资本增值，实现流域的持续发展。

第二节 流域生态补偿运行状况、焦点难点和存在的问题

一 流域生态补偿运行状况

流域生态补偿是解决流域生态环境保护问题、协调流域上下游利益冲突的重要手段。2007 年，国家环保总局下发了《关于开展生态补偿试点的指导意见》（环发〔2007〕130 号），明确把流域的生态补偿纳入试点的范围，各地从不同的角度，开展了一系列的生态补偿试点。长期以来，生态系统服务被看作公共产品，不计入价格，市场规律不能有效的配置这种公共资源。受生态环境问题日益突出影响，人类开始关注生态系统服务功能的价值，并出现了很多价值估算方法，力图量化生态系统服务的价值。对生态系统服务功能价值付费逐渐被人们所接受，很多地方进行生态补偿的实践[②]，并取得了一定效果。

1. 省内的流域生态补偿，开展顺利并显成效

“十一五”期间，部分省对省内流域生态补偿进行了有益的探索和实践：

福建省内流域生态补偿：2003 年，福建率先启动了流域上下游生态补偿工作，到 2009 年闽江、九龙江、晋江三个流域都实施了生态补偿。按照“受益者补偿”的原则，结合福建省长期以来实施的“山海协作”政策，福建在加大省级财政对上游欠发达县市转移支付及补助力度的同时，积极引导下游受益地区向上游保护地区提供经济补偿，即建立上下游横向补偿与省级财政纵向补助相结合的跨流域生态补偿机制。

---

① 刘国才：《流域经济要与环境保护协调发展》，《中国环境报》2007 年 4 月 18 日。

② 王朝才、刘军民：《中国生态补偿的政策实践与几点建议》，《经济研究参考》2012 年第 1 期。

浙江省内流域生态补偿：自2006年起，浙江省政府每年安排2亿元专项补助钱塘江流域源头地区10个县（市、区）。2008年2月，浙江省政府办公厅印发了《浙江省生态环保财力转移支付试行办法》（浙政办发〔2008〕12号），决定全面实施省对主要水系源头所在市、县（市）的生态环保财力转移支付制度，并规定了实施转移支付的标准和管理措施。浙江省财力转移支付的对象为浙江省境内八大水系（即：钱塘江、曹娥江、甬江、苕溪江、椒江、鳌江、瓯江、运河）干流和流域面积100平方公里以上的一级支流源头及流域面积较大的市、县（市），并以省对市县财政体制结算单位来计算、考核和分配转移支付资金。在浙江省的实践中，还探索出了“异地开发”的生态补偿模式。为了避免流域上游地区发展工业造成严重的污染问题，并弥补上游经济发展的损失，浙江省金华市建立了“金磐扶贫经济开发区”，作为金华市水源涵养区磐安县的生产用地，并在政策与基础设施方面给予支持。

目前，省域内流域生态补偿积极开展，如山东省在南水北调黄河以南段及省辖淮河流域和小清河流域实施生态补偿试点；河北对全省七大水系河流跨界断面实行生态补偿政策；江苏试点实施水污染物排污权有偿使用和交易；广东省对省内河源东江源实施了生态环境保护和补偿等，针对区域特点进行试点，成效明显。

2. 跨省流域生态补偿仍在艰难探索推进中

跨省流域生态补偿因其跨度大，涉及行政区广，一直成为各方利益的胶着点所在。对于跨省的流域补偿，目前鲜有成熟的、稳定的案例。

海河流域京冀饮用水源地、水资源保护横向协作机制。由于地缘关系，从2003年开始，北京就开始从冀、晋两地调水，尤其河北省对北京的用水作出了巨大的贡献。2006年10月，京冀两地政府签署《北京市人民政府河北省人民政府关于加强经济与社会发展合作备忘录》，以饮用水源地、水资源保护等横向协作机制方式来实施流域生态补偿。京冀两地在生态补偿方面，主要内容有四个方面：北京对河北“稻改旱按每年每亩450元”予以补偿，2008年提高到每亩550元；北京每年出资1亿元用于支持张承地区水污染治理；北京出部分资金营造生态保护林；双方共同规划密云、官厅上游生态水资源保护林建设项目。

新安江流域皖浙的生态补偿。新安江发源于安徽省黄山市休宁县六股尖，地跨皖浙两省，为钱塘江正源。根据财政部、环保部牵头制订了“新安江流域生态补偿”试点实施方案，基本确定了“明确责任、各负其责，地方为主、中央监管，监测为据、以补促治”三原则，由中央财政和安徽、浙江两省共同设立新安江流域水环境补偿基金来实施。根据奖优罚劣的渐进式补偿机制，由环保部每年负责组织皖浙两省，对跨界水质开展监测，明确以两省省界断面全年稳定达到考核的标准水质为基本标准。安徽提供水质优于基本标准的，由浙江对安徽给予补偿；劣于基本标准的，由安徽对浙江给予补偿；达到基本标准的，双方都不补偿。同时，明确补偿基金专项用于新安江流域水环境保护和水污染治理。2011 年暂安排了新安江流域水环境补偿资金 3 亿元，专项用于新安江上游水环境保护和水污染治理，其中中央财政安排 2 亿元，浙江省安排 1 亿元。该机制的具体方案还包括建立新安江流域生态共建共享示范区；设立示范区专项资金，推动生态环境保护、循环经济合作、环境保护监测合作、生态环境保护科技和产业合作等；建立黄山千岛湖杭州大旅游圈；推进产业与投资方面的合作；加强基础设施建设合作等。

珠江流域赣粤东江流域生态补偿。东江是珠江的支流，发源于江西省赣州市的南部，源区涵盖安远、寻乌、定南三县，流域面积 3520 平方公里。东江连接江西、广东、香港三地，是惠州、东莞、广州、深圳、香港等城市的主要饮用水源，是一个以水源涵养为主的特殊生态功能区域。东江水质，事关香港特别行政区、珠三角东部城市群的供水安全和繁荣稳定。目前，广东保证每年向香港供应 11 亿立方米Ⅱ类达标水，而香港每年向广东省支付 24.5 亿港元供水费。[①] 对东江源区的生态补偿已呼吁多年，2003 年江西立法保护东江源，并持续采取了一系列的措施进行生态建设，东江源重要生态功能区已于 2008 年被环保部列为首批开展生态补偿试点的六个地区之一，也引起广东、香港多方的高度关注，赣粤跨省生态补偿虽进行了一些企业、民间补偿，但始终未能实质开展、未能有效破题[②]。

---

① 董战峰、林健枝、陈永勤：《论东江流域生态补偿机制建设》，《环境保护》2012 年第 Z1 期。

② 同上。

二 流域生态补偿运行的焦点和难点[①]

我国主要江河干流动辄就横跨数个省（市、自治区）。例如，长江干流流经 11 个、黄河流经 9 个、海河流域地跨 8 个、淮河流域为 5 个、珠江流域跨越 8 个、松辽流域涉及 5 个[②]。因此，流域生态补偿归根结底是一个利益分配调整的问题，也是问题补偿运行的焦点。为了实现流域范围内省际之间利益的实质分配正义，必须加强生态公共产品最大受益者国家的主导力量，从省际协作管理理念出发，使流域生态补偿更契合经济效率与固定性，实现生态环境利益及相关经济利益在生态环境的保护者、改善者、破坏者、受益者和受害者之间的公平分配，保障上下游人民群众享有同等的发展权；促进上中下游各行政单元之间及各行政单元内部互惠多赢，生态环境保护与经济社会协调发展。一项健全的生态补偿机制难点在于如何科学地解决由谁补偿，向谁补偿和补偿标准，补偿渠道，如何监管以及常规制度建设等方面的问题，只有如此，才能实现生态环境利益及相关经济利益在生态环境的保护和改善者、破坏者、受益者和受害者之间的公平分配，解决优势开发与生态环境保护和改善之间的矛盾。[③]

1. 确定生态补偿主体。流域水源保护补偿主体可以分为国家、中下游地区和上游地区。江河流域的健康发展是国家生态安全的重要组成部分，国家是流域生态环境保护建设的直接受益方，上下游各用水城市和地区也均从中获益。从微观层面看，流域内各地区各行业部门的用水企业、水力发电站等也是受益主体，因此也是生态补偿的主体，同时供水工程管理部门以及受益城市居民可以作为间接补偿主体。

2. 确定生态补偿客体。流域水源涵养地、流域上分布的饮用水源地承担了涵养水源和供应安全饮用水的重任，这两个领域的生态补偿应予以明确。对于水源涵养区和饮用水源地而言，补偿客体在东江源区内，水资源保护作出牺牲和奉献的企业、单位和个人都应该成为补偿对象，主要包

---

① 李志萌：《流域生态补偿：实现地区发展公平、协调与共赢》，《鄱阳湖学刊》2013 年第 1 期。

② 陈德敏、董正爱：《主体利益调整与流域生态补偿机制——省际协调的决策模式与法规范基础》，《西安交通大学学报》（社会科学版）2012 年第 3 期。

③ 宦洁、胡德胜：《以机制创新推动生态补偿机制科学化》，《理论导刊》2011 年第 10 期。

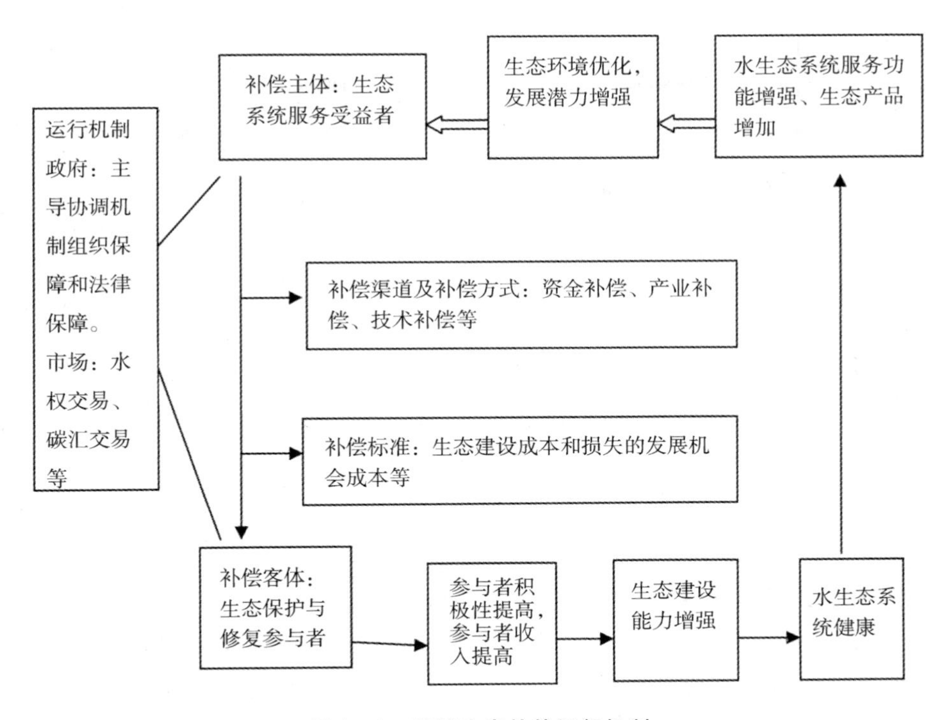

图 4—1 流域生态补偿运行机制

括：流域上游区政府、企业、居民。

3. 明确生态补偿标准。补偿标准设计是否合理是流域生态补偿机制能否发挥效能的最关键所在。结合我国流域生态补偿实践的初步经验，流域生态补偿标准设计将流域上下游及专门针对水源地的生态补偿标准分别考虑。流域上下游各地区间补偿标准的设计应基于水质、水量和生态环境服务效益等因素，包括水源区的生态环境建设的综合投入；发展机会成本的确定及如何将各地区受益的流域生态服务因素纳入生态补偿标准设计等。

4. 选择生态补偿方式。就是要解决“补多少”，“怎么补”的问题。政策补偿。国家对江河源等重要的生态功能保护区的配套财税政策，向受益区收取生态补偿费或生态补偿税，经国家财政专项转移支付给作出重大贡献的水源区，扶持源区发展；市场补偿。以付费形式的补偿方式，从公平性的角度出发，对流域上下游各地区供水服务成本进行核算，让这种补偿资金合理惠及上游及水源保护地区，建立基于水权交易的市场补偿方式；产业补偿。下游地区可通过对口支援水源区和上游地区实施产业补偿，进行异地开发或推动当地的绿色企业和民间资本进入水源区及上游地区，带动当地经济发展，促进生态环境建设。智力补偿、社会捐赠也是生态补偿的重要方式。

5. 明确组织保障和补偿效果。政府是主导协调机制组织保障和法律保障，市场则是运行机制实行水权交易。流域生态补偿运行除外动力作用外，内动力主要体现在水生态系统服务受益者对生态保护及修复参与者物质刺激，产生强大的动力，使得生态保护与修复参与者积极参与，发挥主观能动性进行生态建设，调整产业结构，推动本地区生态经济快速发展，同时，也使得流域生态系统功能良好，生态环境优化，发展潜力增强。

三　我国跨流域生态补偿存在的问题

1. 国家缺乏对流域开展生态补偿的完整制度框架。跨省流域生态补偿因其跨度大，涉及行政区广。就国家层面而言，尚缺乏对流域开展生态补偿的完整制度框架。[①] 目前已有的实证如海河流域、新安江、东江等流域的研究，都是针对个案来进行研究。流域上下游之间补偿依据、补偿标准尚难以做到合理定量化，环境保护责任如何划分、水体超标造成的损害如何赔偿，上下游之间如何协商，建立怎样的约束和协调机制等都缺乏有效的法律和政策支持。

2. 跨省际流域水环境生态补偿缺乏长效机制。在我国已有的流域水生态补偿实践中，因缺少对流域生态服务成本投入与发展损失或成效的评估体系，具体的补偿标准、程序等事项，主要做法是由双方协商解决[②]，这使得流域生态补偿停留在一种自觉行为而非长期行为，若一方不愿承担补偿责任时或协商未果时，生态补偿就难以达成或继续。首个跨省的新安江跨省流域补偿，财政部、环保部印发的试点方案确定期限暂定三年（2012—2014 年），试点时间明显过短，难以发挥生态保护长效作用；京

---

① 王朝才、刘军民：《中国生态补偿的政策实践与几点建议》，《经济研究参考》2012 年第 1 期。

② 郭恒哲：《城市水污染生态补偿法律制度研究》，《法制与社会》2007 年第 10 期。

冀两地政府签署《北京市人民政府河北省人民政府关于加强经济与社会发展合作备忘录》，以饮用水源地、水资源保护等横向协作机制方式来实施流域生态补偿。这种暂以区域发展合作"备忘录"形式达成的生态补偿模式尚缺乏稳定、规范的制度约束；东江流域赣粤2005年共同出台的《东江源生态环境补偿机制实施方案》明确从2006年开始，广东省每年从东深供水工程水费中拿出1.5亿元资金，交给上游的江西省寻乌、安远和定南三县，用于东江源区生态环境保护等。但由于出界水质、补偿标准没能确定，这项资金一直未能落实。

3. 补偿标准偏低，补偿方式较单一。新安江流域生态补偿试点方案，试点期间内，安徽省用于新安江流域的生态补偿专项资金每年最多为5亿元。"十二五"期间，而在上游的绩溪县在生态环境保护与建设方面投资总规模至少也需30亿元[①]，与新安江流域生态保护建设的投入需求相比，这一补偿标准明显偏低。在补偿方式上，无论是省内或跨界试点流域，注重的是政府途径，它通过中央财政转移支付和省域间横向转移支付的方式，筹集流域生态建设和水污染治理的专项资金，具有政策方向性、目标明确、易于启动等特点，但是补偿方式过于单一，没有有效发挥市场途径、社会途径的作用。

4. 流域水质监测体系建设不完善。在新安江流域生态补偿试点方案制定过程中，由于对补偿考核标准认识不同，安徽方面认为，在本省境内新安江是一条河流，应该采用河流水质标准；浙江方面则认为，新安江流到本省境内已形成湖泊型水库，自然该用湖泊水质标准衡量。因此，安徽执行的是河流Ⅲ级标准，浙江执行的是湖泊Ⅱ级标准。河流标准不包括湖泊标准中评价的总氮指标，而总氮是水体富营养化的重要指标，也是评价湖泊水质的重要指标之一，对湖泊生态安全的影响重大。经过一系列的协商，最终双方达成一致：把新安江最近三年的平均水质作为评判基准，往后每年的监测数据与之相比。另外，对于监测点的选择，也明确以跨界水体新安江的街口断面作为人工监测断面。监测频次为每月一次。水质监测结果由中国环境监测总站核定，并向环保部、财

---

① 麻智辉、高玫：《跨省流域生态补偿试点研究——以新安江流域为例》，《企业经济》2013年第7期。

政部提供，作为流域补偿考核依据。虽然考核标准统一了，但双方仍然存在一些分歧①。海河流域京冀饮用水源地、水资源保护横向协作及珠江水系的东江赣粤东江流域生态补偿也由于流域内监测体系不完善，不能获取项目区域断面水质即时数据，及在水质水量环境评价上的分歧使跨省流域生态补偿进展艰难。

总体而言，目前，我国流域生态补偿主要包括：大江大河源区生态建设工程生态补偿、省域流域上下游生态补偿、小流域上下游间生态补偿。虽然“谁受益，谁补偿”生态补偿原则共识已经达成，但生态补偿相关制度建设、跨行政区流域统筹机制、市场化补偿方式、补偿标准的确立及补偿的运作机制等方面尚存在很大的问题有待探索完善。

第三节　流域生态补偿模式比较与选择②

流域生态补偿模式是补偿活动的具体实现方式。随着国内外流域生态补偿实践与研究的不断深入，人们对流域生态补偿模式按照不同的准则进行了分类。郑海霞将国内的流域生态补偿模式归纳为五种：基于大型项目的国家补偿、地方政府为主导的补偿方式、小流域自发的交易模式、水权交易和水资源量的用水补偿③。葛颜祥等在总结国际流域生态补偿实践案例之后，将众多的补偿模式归纳成两类：政府主导和市场交易④。还有的学者将流域生态补偿模式归纳为资金补偿、政策补偿、实物补偿和智力补偿等。本文在对已有案例和研究进行梳理的基础上，将流域生态补偿模式概括为政府补偿、市场补偿和社会补偿三种。

一　流域生态补偿主要模式

（一）政府补偿模式

政府补偿是指政府以非市场途径对流域生态系统进行的补偿。它以国

① 贺海峰：《试点来之不易：新安江跨省生态补偿试点调查》，《决策》2012 年第 8 期。

② 高玫：《流域生态补偿模式比较与选择》，《江西社会科学》2013 年第 11 期。

③ 郑海霞：《中国流域生态服务补偿机制与政策研究》，中国经济出版社 2010 年版。

④ 葛颜祥、吴菲菲、王蓓蓓、梁丽娟：《流域生态补偿：政府补偿与市场补偿比较与选择》，《山东农业大学学报》（社会科学版）2007 年第 4 期。

家或上级政府为实施和补偿主体，以区域、下级政府或农牧民为补偿对象，以国家生态安全、社会稳定、区域协调发展等为目标，以财政转移支付、生态补偿基金、政策补偿、生态彩票等为主要方式。

1. 财政转移支付。财政转移支付是流域生态补偿中最重要的补偿方式，包括中央对地方或地方上级政府对下级政府的纵向转移支付和地方同级政府间的横向财政转移支付两种类型。中央对地方纵向财政支付的流域生态补偿实践有：天然林保护工程、退耕还林还草工程、生态公益林补偿工程、南水北调工程等；上级政府对下级政府财政转移支付的实践主要有福建、广东、浙江等省级政府对流域上游落后地区的财政支持。属于同级政府之间横向财政支付方面的成功范例，主要有福建省闽江流域、九龙江流域下游政府对上游政府的生态补偿实践。

2. 生态补偿专项基金。生态补偿专项基金是指一个国家（或地区）专门设立的用于支持生态建设和环境保护的专项财政资金。从国际上看，日本的水源涵养林建设基金就是很典型的生态补偿专项基金，“广岛县水源林基金会”是其中之一。该基金由太田河流域下游的受门采取联合集资方式筹集资金补贴上游的林业，用于上游的水源涵养林建设[①]。我国与流域生态补偿直接相关的生态补偿专项基金，首推浙江省德清县生态补偿基金。

3. 异地开发。为了弥补流域上游地区放弃发展工业而造成的发展权限的损失，在流域下游地区建立工业园区，园区所得税返还给流域上游地区，即异地开发模式。1996 年金华市为了解决上游磐安县的经济贫困和发展问题，在金华市工业园区建立的“飞地”—— 金磐扶贫经济技术开发区，就是典型的异地开发模式。

4. 项目支持和对口支援。项目支持包括对流域生态建设和环境保护项目、区域替代产业和替代能源发展项目的资金支持。项目支持通常可以帮助流域上游地区实现产业结构的调整和转移，促进这些地区就业人口素质的整体提高。对口援助是指流域内下游发达地区以提供资金、技术、人才等形式对口援助经济落后的地区。广东省清远市与“珠三角”之间的

---

① 龚高健：《中国生态补偿若干问题研究》，中国社会科学出版社 2011 年版。

“结对子”帮扶，可以被视为对口援助的一个案例[①]。

5. 生态彩票。彩票在西方发达国家被称作第二财政，是政府的一条重要筹资渠道，具有强大的集资功能。2011 年 8 月，世界上第一款低碳环保彩票（生态彩票的一种）在英国亮相。这种彩票以降低温室气体排放、帮助解决气候变化问题为目标，彩票销售所得，除了用于支付奖金和彩票本身的运营宣传之外，其余全部用于投资各类经过严格挑选的降碳减排项目。目前，已有土耳其佐鲁风力发电厂、印度高韦里水电站等成为低碳彩票的投资目标。

（二）市场补偿模式

市场补偿是由市场交易主体在政府制定的各类生态环境标准、法律法规的范围内，利用经济手段，通过市场行为改善生态环境活动的总称。典型的市场补偿机制包括排污权交易、水权交易、碳汇交易、生态（环境）标记等。

1. 排污权交易。排污权交易是指在污染物排放总量控制指标确定的条件下，利用市场机制，通过污染者之间交易排污权，实现低成本治理的一种补偿方式。排污权交易在我国流域生态补偿中最早的案例，出现在上海永新彩色显像管有限公司与上海宏文造纸厂之间，太湖流域的排污权交易是排污权交易在我国流域生态补偿中的一个成功案例。

2. 水权交易。水权交易是指流域上游地区将节余的水资源有偿提供给下游地区，或是上游地区通过努力保护水质，给下游地区提供优质水资源，下游地区以某种方式补偿上游地区，以实现流域上下游双赢。

3. 碳汇交易。流域下游发达地区出钱向欠发达的上游地区购买碳排放指标，以抵消这些地区的减排任务，即流域生态补偿中的碳汇交易。这是通过市场机制实现流域森林生态价值补偿的一种有效途径。

4. 生态标记。生态标记是实现生态环境补偿的间接支付方式，一般市场的消费者在购买普通市场商品时，如果愿意以高一点的价格来购买经过认证的以生态环境友好方式生产出来的商品，那么消费者实际上就支付了商品生产者提供的生态环境服务。生态标记制度在国际上是一项普遍实

① 丁四保等：《区域生态补偿的方式探讨》，科学出版社 2010 年版。

行的环境友好型产品的认证制度。我国生态标记在流域生态补偿中的典型案例，是农夫山泉流域品牌的生态标记①。

（三）社会补偿模式

社会补偿模式是政府补偿模式和市场补偿模式的重要补充，具体包括NGO参与型补偿模式、环境责任保险等方式。

1. NGO参与型补偿模式。NGO（Non - Government Organization）参与型模式以非政府组织为主要行动者，由其利用资金补偿、实物补偿或智力补偿等多种手段，通过与相关部门或被补偿者的积极合作，从而实现流域的生态补偿。我国最典型的案例，是世界自然基金会（WWF）长沙项目部在洞庭湖开展的长江项目。

2. 环境责任保险。环境责任保险又称“绿色保险”，是通过社会化途径解决环境损害赔偿问题的主要方式之一，具有其他险种所不具备的独特功能与价值：（1）实现风险分担与损害赔偿的社会化；（2）促进社会稳定与经济安全；（3）实现可持续发展的目标。环境责任保险的历史虽然并不长，但在西方发达国家，已成为了责任保险的重要组成部分，在促进流域可持续发展方面发挥着重要作用。

二　流域生态补偿模式的比较分析

（一）政府补偿模式的优缺点分析

政府补偿是流域生态补偿的主要形式，也是目前比较容易启动的补偿方式，其突出的特点是资金来源稳定、政策方向性强、目标明确，但也存在体制不灵活、标准难以确定、信息不对称、管理和运作成本高等局限性。政府补偿模式中的补偿费用，理论上应大于或等于该地区放弃原有的生产生活方式，而提供生态环境服务的机会成本，同时小于或等于该地区提供的生态环境服务的价值。现实中，因为生态环境服务价值难于计量和货币化，加上信息不对称，政府往往很难掌握每一种生态环境服务的机会成本，因而常常出现支付成本过高的问题。财政转移支付的优点显而易见，但其缺点也是明显的：一是全国统一的财政转移支付制度很难照顾到

① 任勇、冯东方、俞海等：《中国生态补偿理论与政策框架设计》，中国环境科学出版社2008年版。

各地千差万别的生态环境问题；二是官僚体制本身的低效率、寻租腐败的可能性，都可能影响政府补偿模式的实际效果，使得运行和管理成本较高，许多专项资金由于高额的管理成本而难以发挥效益；三是部门分割严重，使得补偿资金分散，难以发挥整体效应。尽管政府补偿模式有其局限性，但由于流域生态服务具有准公共品的特点，因而在大型流域生态补偿中，政府补偿模式仍须占主导地位。

（二）市场补偿模式的优缺点分析

和政府补偿相比，市场补偿具有补偿方式灵活、管理和运行成本较低、补偿主体多元化、补偿主体平等自愿等特点。如排污权交易，不仅可以减少政府环境管理的费用，而且还有助于提高企业治污的积极性，使污染总量控制目标真正得以实现。但市场机制本身难以克服其交易的盲目性、局部性和短期性，同时，市场补偿模式的形成需要一定的前提条件作支撑。一是受益方对流域生态服务功能与价值的认可与支付意愿。流域上中游提供的生态服务功能得到下游受益方的认可，流域下游地区为了获得优质水源或合适的水量等生态效益，愿意向上游支付一定的生态补偿费用，这样市场补偿模式才可能形成。二是产权明晰。如采用水权交易方式进行流域生态补偿，其前提条件是要明确水权，在此基础上还要建立完善的规则，通过具体而完备的法律措施来进行保障。三是成本收益率高。在市场经济条件下，只有当市场补偿模式的成本收益率高于其他补偿模式，市场补偿模式才可能被采用。排污权交易等市场化补偿方式之所以能在小型流域生态补偿中率先采用，就由于小流域生态环境服务交易方明确，交易费用较低。

（三）社会补偿模式的优缺点分析

社会补偿模式最大的优点，是能够调动全社会参与流域生态补偿的积极性，减轻政府在流域生态补偿中的工作量，实现流域生态补偿资金的社会化。如 NGO 参与型补偿模式中，NGO 通过与政府合作，在政府与农民之间架起沟通的桥梁，使得补偿容易为农民所接受。但是，社会补偿模式也存在补偿程度与规模较小、资金来源不稳定等问题，难以独自承担流域生态补偿的重任，一般只能作为政府补偿及市场补偿的辅助模式加以运用。

表 4—4　　流域生态补偿模式比较

模式	优　点	缺　点	适用范围
政府补偿模式	资金来源稳定、政策方向性强、目标明确、容易启动、见效快	体制不灵活、标准难以确定、信息不对称、管理和运作成本高	跨界大型流域、跨省中型流域
市场补偿模式	补偿方式灵活、管理和运行成本较低、补偿主体多元化、补偿主体平等自愿性	交易的盲目性、局部性和短期性，同时，需要具备一定的前提条件	跨省中型流域、小型流域
社会补偿模式	全民参与，实现流域生态补偿资金的社会化	补偿程度与规模较小、资金来源不稳定	跨界大型流域、跨省中型流域、小型流域

三　我国流域生态补偿模式的选择[①]

从上文可以看出，生态补偿的政府模式、市场模式、社会模式各有其优缺点和适用范围。同样地，我国的江河流域也分成多种类型，主要有跨界大型流域、跨省中型流域和小型流域，这三种类型的流域由于生态补偿主体和客体的界定难度、生态补偿的利益协调、生态补偿的评估标准不尽相同，也需要采用不同的流域生态补偿模式。本文根据三种流域的不同特点设计不同类型的补偿模式。

（一）跨界大型流域生态补偿模式的选择

跨界大型流域，是指流域范围涉及几个甚至十几个省（市、自治区）的大型流域，如长江、黄河等大江大河，其特点是受益地区和保护地区界定困难，补偿问题非常复杂。对于这类流域，宜采用中央财政主导的以政府补偿为主、市场补偿和社会补偿为辅的生态补偿模式。具体补偿模式设计见图 4—2。

1. 加大中央财政转移支付。扩大中央财政一般性转移支付的规模，提高上游政府提供公共产品和服务的能力，弥补其生态建设和环境保护的资金需要，补偿其现实应得利益、牺牲经济发展的损失。

---

① 高玫：《流域生态补偿模式比较与选择》，《江西社会科学》2013 年第 11 期。

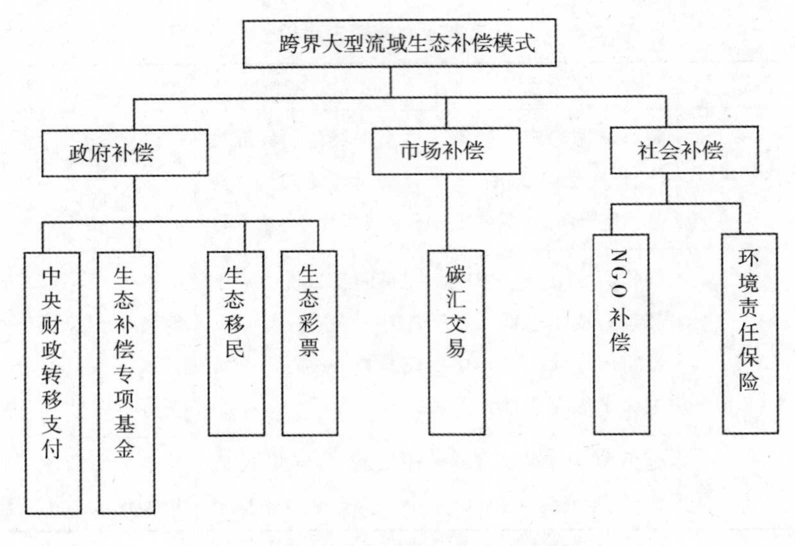

图 4—2 大型流域生态补偿模式

2. 设立生态补偿专项基金。中央财政和下游地区政府按照每年 GDP 的一定比例，并将国家对林业、农业、水利、扶贫等的专项补助金和相关收费收入的一定比例加入进来，设立流域补偿生态补偿专项基金，帮助上游地区加强植被保护、环境治理、污染企业搬迁、企业转型和技术改造等。

3. 发行生态彩票。建议国家环保部门设立大型流域生态彩票中心，负责制定生态彩票的发行区域、销售方式、游戏规则，并采取全国联网销售、统一彩池计奖的方式进行。

4. 探索碳汇交易。大型流域内下游发达地区出现向上游欠发达地区购买碳排放指标，以抵消这些地区的减排任务，通过市场机制实现流域上游地区森林生态外部价值的内部化。

5. 实行环境责任保险。为了防止大型流域上游地区企业污染事故的发生，在一些主要污染行业建立环境责任保险制度，以帮助其建立清洁生产机制，防止污染事故的发生，实现风险分担与损害赔偿的社会化。

6. 争取 NGO 补偿模式。长江、黄河等大型流域的生态建设与环境保护，是国际组织和发达国家共同关注的问题，可充分利用国际组织的关注，积极争取无偿援助与资金支持。

（二）跨省中型流域生态补偿模式的选择

跨省中型流域，是指流域范围涉及两三个省（市、自治区）的江河流域，如跨广东和江西的东江流域，跨浙江与安徽的新安江流域，跨青海、甘肃和内蒙古的黑河流域等；或者是跨两到三个行政区的城市饮用水源地，如跨河北省与北京市的官厅水库、密云水库等。其特点是流域保护与受益关系相对明确，但补偿成本和补偿标准测算都存在一定困难，由于涉及两至三个省区市，其生态补偿机制建立也较为困难。对于这类流域，本文认为应采用中央专项转移支付、地方横向转移支付等政府途径为主，市场补偿、社会补偿为辅的生态补偿模式（见图4—3）。

1. 中央财政进行专项转移支付。为了帮助跨省中型流域建立生态补偿机制，中央财政每年应拿出一定的资金作为专项转移支付，帮助流域上游地区进行生态移民、环境保护。

2. 建立省级政府横向转移支付制度。可借鉴新安江流域生态补偿的经验，根据上下游地区间财力的强弱和公共服务水平的高低，在科学测算的基础上，确定横向转移支付资金的结构比例、运作方式和计算方法，建立横向财政转移制度，从而提高上游地区公民的政府公共服务水平，弥补其丧失发展的机会成本。

3. 进行水权交易。流域（水库）下游地区以水权确认形式，来补偿上游地区为保障城市水资源安全供应所作出的植树造林、水土保持等多方面的努力。

4. 重视生态标记补偿方式的作用。目前，我国的生态标志产品的消费市场正在逐渐形成，从这一角度出发，政府一方面要鼓励下游受益方进行生态标志产品的生产，将生态优势转化为产业优势；另一方面，要积极建立绿色消费体系，以形成新的补偿途径。

5. 开展项目合作和对口支援。下游地区要在项目支持、科技支持、劳务合作、人才支持等方面对上游地区进行支援，帮助上游地区进行基础设施项目建设，建立资源节约型、环境友好型产业体系，提升科技转化能力和吸收能力，增加劳务收入，提高干部素质。

6. 探索NGO参与型补偿费模式。不少中型流域生态问题也能受到国内外民间组织的关注，因此，也应积极创造条件，争取得到NGO组织的资金支持。

（三）小型流域生态补偿模式的选择

小型流域，其流域范围在同一省市内，利益关系协商较为容易，宜采

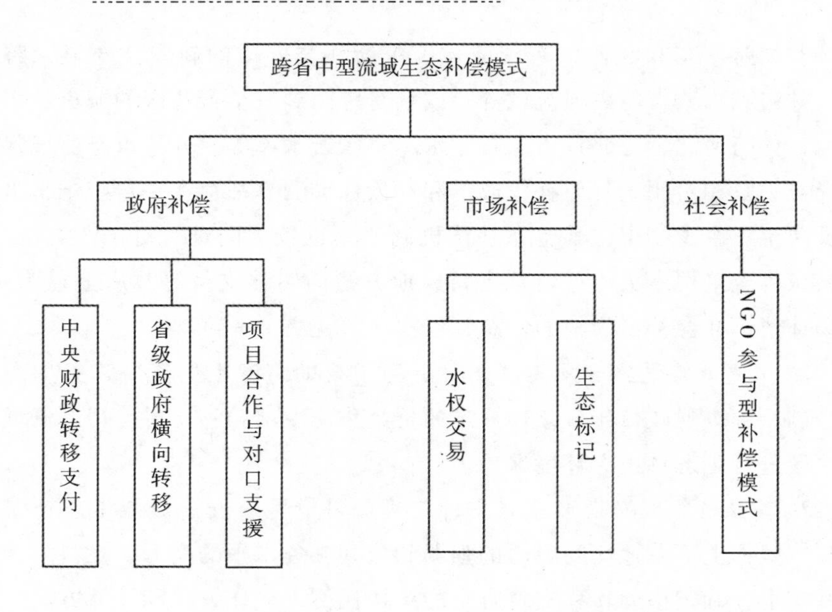

图 4—3 跨省中型流域生态补偿模式

用省级财政和下游地方财政为主导、市场补偿和社会补偿相结合的流域生态补偿模式。具体补偿模式见图 4—4。

1. 建立省级财政专项转移支付。省级财政应每年提取一定的资金作为专项财政转移支付，帮助流域上游地区进行生态建设和环境保护。

2. 流域下游政府对流域上游政府进行横向财政转移支付。流域上游地区既要投入大量资金进行植树造林、水土保持，又要限制污染企业发展，这必将影响到上游地区的经济社会发展水平。因此，流域下游地区应根据一定的标准，每年从财政收入中拿出一定的资金对流域上游地区进行补偿，以解决流域生态治理中成本收益的空间异置问题，避免“我花钱种树，他免费乘凉”的“搭便车”现象。

3. 积极探索市场补偿方式。市场机制较完善地区，可积极探索水权交易、排污权交易、异地开发等市场化式进行生态补偿。同时，可开展环境责任保险试点，实现生态补偿模式的社会化。

我国流域生态补偿尚处起步阶段，在补偿模式选择方面尚有许多不成熟之处。目前，我国的流域生态补偿模式以政府补偿为主，市场补偿模式发展缓慢，且仅在中小型流域中零星采用。市场补偿方式是流域生态补偿

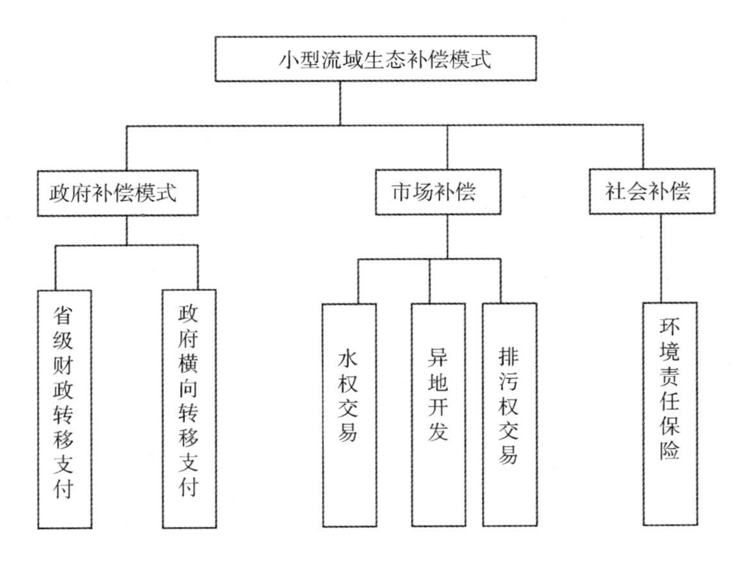

图 4—4　小型流域生态补偿模式

的发展趋势，随着我国流域生态补偿实践的深入，应不断探索排污权交易、水权交易、生态标记等市场补偿方式，同时辅之以社会补偿方式，实现流域生态补偿方式的多元化。另外，我国的流域生态补偿实践主要集中于小型流域，跨省中型流域的生态补偿正在新江安流域、东江流域开展试点，跨界大型流域的生态补偿还处于理论探讨阶段，未有实质性的进展。在建设美丽中国的时代背景下，我国应根据不同类型流域的特点，探索不同形式的生态补偿模式，实现流域上下游的和谐与可持续发展。特别是要加快推进跨省流域生态补偿试点，在总结其成功经验的基础上加以推广，使我国的流域生态补偿不断走向深入。

第四节　完善流域生态补偿机制实现发展共赢政策机制[①]

我国的一些大江大河，流域面积广，涉及多个省市。应在流域“生态共同体”共享共建理念下，实现区域经济社会发展、生态环境保护从过去的局部问题变为全流域共同体全局的问题。

---

① 李志萌：《流域生态补偿：实现地区发展公平、协调与共赢》，《鄱阳湖学刊》2013 年第 1 期。

一　构建“生态共同体”新理念下的流域生态补偿机制

要科学确定整个流域生态效益的提供者或受益者，有必要运用系统论的观点进行全流域统筹规划，改变目前流域上下游之间行政割裂被动补偿的状态，从而构建新理念下的流域生态补偿机制。

目前，人类生活的基本结构一般以地域性的“政治共同体”形式进行，往往具有强烈的“边界意识”；而流域生态系统则经常是跨行政区的，不会因为政治区划而中断；这种自然生态系统的连贯性与人类政治结构的分割性之间的矛盾是流域生态问题难以解决的关键症结[①]。许多生态资源的（掠夺性的）开采和占有，是囿于个体利益的约束，流域某一区域范围内的政府只会从其利益的中心出发制定相应的流域生态环境开发、利用决策，这些决策往往是具有短期效应而无法兼顾到整个流域的长期的、整体性利益。水资源作为公共服务产品，流域生态补偿更多是需要政府付出，但目前在发展经济与 GDP 考核的压力下，每一届政府往往以发展经济为重心，工业发展为先，而忽视生态环境的行为决策极为普遍，政府决策难以站在整个生态系统的角度去理解生态环境的整体性和连贯性，而影响决策的合理性。因此有必要建立流域“生态共同体”[②]，将上下游之间主体各方的利益、责任、义务捆绑在一起，“一荣俱荣、一损俱损”是至关重要的。生态共同体应具备以下特征[③]：一是主张个体的认同来自于共同体，促进流域上下游成员之间认识到所拥有的共同利益；二是打破“自我保护主义”意识，共同体成员共同具有流域生态利益享有权，也应重视在权利实现中不可推卸的责任和义务，必须承担相应的流域生态建设；三是在“生态共同体”中应主张成员的经济发展自由存在于一定的协调和控制之中的积极观点，通过广泛参与积极协商，达成流域经济发展与生态保护的双赢局面。

① 吴箐、汪金武：《完善我国流域生态补偿制度的思考》，《生态环境学报》2010 年第 19（3）期。

② 同上。

③ 韩升：《自由主义视野的表达与批判——查尔斯·泰勒的共同体概念》，《哲学动态》2009 年第 4 期。

二 从全局利益出发推动保护区和受益区双方合作与利益调整

流域生态补偿涉及保护区和受益区双方，保护区范围的界定、对其生态价值的评估、因保护生态环境可能导致的经济损失、受益区受益的价值量确定、双方赔偿与补偿平台的建立等，均需要客观、公正的第三方进行评判与操作，根据我国国情及流域生态补偿试点实践，流域生态补偿机制的操作应以政府为主导。

政府应从全局利益和“生态共同体”出发进行公益性指引，进行生态补偿机制建设。国家统筹协调流域范围内的省际之间的利益与生态补偿，通过生态补偿立法，将整个流域作为一个整体，协调上下游省际之间的利益冲突与矛盾，通过中央推动，开展流域生态补偿工作，协调省际加强协商对话，求同存异，超脱具有狭隘主义的局部利益，从宏观上制定更具公益性的政策措施，从而整体性地优化资源配置效率。中央政府主导下的省际之间的利益协调是落实生态补偿的核心，省际协作坚持“以问题的解决为焦点，以协调合作为手段，使形成的行动导向方式更加富于和谐、创新、平等氛围”的理念，让下游区域的积极“反哺”，为上游区域保护流域生态环境提供动力，使流域生态补偿得以落实。

建立流域生态补偿基金。由中央政府出面，跨省流域共同出资建立生态补偿基金，专用于水源区的生态建设和环境保护。设立生态补偿资金专项账户，将中央公共财政转移支付的生态补偿资金、省级财政支付的生态补偿资金、水电生态附加费等生态补偿专项资金列入省、市两级公共财政设立的生态补偿基金账户，专款专用。上、下游地区制定基金管理办法，界定好有关各级政府在流域生态补偿工作中的职责、权限，对专项资金的补助范围、标准和对象、资金使用、监管等予以明确规定，确保生态补偿资金收支规范。

增加“生态产品”的政府购买。同农产品、工业品一样，生态产品是人类生存发展所必需的，更是可持续发展所必需的特殊商品。一些国家或地区对生态功能区的“生态补偿”，实质上是政府财政拨款购买这类地区提供的“生态产品”。我国已设立了“森林生态效益补偿基金”，用于提供生态效益的防护林和特种用途林的森林资源、林木的营造、抚育、保护和管理及生态移民、科研教育等，并已列入国家财政全额补偿，清新的空气、清洁的水源和宜人的气候等生态产品是人们生存与发展的基本条件，增加生态产品的供给和生态产品的政府购买，是促进社会和谐，实现经济社会可持续发展，为实现人与自然和谐共处创造良好的条件。

三　形成保护—补偿—利用—控制的组织制度保障[①]

明确流域范围划分，界定管理主体。跨省（自治区、直辖市）河流由中央政府操作；省（自治区、直辖市）内跨地（市）河流由省（自治区、直辖市）政府操作，开展流域综合规划，明确流域资源综合开发—利用—保护—控制的范围及其责任主体，明确流域内水资源在各行政区进出口断面的水质要求，确定各行政区总配给水量、水质要求、排污总量的控制要求、供水分配的协调机制、排污监测控制机制、监督与奖惩措施等。

建立流域管理委员会。为保障流域规划及其生态补偿事务的顺利落实，在省级层面上，省流域管理委员会需要增加跨行政区流域事务的协调与合作职能，需要建立独立于各地级市政府之上的机构来保障省内流域综合管理工作的层层落实。

绩效管理与考核奖惩并行。科学量化和评估生态建设与维护成本以及生态效益是生态补偿的依据。在河流流经各行政区出入界面设立监测与评估点，对水量和水质变化进行监测，及时反映流域生态动态。上游地区提供给下游出境水量水质优于国家规定指标或标准，就应该得到相应补偿，以提高流域内各区生态建设与保护的积极性；反之，如果流域中某行政区超量使用了流域规划中分配的水资源造成下游地区用水不足或污染排放等不良影响，该行政区就应该受到惩罚，若如上游地区接受了相应的生态补偿，而出口水质却没有达到预定的标准，也必须受罚。以最大程度保障公平合理，维护流域的整体利益和长远利益。

四　以构建地方发展能力为主的多种补偿方式和渠道

流域上下游之间的生态补偿资金的筹集主要有三种途径包括：政府转

---

① 李志萌：《流域生态补偿：实现地区发展公平、协调与共赢》，《鄱阳湖学刊》2013 年第 1 期。

移支付和补贴；受益者支付；国际组织或环境保护非政府组织的贷款或捐助。除资金补偿外，可以采取资源税、绿色产业带动、合作等多种方式，以促进上游地区经济的发展。

国家财政投入和地方政府财政支持。政府对于生态补偿主要采用财政转移支付，在政府进行财政补贴、资金投入的过程中，要按照“把握域情，因地制宜”的原则，注重补偿的“输血”和“造血”的结合，合理有序地开展一系列的补偿工作。建立促进跨行政区的流域水环境保护的专项资金，通过中央和地方相统一、相协调的基金保证，建立流域生态补偿体系。此外，应当积极探索征收水资源生态税，以满足国家提供公共物品和服务的能力需要，保证政府履行环保职能的财力需要。

实施水资源开发使用费征收制度，开展水权交易试点。对于在直接开发、占用、利用和使用水资源的单位和个人收缴一定标准的费用，并在其中拿出一定比例的资金作为生态补偿的资金。该部分费用直接来源于水资源的使用价值，其费用的多少，通常根据开发使用的水量、水质以及紧缺程度、所获利益的大小来确定。征收的水资源开发使用费主要用于水源区的生态服务功能的保护和管理。通过开展水权交易试点，让受益者支付其享受的生态服务。

完善排污收费制度，开展排污权交易试点。逐步扩大排污收费的范围，严格执行新的排污收费制度，将各种污染源纳入收费范围内。进一步提高排污收费的标准，增加排污成本，以激励企业加大对污染控制方面的投资。通过开展排污权交易试点，让受益者支付其享受的生态服务，有利于流域水环境的污染防治、生态补偿。

积极争取国际社会的补偿资金。生态问题已是全球性的问题，整个人类社会是一个统一的整体。目前，通过经济账来还生态账，为他们的生产生活方式和生态分工的优势埋单，已在发达国家被人们所认同。开展生态补偿工作应当加强生态建设领域的国际合作，并成为我国生态建设新的发展动力。目前，世界上生物多样性最丰富、生态分工中占据较高位势的国家大部分是在发展中国家，发达国家经济实力较强，应为其前期的发展承担更多的生态分工和生态责任。目前，最有代表性的生态补偿项目是在哥斯达黎加、哥伦比亚、厄瓜多尔、墨西哥等拉丁美洲国家开展的环境服务支付（Payments for Environmental Services，PES）项目[①]。该项目由世界银行发起，改善流域水环境服务功能是PES主要的生态补偿方向。中国应积极争取国际社会的补偿资金争取更大的发展空间。

五　建立流域生态补偿实施效果评价机制

建立完善的技术支撑体系。建立流域生态补偿实施效果评价机制，通过环境影响评价制度、环保监测制度等对重点流域进行持续的跟踪式评估，并以法规确定流域生态补偿的综合性价值评估体系。对上游水源区的补偿主要考虑生态环境建设直接投入以及一定的发展机会成本，并逐步将流域生态服务价值纳入；流域上下游地区间在议定跨界生态补偿标准时，应重视开展上下游地区的环境治理成本和污染损害成本核算，增进生态补偿标准的科学性和合理性；生态补偿金的分配不仅要考虑补偿对象的财力水平因素，也要将其流域治理面积、森林覆盖率等生态环境因素纳入。

科学核定生态补偿资金。各行政区（以地级市为单位）按照享有的生态利益分摊生态建设与维护的直接成本，按照用水量和水质有偿使用占确定付费的比例及金额，以此构成生态补偿的“基础资金”。结合流域每年生态建设与维护的总直接成本以及从流域内年总计取水的水质水量，计算出使用每单位（亿立方米）不同质量类别水所需要支付的生态成本费按各行政区分摊。[②] 此外，各行政区还可以依据流域供水用量分配计划、排污量控制计划等具体指标，在总量不变的情况下，根据各自社会经济发展状态合理调整所需的具体用量，引进目前在水污染控制（如COD）和大气污染物（如SO_2和CO_2）控制中已得到广泛应用的许可权交易制度[③]，作为市场调节的手段，将所分得的用水量和排污量有盈余的指标通过市场交易来出售，以此获得生态补偿资金。

加强监测能力建设。环保部门与水利部门应协商统一，协调流域交界水质监测断面与水量监测断面布设，尽量实现两类监测断面的基本重合，

---

① 秦艳红、康慕谊：《国内外生态补偿现状及其完善措施》，《自然资源学报》2007年第4期。

② 吴箐、汪金武：《完善我国流域生态补偿制度的思考》，《生态环境学报》2010年第19（3）期。

③ 周玉玺、葛颜祥：《水权交易制度绩效分析》，《生态经济学报》2006年第4（1）期。

并搭建流域跨界断面水质、水量监测数据实时共享数据平台，为生态补偿金核定提供依据。

六　增强受偿地区生态产品生产能力

在江河源头区域实施生态补偿是建立和完善我国流域生态补偿机制的核心内容，已成为我国解决区域社会经济失衡、保护流域水资源生态安全问题的重要手段和迫切需要。受偿地区一般为贫困地区，如不能解决贫困问题，补偿停止后将重新面临生态退化的危险。[①] 若要实现生态系统的持续健康发展，必须同时满足人们日益增长的物质文化需求。因此，生态补偿还肩负着提高社会福利，改变粗放落后的生产方式，调整产业结构，提高生活水平的重任即应将“输血式”补偿转变为“造血式”补偿。

从长远来看，消除贫困和维护良好环境之间不但没有矛盾，是可以相互促进达到良性循环的。随着人民生活水平的提高，人们对生态产品的需求在不断增强。因此，江河源头地区应把提供生态产品，增强生态产品生产能力作为生态保护区发展的重要内容和国土空间开发的重要任务[②]，随着人们生态环境服务的需求增大，使当地居民更积极主动地改善环境，同时也可以有更多的投入去维护良好的环境，形成良性循环。

建立多渠道的投资体系，优化环保技术支持。改变长期以来巨大环保资金投入由源区来承担，上下游地区的经济社会发展差距将越来越大的局面，实现源头区域由“靠山吃山”向“养山就业”转变；转变发展方式，因地制宜地发展地区经济。防止超环境承载能力过度发展，发展生态旅游、生态农业、生态服务业、轻型生态工业；实施生态、经济和社会综合工程。探索“参与式”可持续发展扶贫项目，与国际组织开展了多种形式的合作，由村民亲身参与制定村级发展规划，有效地激发贫困农民内在的发展欲望，提高村民自主性和主动性；进行生态经济恢复与重建，实施生态、经济和社会综合工程。在面临环境退化和经济

① 秦艳红、康慕谊：《国内外生态补偿现状及其完善措施》，《自然资源学报》2007年第4期。

② 李志萌：《生态保护区生态环境功能退化的原因和对策》，《鄱阳湖学刊》2012年第3期。

社会发展落后双重难题的背景下，通过财政公共服务均等化和生态产品的市场化购买等多种渠道，实现生态平衡和生产力提高的“双赢”目标，实现江河源头等生态功能保护区居民与全国人民同步建成小康社会的共同目标。

第五章　东江源区环境经济社会发展现状与环境承载力分析

东江发源于江西省寻乌县三标乡东江源村桠髻钵山，全长562公里，连接赣、粤、港三地，是香港特别行政区及广东省河源、惠州、东莞、深圳、广州等城市4000多万居民的主要饮水资源。东江源区指我国珠江水系东江发源区域。《辞海》曰“珠江东支。在广东省东部，东源寻乌水，西源定南水（九曲河），均出江西省南部安远、寻乌两县间，南流到广东省龙川县合河坝汇合”，后称东江。本课题的源区是指江西境内赣州寻乌、安远、定南三县，土地总面积6002.66平方千米的地区。江西省境内东江流域土地总面积3524平方千米，占三县总土地面积的58.7%。占东江全流域面积的13%，是广东珠江三角洲地区及香港特别行政区的重要水源，关系着东江流域和珠三角区域的经济发展以及香港的繁荣稳定①。

第一节　东江源区概述

东江源区三县国土面积60030平方千米，其中山地面积50654平方千米，林业用地为50247.4平方千米，耕地为3222.4平方千米，水域为462平方千米，湿地2300平方千米，其他用地为3391.6平方千米。区内的土地总面积为3502平方千米，各类土地面积②，见表5—1。

---

①　张菊梅：《浅析东江行政文化的内涵与特征》，《惠州学院学报》（社会科学版）2009年第10期。

②　刘青：《江河源区生态系统服务价值与生态补偿机制研究》，南昌大学，2007年。

表 5—1　　东江源区土地利用现状统计表①

（依据 2002 年 10 月 12 日 TM 卫片解译）

地名 / 数量 / 类型	寻乌		定南		安远		源区合计	
	面积（平方公里）	（%）	面积（平方公里）	（%）	面积（平方公里）	（%）	面积（平方公里）	（%）
废弃地块山裸地	16.4	0.8	0.67	0.07	0.48	0.08	17.55	0.5
居民用地	18.4	0.9	6.08	0.7	5.1	0.9	29.58	0.86
森林	1415.3	69.2	705.4	80.84	413.3	72	2534	72.3
果园	98.3	4.8	12.7	14	22.4	3.9	133.3	3.8
灌木林	57.3	2.8	4.6	0.5	5.7	0.9	67.6	1.9
自然裸地	120.7	5.9	226	2.6	25.7	4.5	169	4.8
水田	207.6	10.1	81.1	9.3	85.2	14.8	373.9	10.7
水体	23.5	1.1	16.6	1.9	6.1	1.1	46.2	1.3
旱田	87.9	4.3	22.6	2.5	20	3.6	130.5	3.7
合计	2045.2	100	872.6	100	584.2	100	3502	100
占源区面积（%）	58.4	24.9	16.7	100				

江西东江源区，含安远的凤山、新龙、高云山、欣山、镇岗、孔田、鹤子、三百山 8 个乡镇，618.485 平方千米；寻乌的三标、水源、澄江、吉潭、项山、南桥、丹溪、龙廷、留车、营蒲、晨光、文峰、长宁、桂竹帽 14 个乡镇，1946.046 平方千米；定南的龙塘、鹅公、天九、沥市、老城、岭北、岿美山 7 个乡镇，926.634 平方千米。合计流域面积为 3502 平方千米。

寻乌水在江西境内河长 115.4 千米，流域面积 1868.401 平方千米，其主要支流有马蹄河（36.1 千米）、龙图河（51.2 千米）、岑峰河、神光河（江西境内 35 千米）。定南水（贝岭水）源出于寻乌县三标乡湖米村的基隆嶂（海拔高为 1445 米），全长 141.457 千米（基隆嶂东侧至合河

① 曹洪亮：《东江源地区土地利用与覆被时空特征分析》，江西师范大学，2010 年。

坝），流域面积2389.799平方千米，江西省境内长91.2千米，流域面积约1631.44平方千米。见表5—2（引自陈炳炎）。

表5—2　东江源水资源情况

水系 / 面积 / 县（市）	寻乌	定南水（贝岭水）	合　计
寻乌	1868.401	77.645	1946.046
安远		618.485	618.485
定南		926.634	926.634
龙南		8.676	8.676
广东省龙川、兴宁、和平	835.632	758.359	1593.911
合计	2704.033	2389.799	5093.832

东江源区属中亚热带季风湿润气候，年平均降水量1650毫米，光、热、水、汽充沛，山地面积占国土面积90%，平均森林覆盖率达79.03%，高于江西全省近19.6个百分点，比广东省高23.3个百分点。有国家级森林公园三百山及省级自然保护区多处，木本植物661种，野生动物400余种。大多数河流的地表水环境质量优于国家地表水Ⅱ类标准，使得进入广东河源市新丰江、枫树坝水库及东江河源段的水质，依然保持在国家地表水Ⅱ类标准以上。

东江源区矿产资源丰富。位于南岭地质构造带，占据了优越的成矿条件。已探明工业储量的矿种75种，矿床1254个，主要矿种有钨、锡、稀土、萤石、煤、铀、岩盐等，矿产储量的潜在经济价值为4100亿元。素有“世界钨都、稀土王国”之称，仅稀土一项，年采矿能力达744×10^4吨，可年产稀土金属化合物744吨；钨年生产能力3000×10^4吨，年产钨3000吨。矿产资源开发利用在三县国民经济中占有相当比重，矿产财政支撑着当地的财政收入，对经济社会发展起到重要作用。

该区自然与人文旅游资源丰富，山清水秀，风景宜人，历史文化底蕴深厚，以客家文化为特色。

东江流域自然—社会经济复合系统的结构复杂、要素众多、作用方式错综复杂，但这一复合系统仍是由人和自然这两大要素相互作用形成的。人作为流域中最活跃的因子，具有一定的经济行为和社会特征，通过资源开发和环境紧密地联系在一起。

第二节 东江源区经济发展状况

一 东江源区经济总体情况

东江源区三县，近年来经济发展速度加快，但总体水平低，仍处于江西及赣州市发展的末端位次。2012 年，东江源区三县总量 121.5 亿元，只占到赣州市经济总量的 8.05%，江西省的 0.94%。其中东江源区三县总量在赣州市 18 个县区排名分别为安远（15 位）、寻乌（14 位）、定南（13 位）。东江源区三县人均 GDP 为 13348 元，只有江西省人均 GDP 的 46%，全国人均 GDP 的 35%。三次产业结构比重为 28∶30∶42，第一产业占的比重比较高，而第二、三产业占的比重偏低。见表 5—3、表 5—4。

表 5—3 东江源区经济增长总体情况（2012）

	GDP（万元）	第一产业（万元）	第二产业（万元）	第三产业（万元）	人均 GDP（元）
寻乌	402015	109727	131272	161016	13857
安远	398958	124514	98896	175548	10480
定南	414500	107695	138885	167919	19619
东江三县	1215473	341936	369053	504483	13348

表 5—4 东江源区其他经济指标情况（2012）

	寻乌	安远	定南	三县总计
固定资产投资（万元）	197682	92879	171773	462334
房地产开发投资（万元）	44915	15129	73178	133222
社会消费品零售总额（万元）	121393	110322	63600	295315
实际利用外资（万美元）	1435	2005	4780	8220
外贸出口（万美元）	744	1676	3150	5570
财政总收入（万元）	43068	45019	72000	160087

续表

	寻乌	安远	定南	三县总计
地方财政收入（万元）	29623	27682	39400	96705
金融机构各项存款余额（万元）	519193	553154	414699	1487046

二　东江源区工业农业情况

1. 东江源区工业情况

东江源3县工业基础相对比较薄弱。2012年，东江源区三县，工业增加值达到332676万元，规模以上工业增加值175439万元，占赣州市的比重只有3.09%，其中规模以上工业增加值3县在赣州18县区排名中，寻乌是17位，安远是16位，定南是12位。

表5—5　　东江源区工业发展情况（2012）

	工业增加值（万元）	规模以上工业增加值（万元）	规模以上工业实现主营业务收入（万元）
寻乌	120089	68736	227726
安远	85627	55425	200758
定南	126960	51278	212546
总计	332676	175439	641030

工业园建设不断加快，载体作用日益明显。东江源区形成了以工业园区为平台的新增长极，推动了产业集聚。通过打造完整的产业链，形成产业配套、产业集群和产业特色，增强工业园区发展后劲。产业集聚水平进一步提高，一是有色金属基地建设成效明显；二是稀土工业深加工效益凸显。源区政府通过优化投资环境、提高工作效率等有效措施积极引进客商兴办企业。如定南鑫盛钨业、大华新材料、南方稀土等，钨矿、稀土深加工企业生产规模不断扩大，成为工业经济的主要增长点。

工业园区招商引资力度加强。随着园区功能进一步完善，园区经济实力不断增强。在招商兴工中，该县摒弃过去“捡到篮里都是菜”的招商理念。更新招商引资理念。在招商引资中看重投资规模、企业的实力、企业的信誉度、企业的技术含量、企业对当地经济发展的贡献率及企业对当地财政的贡献率。寻乌县已开发出“稀土—稀土金属材料—钕铁硼磁性材料—磁材电机”、“贮氢材料—贮氢合金—贮氢电池”和“发光材料—荧光材料”等系列高端产品，使稀土物尽其用，既提高了资源利用率，又增强了抗市场风险能力。安远县通过建立工业发展平台，加大招商引资力度，围绕农业办工业，用活资源办工业，瞄准市场办工业，改变了全县工业单一的投资主体和单一的所有制格局，初步形成了食品加工业、生物制药业、矿产品加工业和以电子、服装为主的劳动密集型企业四大工业支柱产业。定南工业园初创于1996年，园区总面积6平方千米，是江西省重点工业园。重点发展稀土、钨两大主导产业和针织服装、机械电子、家具、优质农副产品加工和三产服务业等特色产业。园区环境优美，设施齐全，功能配套，服务优质，是承接珠三角产业转移的重点工业园、投资承接地。

工业发展及招商引资中存在的问题。园区建设规模偏小、园区产业结构趋同。部分工业园区只注重即期开发，忽视远期建设，只注重企业数量，忽视产业连接，甚至为了争项目，不计成本、压价招商、无序竞争，致使引进的企业大同小异，同一产业分散在各个园区，难以形成有效的工业发展产业链①。园区产业层次较低。工业产业结构层次低。从行业结构角度看，传统行业仍是支撑源区财政增长的主动力，高新技术产业和新兴行业偏少。应以产业集群提升园区集约化发展水平，转变发展方式，促进园区从粗放型扩张向打造精品园区转变，增强园区发展的可持续性。

2. 东江源区农业情况

东江源区行政区划为40个乡镇，442个村委会，乡村总户数22.6万户，乡村总人数62万人，占人口比重达到68.1%。人均耕地0.497亩，低于全国人均水平的一半，人地矛盾较突出。三县农业经济仍占主导地位，但在三大产业的比重中呈下降趋势。2012年农业总产值755387万元，粮食总产量314149吨，柑橘产量886456吨。

---

① 麻智辉、薛智韵：《提升江西工业园区发展水平的对策研究》，《科技广场》2008年第6期。

表 5—6　　东江源区农业发展情况（2012）

	寻乌	安远	定南	三县总计
农业总产值（万元）	281882	205355	268150	755387
农业种植业产值（万元）	183885	123884	174428	482197
林业产值（万元）	8432	17363	7462	33257
牧业产值（万元）	75165	47223	74407	196795
渔业产值（万元）	13200	7503	10903	31606
农林牧渔服务业产值（万元）	1200	2508	950	4658
粮食总产量（吨）	106773	102929	104447	314149
水果产量（吨）	490570	255380	534681	1280631
柑桔产量（吨）	295130	254502	336824	886456
肉类总产量（吨）	25040	37646	24709	87395
水产品产量（吨）	7870	6829	7292	21991

定南农业特色明显，是全省的绿色高效农业示范区。依托农产品特色优势，建设了省级农业科技园，发展高效农业、精品农业和生态农业。以脐橙、生猪为主导的农业产业不断发展壮大，生猪、竹木及各类山珍等优质农副产品资源丰富，九曲河、胜仙、瑞丰米面和客家峰龙藤茶、云台山毛尖茶、山竹笋、野生香菇等名特产畅销全国，客家的豆叶干、酸菜王、客家酸酒鸭等客家名品享誉海内外。目前，获得农业部、省农业厅颁布的无公害农产品“产品—产地”一体化认证生猪养殖企业 9 家，供港基地 4 个，供深基地 5 个，中央储备肉活畜储备基地场两个，省级龙头企业 1 家，市级龙头企业 7 家，是全国知名的生猪养殖大县、生猪调出大县、农业标准化示范区、全国供港供深无公害生猪生产基地。[①]

安远县果业总面积达 35 万亩，其中无公害脐橙面积达 30 万亩，全县年产水果 25 万吨，其中脐橙 22 万吨，建有脐橙分级打蜡包装企业 38 家、生产线 44 条，日加工 6000 吨，占全市总加工能力的一半以上，产业化水平走在全市乃至全国前列，是赣南脐橙集散及加工的中心。生猪年出栏 21 万头，年末存栏 18 万头。以珍稀品种为主的食用菌 5000 万袋，其中

① 定南_新闻中心，http：//news. china. com. cn/txt/2012—11/21/content_ 27185792. htm.

工厂化生产4500万袋，杏鲍菇产业化水平居全国先进行列。各类西甜瓜基地15个，面积两万亩；蔬菜种植面积2.5万亩，其中大棚栽培模式5000亩。

寻乌是“中国蜜桔之乡”、“中国脐橙之乡”、“中国脐橙出口基地县”、“绿色生态果品生产县”，率先在全省实现人均一亩果，是名副其实的果业大县和果业强县。全县耕地面积17.89万亩，山地面积276万亩，其中宜果山地面积90万亩。寻乌属亚热带季风性湿润气候区，温度适中，阳光充足，雨量充沛，昼夜温差大，是发展蜜桔的最优区和发展脐橙的特优区。全县现有果园面积44.7万亩，已经开发形成了澄江至文峰、长安至县城颇具规模的100公里果业带。独特的气候造就了寻乌脐橙和柑橘的风味浓郁、无核化渣、肉质脆嫩、含糖量高、甜酸适度、可溶性固形物高、自然着色、鲜艳有光泽等特点，使寻乌果品多次在全国性的评比中摘得桂冠。蜜桔“寻乌119”被评为国家部优产品，特早熟“石子头1号”获全国农业博览会国家优质产品铜奖，脐橙“纽贺尔”、“奈沃利娜”多次被评为国家优质产品，并被国家外经贸部定为“无病毒优质出口产品”。在现有品种的基础上，又引进了新品种福本、清见、不知火等。经国务院农业开发办公室批准立项，脐橙、柑桔良种母本园落户寻乌，柑桔良种繁育推广体系正在建立。优良的品质使寻乌果品备受国内外广大消费者的喜爱。目前，不仅在国内的广东、浙江、上海、北京等省市畅销，还出口远销东南亚、新加坡、俄罗斯等国，使寻乌“果欣”品牌享誉海内外。2012年果业产值突破12.52亿元，超过粮食总产值，成为县域经济发展的支柱产业。寻乌正朝着世界优质脐橙重要产业基地、国家“寻乌蜜桔”标准化示范区目标稳步迈进。①

三　东江源区林业发展状况

寻乌县林业资源丰富，森林植物种类繁多，据“八五”二类森林资源调查资料，寻乌林业用地面积18.37万公顷，其中有林地面积16.47万公顷，森林覆盖率为71.5%。全县活立木总蓄积419万立方米，其中用材林活立木蓄积占98.6%，素有“八山半水一分田，半分道路和庄园”

---

① 寻乌县，http：//baike. baidu. com/view/173668. htm.

之称。毛竹542.3万根。可年伐毛竹38万根，篙竹70万根。木资源按优势树种分：全县杉木蓄积量28.16万立方米，马尾松蓄积量104.3万立方米，硬阔蓄积量207.4万立方米，软阔蓄积量19.5万立方米，国外松蓄积量1.9万立方米。

安远县是全省重点林业县，南方重点林区。全县国土总面积356万亩，其中林业用地面积300.7万亩，占国土总面积的84.5%，森林活立木蓄积量644.39万立方米，森林覆盖率84.25%，绿化率达84.33%。

四　东江源区矿产、旅游资源情况

1. 矿产资源情况

定南县矿产资源丰富，以稀土和钨为重点的矿产资源，品种多、分布广、储量大、质量优，是全省乃至全国重要的有色金属基地县，尤其是稀土矿藏品种全、品位高，属中钇富铕型稀土，是全国首批11个稀土国家规划矿区之一。全县现有稀土采矿许可证32本（江西省89本，赣州88本），证内保有储量5万吨，县内远景储量114万吨。此外，还有锰、石墨、钛铁、膨润土等20多种矿藏。依托鑫磊稀土、大华新材料、南方稀土等加工企业，定南正在全力打造稀土永磁材料、动力电源、永磁电机、贮氢材料及其应用产品产业链，是赣南矿业经济新增长极。①

寻乌县矿产资源丰富，已发现的矿种有：钨、锡、钼、铜、铅、锌、稀土、铌钽、铁、钴、金、花岗岩石材、磷、石膏、黏土，水晶、铀、矿泉水等30余种，其中稀土为优势矿种。稀土主要分布于寻乌县的文峰河岭、南桥、三标等矿区。有色金属矿产主要矿点有罗珊凤和铅锌矿、老墓多金属矿点等。其中罗珊凤和铅锌矿金、银、铅锌矿石总量10万吨。非金属矿产品种多样，主要有花岗岩石材、石灰岩、水晶、磷矿、石膏、瓷土等。②

安远县矿产资源丰富，境内有稀土矿、钼矿、电气石矿、铁矿、锰矿、锡矿、铜多金属矿、瓷土矿、硅石矿、花岗岩、膨润土、石灰岩、油

---

① 定南_新闻中心，网络（http://news.china.com.cn/txt/2012—11/21/content_27185792.htm）。

② 寻乌县_百度百科，网络（http://baike.baidu.com/view/173668.htm?goodtaglemma）。

页岩等24个矿种，还有优质的地热资源。其中稀土矿探明储量达55484吨，远景储量为168100吨，多为中钇富铕稀土、高钇稀土，钼矿已探明储量2.5亿吨占全国第三，电气石矿、瓷土矿等储量丰、品位高、价值大，开发利用前景广阔。

江西稀土资源绝大部分分布在赣州，矿床稀土元素配分齐全，特别是中重稀土元素含量高，易采选，具有极大的工业意义。赣南稀土矿产资源的发现和开发，形成了我国北方以处理轻稀土为主，南方以处理中重稀土为主的轻重两大产业体系的格局。目前赣州市18个县（市、区）都有稀土资源分布，东江源地区也是稀土重要的分布基地。截至2010年底，东江源地区轻稀土累计查明资源储量53.1万吨，保有稀土资源储量17.99万吨。重稀土东江源三县只有安远县分布，查明资源储量3.6万吨，保有稀土资源储量1.39万吨。表5—7、表5—8列出了东江源三县稀土资源（轻稀土、重稀土）储量分布情况。

表5—7　　东江源地区稀土资源储量分布情况表（轻稀土）

县（市）名	查明资源储量（金属量、吨）	保有资源储量（金属量、吨）
安远	48433.48	16230.59
定南	111038.63	50460.6
寻乌	371621	113192.19
合计	531093.11	179883.38

表5—8　　东江源地区稀土资源储量分布情况表（重稀土）

县（市）名	查明资源储量（金属量、吨）	保有资源储量（金属量、吨）
安远	35556.4	13894.92

2. 旅游资源情况

源区客家文化氛围浓郁，九龙山是赣南采茶戏源头，加上蓝天碧水的生态环境和紧靠粤港的区位优势，具有发展旅游休闲经济的巨大潜力。源区内始建于唐朝赣南佛教名寺龙岩寺，三百山周边的东升围、永镇桥等名胜古迹。从源区的生态旅游资源的分布来看，在空间上具有明显的区域特征，即不同的生态资源具有其存在的特殊条件和相应的地理位置，分布广泛而又相对集中，组合条件好。

安远生态资源丰富，风景优美，气候宜人。全县森林覆盖率达83.4%，年平均气温18.7℃，降水量1640.7毫米，无霜期285天。境内三百山是香港同胞饮用水东江的发源地，国家4A级重点风景名胜区和国家级森林公园，具有独特的原始森林景观，三百山虎岗温泉群水温高达75℃，是海内外游客旅游观光的绝佳胜地[①]。通过提升"东江源—三百山"旅游品牌为核心，采取市场运作与政府投入相结合的方式，打造了"国家4A级旅游景区"。加大了县东生围、九龙山、无为寺塔等旅游景点的开发建设力度，打造了特色旅游休闲线路，构建了以东江源头三百山旅游为主导的第三产业整体发展框架。2005年接待旅客20万人次，并以每年30%速度不断增长，初步成为东江源区域生态旅游休闲中心。目前，三百山地区已推出客家围屋游、古迹游、革命旧地游等特色旅游项目，为东江源头景点融入客家风情，增添了东江源区的旅游韵味。

寻乌是东江源发源地，毛泽东同志《寻乌调查》纪念馆、工农红军兵工厂等革命旧址留给了众人对革命先辈的缅怀和崇敬。另有镇山高阁、江东晓钟、文笔秀峰、河角温泉、西山献云、仙羊岩等自然景区景点。

定南是赣粤边际旅游休闲目的地。定南客家文化、神仙文化、堪舆文化、岭南文化交相辉映，生态景观、自然景观、人文景观相得益彰。境内以"九曲河水清，云台山色秀"为代表的生态环境，森林覆盖率82%以上，有"天然氧库"之称。作为客家人聚居地之一，开明开放，和谐包容，文明祥瑞，是省级平安县，民风淳朴。独特的生态资源、人文历史气候条件构成了独具魅力的旅游特色。东江源佛教圣地神仙寺以及钟灵毓秀的云台山、九曲旅游度假村、虎形围屋等众多景点和省级非物质文化遗产保护项目"定南瑞狮"，其中国家4A级旅游景区——九曲度假村已成为粤港澳热点旅游区，粤港澳地区休闲"后花园"[②]

---

① 安远县，网络（http：//www. baike. com/wiki/安远县？prd = citiao_ right_ xiangguanci-tiao）。

② 定南_ 新闻中心，http：//news. china. com. cn/txt/2012—11/21/content_ 27185792. htm.

第三节 东江源区社会发展状况

一 人口、人民生活现状分析

1. 人口现状

东江源区三县2012年末总人口91.06万人，其中非农业人口29.06万人，占31.9%，农业人口62万人，占68.1%。与2002年相比，非农业人口和农业人口都有增加，非农业人口增加较多，占总人口比重有增加，而农业人口上总人口比重略有降低。

表5—9 东江源区人口情况（2012）

	定南	安远	寻乌	东江三县
年末总人口（人）	211274	382855	316446	910575
农业人口（人）	42911	312987	264072	619970
非农业人口（人）	168363	69868	52374	290605

2. 人民生活现状

三县贫困人口占总人口的比例高达42%，安远、寻乌两县为国家扶贫开发工作重点县，定南为省级贫困县。近年来，东江源区人民生活有了较大的提高，源区农民收入与全国、全省、广东省农民的收入差距有较大差距，且有差距扩大之势。

2012年，东江源区三县农民人均纯收入最高定南仅有4575元，最低寻乌仅为4330元，东江区源三县低于赣州市平均水平，与东江下游农民收入相比更是相差甚远。

表5—10 东江源区农民人均纯收入情况（2012）

	定南	安远	寻乌	赣州	河源	东莞
农民人均收入（元）	4575	4386	4330	5301	7772	24898

二 文化、卫生、教育现状分析

东江源区三县在文化、教育、卫生方面的发展还较落后。

2012年，全县共有各类中学23所，其中普通中学21所，职业中学两所。初中在校学生19704人，毕业生5872人；高中在校学生9567人，毕业生2829人。全县共有各类小学158所，其中特殊教育学校1所。小学在校学生34434人，毕业生6770人。全县共有幼儿园185所，在园幼儿16120人。年末全县共有卫生机构322个（含村个体卫生所），其中大型医院3个（人民医院、中医院、北方医院），卫生院18个（中心卫生院4个、乡镇卫生院14个），妇女儿童医院、口腔病防治所、皮肤病防治所、疾病预防控制中心各1个，医学在职培训机构1个，乡镇个体卫生所296个。卫生技术人员1103人，其中执业医师和执业助理医师356人，注册护士444人。卫生机构床位1448张。

2012年，寻乌县全县普通中学22所，小学145所，中小学校在校学生48075人、专任教师2907人。初中、小学生入学率均达100%。初中辍学率1.34%，比上年减少0.66个百分点。学龄儿童入学率达100%，2012年末全县文化馆1个，图书馆1个，博物馆（纪念馆）1个，剧院1个，文化站15个，采茶剧团1个。全年发行图书230.3万册，比上年增长26.88%。2012年末全县拥有卫生机构数24个，与上年持平；卫生技术人员484人，比上年增长3.20%，其中，执业医师248人，比上年增长5.98%。全县实现村村通广播、电视。2012年广播覆盖率为90.0%，比上年增加3个百分点；电视覆盖率为98.5%，比上年增加0.5个百分点；有线电视用户27277户，比上年增长2.04%。

第四节　东江源区环境承载力状况

一　运用生态足迹法评价源区环境承载力

关于生态足迹研究率先是由加拿大生态经济学家William教授和Wackernagel（1997）提出的一种度量可持续发展程度的方法[①]，运用此方法对世界各国可利用的生态空间和生态占用空间进行了分析测算。Simmons等（1998）、Hanley（1999）、Gossling等（2002）、McDonald等

① 徐玉霞：《基于生态足迹的城市化研究——以宝鸡市为例》，《江西农业学报》2010年第6期。

（2004）分别用生态足迹分析评价其他国家可持续发展状况。[①] 它以其较为科学完善的理论基础、形象明了的概念框架、精简统一的指标体系和统一的量纲，已获得日益广泛的应用。生态足迹测算方法是从生态需求上计算区域的生态足迹，从生态供给上计算区域的生态承载力，并通过两者比较来判断区域发展的可持续性。能够反映区域的生态承载力与资源环境占用之间的数量关系，从而可以成为评估区域生态经济系统协调发展有效的评价方法。

1. 生态足迹计算模型

生态足迹主要是用来计算一定的人口和规模条件下维持资源消费和废弃物所必需的生物生产空间，其计算原理把区域资源和能源消费转化为必需的生物生产土地的面积。完整的生态足迹账户包括生物资源账户、化石能源账户和建设用地账户。[②] 生物资源账户主要记录区域消费的农产品、畜产品、水产品和林产品分别对耕地、草地、水域以及森林产生的土地需求。化石能源账户主要是对化石能源使用所造成的环境影响进行评估。建设用地账户主要是指工矿企业建设、居住及交通等基础设施建设对土地的占用。[③]

其计算公式为：

$$EF = N \cdot ef = N \cdot r_j \cdot \sum(aa_i) = N \cdot r_j \cdot \sum(c_i/p_i) \qquad (1)$$

公式（1）中：EF 为总的生态足迹；N 为人口总数；ef 为人均生态足迹；r 为均衡因子；j 为生物生产性土地类型；r_j 为 j 类型土地的均衡因子；aa_i 为人均 i 种交易商品折算的生物生产面积；i 为消费商品和投入的类型；c_i 为 i 种商品的区域人均消费量；p_i 为 i 种消费商品的平均生产能力。[④] 在本文中，将采用改进的生态足迹模型的测算方法，以国家尺度替

① 尹岩等：《基于生态足迹理论的县域可持续发展状况分析——以康平县为例》，《林业资源管理》2012 年第 4 期。

② 龚建文、张正栋：《基于生态足迹模型的区域可持续发展定量评估——以东江流域东源县为例》，《生态环境学报》2009 年第 9 期。

③ 高长波：《广东省生态可持续发展定量研究：生态足迹时间维动态分析》，《生态环境》2005 年第 2 期。

④ 黄涛：《广州市 2008 年生态足迹核算与分析》，《广东化工》2013 年第 6 期。

代传统 EF 计算模型中的世界尺度，并当前中国不同年度平均单位产量代替全球不变单位产量。这一改进考虑到区域实际土地的生产力特征和不同年份单位产量的变化，能够更为准确地反映生态足迹情况。

根据生态足迹模型的基本理论，区域生态承载力是指区域各类生物生产性土地面积的汇总。一般主要包括耕地、草地、林地、水域、建设用地等。其计算公式：

$$EC = N \cdot ec = N \cdot \sum a_j \cdot r_j \cdot y_j (j = 1,2,3,\cdots,6) \qquad (2)$$

公式（2）中：EC 为区域总生态承载力、N 为人口数、ec 为人均生态承载力（hm^2/人）、a_j 为人均生物生产面积、r_j 为均衡因子、y_j 为产量因子。

如果一个国家或者区域生态足迹大于生态承载力，则说明这个国家或者地区生态负荷超过其生态容量，出现生态赤字；反之，如果该国家或区域生态足迹小于生态承载力则表现生态盈余。

2. 生态足迹计算方法说明

将各类生物资源和能源资源的生产量折算为耕地、草地、林地、建筑用地、化石燃料用地和水域六种生物生产面积类型。其中生物资源可分为农产品、动物产品、水果和木材等几类。[①] 能源消费主要涉及如下几种：煤、焦炭、燃料油、原油、汽油、柴油和电力。需要说明的是，本文中未进行贸易调整估算。一方面因为直接得到的是生物资源消费量数据，不是生物量数据，因而不需要用进出口贸易量进行调整；另一方面因缺乏东江源地区进出口及国内贸易量的详细数据，在计算能源消费量时暂不考虑贸易商品中所含的能源贸易量。[②]

二　东江源区生态足迹的计算与分析

根据对东江源三县统计年鉴（2009—2012 年）的深入分析，得出东江源生态足迹计算所需的生物资源账户系统、能源账户系统。其中计算

① 刘云南：《生态足迹理论在生态市建设规划中的应用——以海口市为例》，《生态学报》2007 年第 5 期。

② 龚建文、张正栋：《基于生态足迹模型的区域可持续发展定量评估——以东江流域东源县为例》，《生态环境学报》2009 年第 9 期。

表 5—11　　生态足迹计算均衡因子（2012）

土地类型	主要用途	均衡因子	备　注
耕地	种植农作物	2.8	全球生态平均生产力设为 1；按世界环境与发展委员会报告《我们共同的未来》建议，生态供给中扣除 12% 的生物生产面积用来保护生物多样性；事实上人类并无留出用于吸收 CO_2 的化石能源用地
林地	提供林产品和木材	1.1	
草地	提供畜产品	0.5	
建筑用地	人类定居以及道路用地等	2.8	
化石燃料用地	用于吸收人类释放的 CO_2	1.1	
水域	提供水产品	0.2	

生态足迹时，将能源的消费转化为化石燃料生产土地面积，均采用世界上单位化石燃料生产土地面积的平均发热量为标准，引入折算系数的概念，将当地能源消费所消耗的热量折算成一定的化石燃料土地面积。生物资源与能源消费量确定之后，根据生态足迹的计算公式将生物资源和能源消费转化为提供这类消费所需要的生物生产性土地面积。[①] 按世界环境与发展委员会（WCED）的报告——《我们共同的未来》中的建议，应留出 12% 的生物生产性土地面积来保护生物多样性，因此在计算东江源生态足迹的供给时扣除了这 12% 的生物多样性保护面积。均衡因子可将不同类型的生物生产性土地面积转化为生态生产力相同的均衡面积，产量因子可以消除不同国家或地区某类生物生产面积所代表的平均产量与世界平均产量的差异[②]。（具体结果见表 5—12 至表 5—16）

1. 东江源地区 2012 年生态可持续发展状况分析

2012 年，东江源地区的人均生态足迹为 1.802944 公顷/人，生态承载力为 0.701825 公顷/人，存在 1.101119 公顷/人的生态赤字。人均生态足迹约为可利用的人均生态承载力的 2.6 倍。生态赤字表明了东江源地区对自然生态资源的消耗远远超出了其生态承载力供给的范围。

---

① 侯鑫喆：《用生态足迹法研究我国土地资源人口承载力》，《山西财经大学学报》（高等教育版）2010 年第 11 期。

② 魏静：《1995—2004 年河北省生态足迹分析与评价》，《干旱区资源与环境》2008 年第 6 期。

从6种生物生产性土地类型来看，生态足迹依次为：草地0.788231公顷/人，占总生态足迹的43.72%；耕地0.43039公顷/人，占总生态足迹的23.87%；林地0.39181公顷/人，占总生态足迹的21.73%。这三种类型是东江源生态足迹最主要的组成部分。

表5—12 东江源地区2012年人均生态足迹计算结果汇总

土地类型	生态足迹的人均需求		
	需求面积/hm^2	均衡因子	均衡面积/（hm^2/人）
耕地	0.1537107	2.8	0.43039
草地	1.576462	0.5	0.788231
林地	0.3561909	1.1	0.39181
化石燃料地	0.0278773	1.1	0.030665
建筑用地	0.000000244	2.8	6.83E—07
水域	0.80924	0.2	0.161848
总足迹需求			1.802944

表5—13 东江源地区2012年人均供给计算汇总

土地类型	生态足迹的人均供给（生态承载力）			
	供给面积/hm^2	均衡因子	产量因子	均衡面积/（hm^2/人）
耕地	0.007100621	2.8	2.3	0.045728
草地	0.0000307692	0.5	0.39	0.000006
林地	0.720878122	1.1	0.91	0.721599
水域	0.002625	0.2	1	0.000525
建筑用地	0.006383606	2.8	1.66	0.029671
总供给面积				0.797529
扣除生物多样性保护面积（12%）				0.09570348
总可利用面积				0.70182552

2. 东江源地区生态足迹的动态变化趋势分析（2009—2012）

生态足迹主要是用来计算一定的人口和规模条件下维持资源消费和废弃物所必需的生物生产空间[①]。它从需求上计算生态足迹，从生态供给上计算生态承载力，并通过两者比较来判断区域发展的可持续性。生态足迹模型的以上指标是相互影响、相互联系的，如果一个地区的生态足迹大于其生态承载力，则该地区的生态足迹表现为生态赤字，说明人类对自然资源的过度开发和利用促使生态环境处于不安全状态；相反，如果一个地区的生态足迹小于其生态承载力，则该地区的生态足迹表现为生态盈余，生态环境处于安全状态，当地的自然资源仍有开发和利用的潜力[②]。

采用上述的生态足迹计算方法，以东江源地区三县统计年鉴（2009—2012）的数据为基础，分别计算了2009—2012年的生态足迹，以此来分析东江源地区的生态足迹变化趋势。

2009—2012年，东江源地区人均生态足迹消费变化（见表5—14至表5—16），呈明显的增长态势，增长幅度达到7.8%。从2009年至2012年，人口总数从87.98万增长到91.06万人。由于人口总量基数大，总的生态足迹大，东江源地区总生态足迹呈现增长趋势，对环境影响规模日益扩大。2009—2012年，东江源地区生态足迹需求远远大于生态足迹供给。人均生态赤字逐渐增长，显现东江源地区生态赤字显著，生态环境压力增加，东江源地区当前可持续性较弱。

表5—14　　东江源2009—2012年人均生态足迹需求

年份	耕地	草地	林地	水域	建筑用地	化石能源地	合计
2009	0.359311	0.783202	0.11669	0.151522	0.00000053	0.027137	1.437863
2010	0.342654	0.714957	0.246434	0.155132	0.00000059	0.026007	1.485185
2011	0.406697	0.773144	0.300103	0.158406	0.00000063	0.029489	1.66784
2012	0.43039	0.788231	0.39181	0.161848	0.00000068	0.030665	1.802944

注：均衡生态足迹需求（面积）是用人均生态足迹面积乘以均衡因子（当量因子）获得。

① 黄涛：《广州市2008年生态足迹核算与分析》，《广东化工》2013年第6期。

② 魏静：《1995—2004年河北省生态足迹分析与评价》，《干旱区资源与环境》2008年第6期。

表 5—15　　东江源 2009—2012 年人均生态足迹供给

年份	耕地	草地	林地	水域	建筑用地	总面积
2009	0.060176	0.00000667	0.525552	0.00055	0.030578	0.616863
2010	0.055435	0.00000659	0.555511	0.000543	0.030348	0.641843
2011	0.0505442	0.00000647	0.65625	0.000533	0.029973	0.7373075
2012	0.045728	0.000006	0.721599	0.000525	0.029671	0.797529

注：均衡生态供给是用人均承载力乘以均衡因子（当量因子）再乘产出因子（产量因子）所获得，这里的均衡生态供给是人均总量，是还没有扣除 12% 的生物多样化面积。

表 5—16　　东江源 2009—2012 年生态足迹供需情况

年份	总人口	人均生态需求	人均生态供给	人均生态赤字/盈余	总生态需求	总生态供给	总生态赤字/盈余
2009	879761	1.437863	0.542839	0.895024	1264975.791	477568.5815	787407.2093
2010	890987	1.485185	0.564822	0.920363	1323280.528	503249.0593	820031.4683
2011	906881	1.66784	0.648831	1.019009	1512532.407	588412.5061	924119.9009
2012	910575	1.802944	0.701825	1.101119	1641715.73	639064.299	1002651.43

3. 东江源地区单位万元 GDP 的生态足迹变化趋势分析（2009—2012）

从图 5—1 可以看出，2009—2012 年，单位万元 GDP（将人均生态足迹除以人均 GDP）的生态足迹趋势为逐渐下降。2009 年东江源地区人均万元 GDP 所占用的足迹为 1.58599 公顷，到 2012 年已经下降到 1.35072 公顷。万元 GDP 的足迹需求越大，则反映资源的利用效益就越低；反之，则资源利用效益越高。这也就表明东江源地区在经济增长过程中，在对自然资本总量需求增加的同时，实际对生态资源的依赖程度在下降。这体现了其他类型资本（人力资本、人造资本、社会资本）在经济发展中发挥的作用日益增强；也反映出东江源地区由依靠资源向更多依靠资金、技术的产业结构升级的趋势。

并且从图 5—1 也可以明显看出，4 年间东江源地区人均生态足迹略呈较明显的上升趋势，而万元 GDP 生态足迹呈下降趋势。这说明，东江源地区总体上经济发展的资源利用方式在逐步由粗放型、消耗型转为集约型、节约型。但是生产活动中还应进一步注重提高资源转化效率，人们生活消费也还没有迈入生态节约型的消费模式，需要进行广泛的生态文化宣传，在全社会提倡生态消费。①②

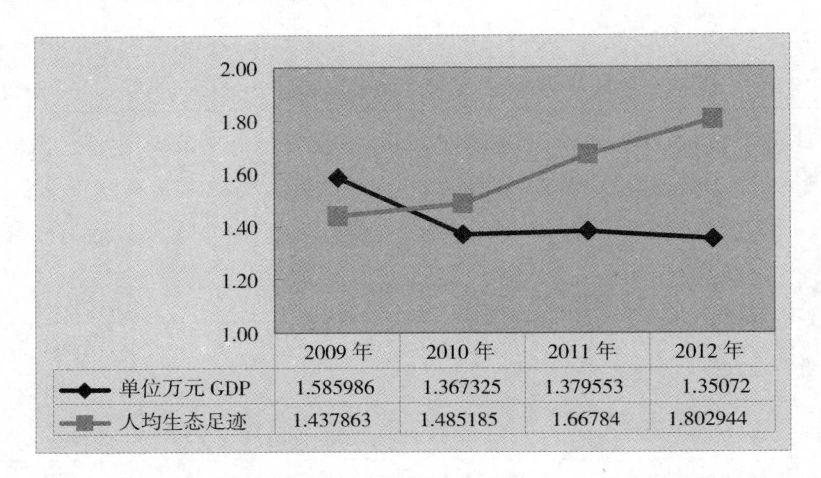

	2009年	2010年	2011年	2012年
单位万元GDP	1.585986	1.367325	1.379553	1.35072
人均生态足迹	1.437863	1.485185	1.66784	1.802944

图5—1　2009—2012年东江源地区单位万元GDP和人均生态足迹趋势

三　源区环境承载力结论分析

生态足迹模型主要侧重从生态角度衡量人类对自然资源的利用程度，为不同国家或区域的足迹对比提供了较好的思路和途径。本文应用生态足迹分析方法，对东江源地区2012年生态足迹作了案例分析，研究结果表明存在1.101119公顷/人的生态赤字。人均生态足迹约为可利用的人均生态承载力2.6倍。生态赤字表明了东江源地区对自然生态资源的消耗远远超出了其生态承载力供给的范围。草地、耕地、林地是东江源生态赤字最主要的组成部分。并对东江源地区2009—2012年生态足迹变化纵向分析，2009—2012年，东江源地区人均生态足迹消费变化（见表5—14至表5—16），呈明显的增长态势，总的生态足迹大，东江源地区总生态足迹呈现增长趋势，对环境影响规模日益扩大。东江源地区生态足迹需求远远

① 黄涛：《广州市2008年生态足迹核算与分析》，《广东化工》2013年第6期。

② 郭秀锐、杨居荣、毛显强：《城市生态足迹计算与分析——以广州为例》，《地理研究》2003年第10期。

大于生态足迹供给。人均生态赤字逐渐增长，显现东江源地区生态赤字显著，生态环境压力增加，东江源地区当前可持续性较弱。认为东江源地区经济发展对生态环境压力不断增加，东江源地区发展的可持续性正逐年下降，东江源地区目前的经济发展是以耗竭自身资源或其他区域的自然资产为基础的。

近十多年来，赣州市人民政府、东江源三县围绕包括东江源头区域33条小流域进行综合治理、垃圾处理场、污水处理场、稀土尾矿处理、生物有机肥等重点修复治理工程建设。为改善生态环境，源区三县对东江源区实施公益林、退耕还林、沿江防护林、生态经济林、生态果园等多种途径，保护源区生态环境，重视治理水土流失[①]。由于东江源县仍属于欠发达地区，城镇化处于起步阶段，人均GDP水平低，但发展潜力大。要依靠科技进步，在合理利用现有资源的基础上，寻求高效节约的可持续发展道路，是今后东江源三县各类生产性土地资源利用的主导方向。同时，东江源三县的可持续发展必须以与下游地区共同进步为基础，重视与获得下游地区的大力支持与配合，得到相应的生态补偿具有必要性。根据生态足迹和生态承载力计算，可以作为计算生态补偿的依据。据此可建立水源保护区生态补偿标准的计算模式，作为对确定生态补偿标准的一种尝试。具体可以通过计算东源担负的保护水源与维系周边区域生态系统平衡的任务相关承载力的面积，与生态足迹效率的乘积来确定生态补偿的标准。

第五节　东江源区生态环境功能退化的干扰体与原因

一　生态环境功能退化及主要干扰因素[②]

生态退化是生态系统运动的一种形式，它是由生态基质、内在的动能因素和外在干扰共同作用的结果，是生态系统内在的物质与能量匹配结构

① 龚建文、张正栋：《基于生态足迹模型的区域可持续发展定量评估——以东江流域东源县为例》，《生态环境学报》2009年第9期。

② 李志萌：《保护区生态环境功能退化的成因与对策——以东江源国家级生态功能保护区为例》，《鄱阳湖学刊》2012年第3期。

的脆弱性或不稳定性以及外在干扰因素共同作用的产物。[①] 引起生态系统结构和功能变化而导致生态系统退化的原因有很多，干扰作用主要的原因是干扰打破了原有生态系统的平衡状态，使系统的结构和功能发生变化并形成障碍，造成破坏性波动或恶性循环。生态环境退化充分表现在土地开发利用的过程中，过度开发造成的破坏使生态系统健康状况下降。

干扰的强度和频度决定生态系统退化程度，人口增长、农业活动、工业与城市化活动等，它们对生态环境的影响是多方面的，深远的，不确定的。人为干扰因素因区域不同而异，并与社会发展水平、产业结构特征及生产手段和方式有关，人为干扰往往叠加在自然干扰之上，共同加速生态环境的退化，而一些生态脆弱区的人为干扰因素往往对生态退化起着加速和主导的作用。[②]

不合理的人类开发与建设活动对流域、区域生态系统破坏严重。随着经济社会的快速发展，对水、土地和生物资源的开发利用强度日益加大，人为的开发活动已经成为生态环境不断恶化的重要因素。一是经济粗放增长。粗放的经济增长方式是导致生态环境恶化的重要原因。如我国人均资源占有量不到世界平均水平的一半，但单位 GDP 能耗、物耗，单位 GDP 的废水、废弃物排放量均大大高于世界平均水平。二是外来因素的冲击。经济贸易往来的加强，客观上增加了地区生态环境遭受外来因素影响的风险，增加了外来有害物种入侵风险。三是生态保护基础薄弱。目前我国尚未建立完整的全国生态环境监测网络，不能对生态环境现状作出客观、全面的评价。一些生态产业在税收、政策等方面缺乏国家的政策支持。生态保护投入严重不足，41%的自然保护区未建立管理机构[③]，广大农村地区环境基础设施建设严重滞后。四是管理体制不全。生态保护管理与执法监督体系不健全，生态保护相关法律、法规、政策、标准不完善。生态环境管理体制不顺，环保部门难以发挥统一监管作用，生态保护能力建设落后。

---

① 陈声明等：《生态保护与生物修复》，科学出版社 2008 年版。

② 王权典：《基于主体功能区划自然保护区生态补偿机制之构建与完善》，《华南农业大学学报》（社会科学版）2010 年第 1 期。

③ 国家环境保护总局：《全国生态保护“十一五”规划》，http：//www.china.com.cn/policy/txt/2006—11/08/content_ 9252600_ 2.htm，2006 - 11 - 08.

表 5—17　　自然对生态系统干扰的方式与效应

自然干扰体	干扰方式	效　应
物理因素	火灾、冰雹、风暴、洪水等大气干扰、地质干扰	有资源基础的有效性或物理环境发生改变
生物因素	捕食、放牧、病虫害侵袭	物种的消失、动植物种类减少

表 5—18　　人类对生态系统干扰的方式与效应

人为干扰体	干扰方式	效　应
传统劳作方式	对森林植被的砍伐与开垦	植被退化，水土流失加剧，区域环境恶化；生态多样性破坏
工业污染	工业废气、废水污染、工矿开采	造成水质、空气质量下降；酸雨、生态环境恶化等
农业污染	农药化肥面源污染	土地污染、板结退化；污染水体
生活污染	生活垃圾	污染水质、土壤
新干扰形式	超承载量人流的旅游、探险活动	污染，旅游资源退化

东江源区作为一个自然、社会、经济复合系统，它包括社会经济子系统、自然子系统这两个子系统。自然因素和人为干扰为本地区生态环境退化的两大驱动力。从自然的角度来看，区域的地质地貌，气候和水文等的异常变化是生态系统不稳定性和退化的自然成因，包括地质干扰、大气干扰和生物干扰等。① 从人的角度看，人为的干扰包括源区居民的生产、生活和其他社会活动形成的干扰体对自然环境和生态系统施加的各种影响，包括矿山开采有毒化学物释放与污染、森林砍伐、植被过度利用等人为活动因素对生态系统的影响，属社会性的压力。目前在工业化、城镇化加速发展的背景下，减少干扰的强度和频度，进行保护区生态功能的系统性保

① 包维楷、刘照光、刘庆：《生态恢复重建研究与发展现状及存在的主要问题》，《世界科技研究与发展》2001 年第 23（1）期。

护尤其重要。[①]

二 东江源区生态环境退化的原因及面临问题

1. 矿山粗放开采，生态修复任务繁重

东江源区稀土、钨、铁等矿藏丰富，采矿业经济效益明显，已成为源区县的支柱产业之一。源区县内矿产开采工艺落后，规模小，数量大，且相对集中在水量充足、交通便利的河流两侧。据相关资料表明，2009 年度有矿山 153 个，从业人员 6163 余人，年产矿 684 万吨。目前，东江源区内现有矿山 214 个，采矿迹地 5376 平方千米，废弃矿区面积 1755 平方千米。作为一个例子，寻乌县的矿场，近几年每年以 11 平方千米的速度增加。目前三县急需复垦的矿区 46. 21 平方千米，废石堆放 2. 04 亿吨，尾沙排放累计 4. 15 亿吨。计划经济时代，国家因开采矿山就遗留了大量的矿渣未作处理；近十几年的稀土矿山开采，进一步造成了大量尾砂流入，导致河床淤塞。寻乌县斗晏水库 1998 年河床最低处为海拔 165 米，2008 年就抬升到了 188 米，年均增长 2. 3 米。据 2007 年遥感数据，源区三县矿场总面积是 2115. 2 平方千米（图 5—2）。

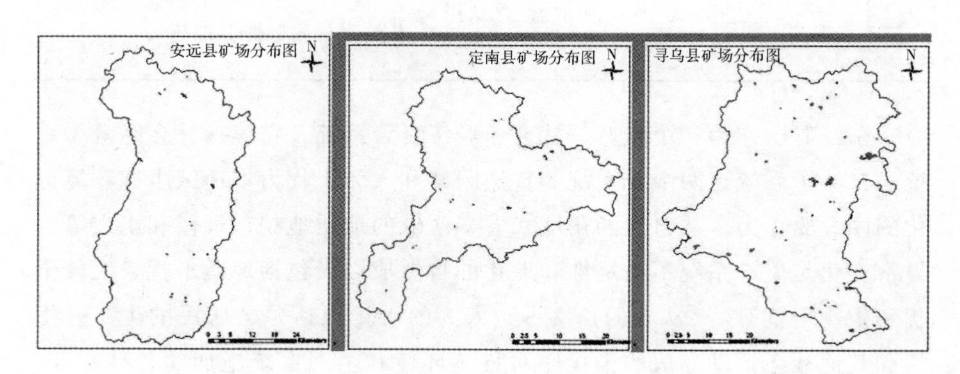

图 5—2 安远、定南、寻乌三县现有矿场遥感分布图及总面积

稀土矿的大面积开采不仅消耗大量水资源，而且大量的废水、尾砂直接排入河流中，造成土壤酸化、水土流失、泥石流等生态灾害。同时，由

① 李志萌：《保护区生态环境功能退化的成因与对策——以东江源国家级生态功能保护区为例》，《鄱阳湖学刊》2012 年第 3 期。

于本区为酸性红壤土，加之矿山开采中大量使用草酸液，使得土壤、水体酸度增大，影响水生生物的生长和植被的恢复，矿山废弃地难以自然恢复，沙漠化严重。

表5—19　　2009年度源区三县矿产资源开发利用情况表

	矿山企业数					从业人员（个）	年产矿量（万吨）	实际采矿能力（万t/a）	工业总产值（万元）	综合用产值（万元）	矿产品销售收入（万元）
	合计	大型	中型	小型	小矿						
安远	64	1		56	7	1219	206.32	206.11	65411	6.00	9595.8
定南	63		12	33	18	3545	325.8	335.4	138509	5.00	20602.22
寻乌	26			25	1	1399	152.42	157.8	73215	5.00	10779.6
合计	153	1	12	114	26	6163	684.54	699.31	277135	16.00	40977.62

2. *森林的生态功能较低，水土流失严重*

生态经济功能最好的森林是原始林和天然化经营的人工林。人工林必须天然化经营，其生态经济功能才会最优。天然次生林生态系统靠自身演替达到生态经济功能最优，过程极其缓慢，江西东江源区内天然次生林没有得到很好的经营，加上盗伐林木、毁林种果、发展桉树人工林，农村生产、生活用柴消耗和木材加工业的发展等，就造成了森林面积虽然很大，但生态经济功能很差，涵养水源、保持水土等效益较低的后果。由于种种原因，使得源区三县天然林资源的涵养水源、保持水土的功能明显下降。由于东江源区的50万公顷森林资源没有得到较好的经营，使得这一优势资源既没有发挥应有的经济效益，也没有发挥应有的生态效益，这与国家的天然林相关补偿偏低直接相关。

森林生态功能低，使源区水土流失加重，流失面积较20世纪50年代增加10倍以上。2007年东江源区三县水土流失总面积85370公顷，其中：轻度流失32088公顷，占37.59%；中度流失面积25411公顷，占29.77%；重度流失面积27871公顷，占32.64%（见图5—3）。同时水土流失又是面源污染物传输的载体，是造成水质恶化的重要原因。近年来，虽然源区三县加大了水土流失治理的力度，但由于森林林分结构的不合理，并没有根本上遏止水土流失加重的趋势。

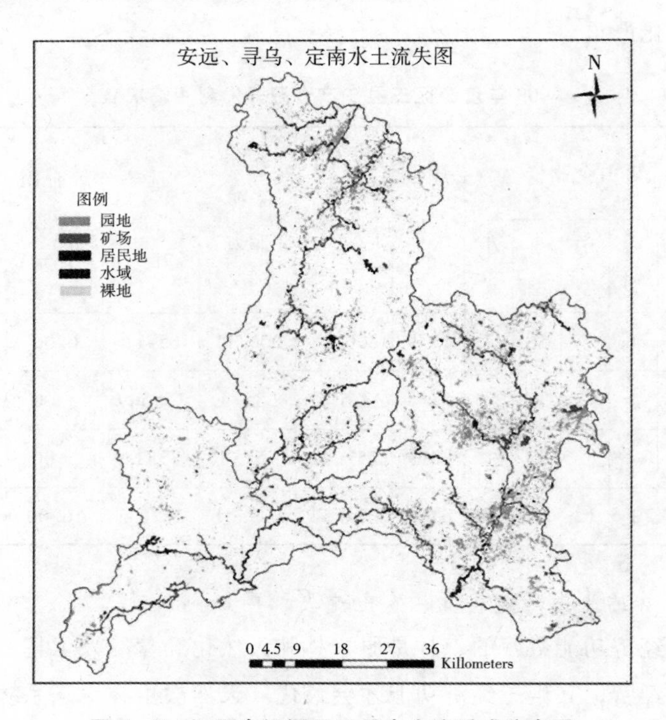

图 5—3　江西东江源区三县水土流遥感分布图

3. 农业面源污染加大，土地承载力超限

随着经济的发展和人口的增加，农村面源污染急剧增加。污染物主要来自化肥、农药、农膜、禽畜粪便等。

2009 年三县果园面积合计 5.28 万平方千米（79.25 万亩）。2009 年源区三县整个农药施用量达年 56.7 公斤/平方千米，化肥施用量（折纯）达 754.3 公斤/平方千米。农用化肥（折纯）总用量 39831 吨，农药（折纯）总用量 2995 吨，地膜总用量 444 吨，三县人均化肥使用量 50.03 千克，农药使用量 3.47 千克、地膜使用量 0.63 千克。根据资料显示，源区三县 2006 年、2009 年使用的化肥、农药、地膜趋势虽然有递减的趋势，但用量还是过大（见表 5—20）。

脐橙、柑桔类果树，易发锈壁虱、红蜘蛛、夜蛾、螨类黄龙病、溃疡病等危害，果农从春萌到清园，必须每隔 10—15 天打一次农药，一个生产季节要打 15—20 次。源区三县虽然极力推广生物防治技术等，但山地果园难以推广，长此下去，农药残留必然随着雨水淋溶到水体中。但在东江源区，不让农民发展果园也是困难的，这是由于果业收入占源区农民年收入的 60% 以上。

表 5—20　2005 年、2009 年东江源三县化肥、农药、地膜使用量

县名	乡村人口（万人）	2005 年			2009 年		
		化肥（吨）	农药（吨）	地膜（吨）	化肥（吨）	农药（吨）	地膜（吨）
寻乌	27. 3	19645	1056	345	18996	993	146
安远	30. 5	12368	1810	410	16319	1915	172
定南	16. 7	4380	68	93	4516	87	126
合计	74. 5	36393	2934	848	39831	2995	444

资料来源：根据东江源区三县统计资料整理。

同时，农地承载超限。源区农村人口多，耕地不足，土地生产力低。按人均每年拥有粮食 400 千克计，源区已超载十余万人，有可能达到 16 万人（见图 5—4）。

4. 江河径流减少，水质出现恶化

随着工业化、城镇化进程的加快，以及人们生活消费方式改变，工业“三废”、城镇及农村生活污水、垃圾，加重了源区县的环境污染。据斗晏电站资料，2010 年与 1990 年相比，汇入东江的年平均径流量减少了 6%，同时水质变差。马蹄河上游和寻乌水中游大肠杆菌群超标的情况时有发生。根据赣州市环境监测站监测结果，东江 4 个出境断面中，斗晏电站水质长年为Ⅲ—Ⅴ类，定南城下水体接纳的废水，除生活污水外，还有选矿废水和化工废水，氨氮超标严重，出现劣Ⅴ类水质。源区生活污水排放量增长速度快。2010 年源区内生活污水排放超过污水排放总量的 50%，较 2000 年增加 50% 左右。

小水电建设。无序的小水电建设影响着水资源涵养，源区各县小水电站超过了 200 个，且势头不减。小水电无序开发造成下泄水量减少、流速减缓，水体自净能力下降。这些小水电在建设中往往没有很好地采取环保

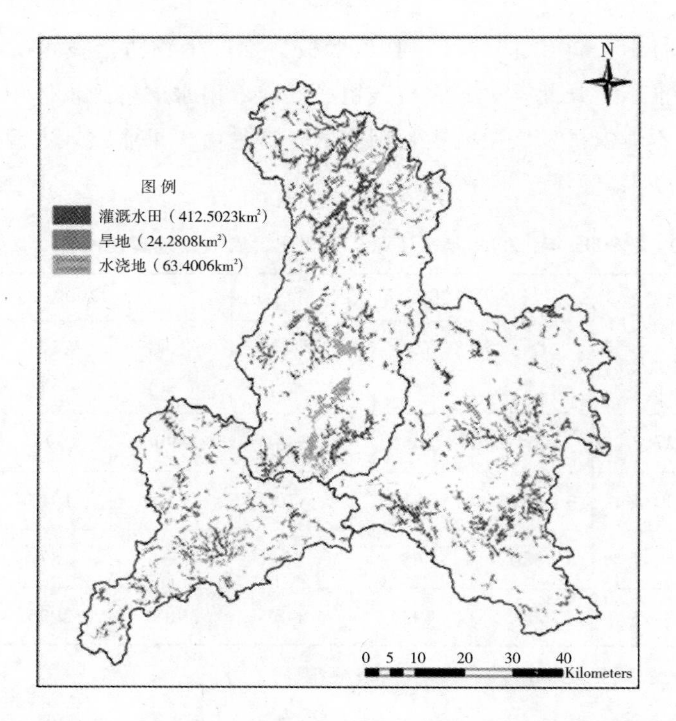

图 5—4　江西东江源区安远、寻乌、定南三县农田遥感分布图

措施，造成植被破坏、水土流失、河床抬高。

源区三县属落后的，源区三县迫切要求发展经济的愿望十分强烈。属于中、下游的广东的经济越是发展，上游跟进的冲动越大。同时紧邻的粤港和闽台经济区，一些高污染、高耗水和高能耗的传统企业也有向该地转移的趋势，如电镀厂落地转移。源区水污染呈加重趋势。据监测显示：20世纪80年代，寻乌水pH、挥发酸等17项指标全部达到国家Ⅰ类水标准。而近几年17项指标只达Ⅱ类水标准，部分河段为Ⅲ类，甚至Ⅲ类以外①。据江西省水利厅近年的公报，江西与广东交界的寻乌水斗晏断面水质为Ⅳ类水，属轻度污染，主要受到寻乌县石排河段工矿企业排污、斗晏水库库区养鱼投料等影响；定南水长滩断面属于Ⅴ类水，属重度污染，主要受到上游来水、养殖企业排污等影响。

---

① 刘良源、李玉敏、李志萌等：《东江源区流域保护和生态补偿研究》，江西科学技术出版社2011年版。

表 5—21 寻乌水、定南水界河断面 2010 年水质水量状况表

河流	水质站名	断面位置	指标	1月	2月	3月	4月	5月	6月	7月	8月	9月	10月	11月	12月
寻乌水	斗晏	江西与广东交界	流量 (m^3/s)	32.8	32.8	32.8	32.8	253	32.5	32.5	32.5	32.0	33.5	32.5	32.3
			水质类别	劣Ⅴ类	劣Ⅴ类	劣Ⅴ类	劣Ⅴ类	Ⅲ类	Ⅴ类	Ⅱ类	Ⅲ类	Ⅲ类	Ⅲ类	Ⅳ类	Ⅲ类
定南水	长滩	江西与广东交界	流量 (m^3/s)	24.5	24.5	24.5	24.5	221	24.6	24.6	24.6	24.0	21.6	24.2	24.5
			水质类别	Ⅴ类	劣Ⅴ类	Ⅳ类	Ⅲ类	Ⅲ类	Ⅳ类	Ⅱ类	Ⅲ类	Ⅱ类	Ⅲ类	劣Ⅴ类	Ⅲ类

数据来源：江西省水利厅网站。

5. 资源环境约束加重，发展压力加大

源区各县的土地、人口、资源、环境系统问题明显：第一，人多地少，人地关系矛盾突出。由于经济社会的发展而占用耕地，耕地以年均2.04%的速度递减，人均耕地已由1996年的0.71亩下降到2010年的0.623亩，从而加剧源区固有的人地矛盾。第二，土壤肥力不足，保水性差，导致土地产出水平低。据调查，源区耕地有机质平均含量为1.062%，全氮含量平均为0.065%，速效磷含量平均为5.14毫克/升，均处于中下等水平，土壤肥力明显不足。自然灾害频繁，山区降雨多且集中，洪灾频繁，加之霜冻等自然灾害，常导致农作物减产。第三，城镇化率低，对农村经济的辐射、带动作用不大，不利于劳动力的转移、吸纳，给源区产业结构调整和生态环境保护造成了极大的困难。

第六章　东江源区生态系统功能及生态服务价值核算与评估

东江源区生态系统具有不可替代性、服务性与脆弱性等生态属性，具有提供淡水、渔业、发电、净化环境及提供良好旅游景观等多方面的功能，东江源区各项功能的强弱与流域的特征和自然社会条件（如气候、土地覆盖、土壤、地下水、水系及社会经济因子）有关，东江源区与东江流域系统的这些功能是相互联系的，它们相互联系构成综合系统的流域整体功能。在流域开发，保护和管理中必须重视这些功能之间的相互联系。东江源区生态系统的自然属性，结合社会需求，进行功能区划，确定各功能区域的主导功能或功能顺序，以实现东江流域的保护和可持续利用。

第一节　东江源区生态系统功能及生态产品生产的概况

一　源区自然系统的生态服务功能

东江源区自然系统就是一个完整的生态系统，是一个具有一定结构功能和自我调节的开放系统，能量流动、物质循环和信息传递是自然生态系统的三大功能。源区自然系统的能量流动和物质循环是沿着食物链进行的，同时伴随着各种信息的传递。在源区生态系统中，水是能流与物流的介质，对调节气候和净化环境起着重要作用；森林是源区生态系统的主体，具有涵养水源、保育土壤等多重生态功能和价值。[①] 源区生态系统就是通过能量流动、物质循环和信息传递把各个组成部分紧密结合成为一个

---

① 东江源区森林资源价值核算与评估，http：//www. docin. com/p—455226277. html.

有机的整体，并成为自身运动，变化和发展的动力。上述源区自然系统的能量流动，物质循环和信息传递等功能主要通过流域生态系统的服务功能表现出来。生态系统服务功能是指生态系统与生态过程所形成及所维持的人类赖以生存的自然环境条件与效用。[①] 它为人类生存提供食品和生产生活原料，创造与维持地球生命支持系统，形成了人类生存所必需的环境条件。源区生态系统的服务功能包括有机质的合成与生产、生物多样性的产生、有害有毒物质的降解、减轻自然灾害等许多方面。[②] 东江源区建设生态文明，加大自然生态系统和环境保护力度的核心是提高生态系统的服务功能，增强生态产品的生产能力。生态产品就是良好的生态环境，包括清新空气、清洁水源、宜人气候、舒适环境等，保持良好的水源涵养功能和增强森林生态功能是提升东源区生态系统功能的关键。

表 6—1　　流域自然系统的主要生态服务功能

生态服务功能类别	主要生态功能	举　　例
食物生产	总初级生产中可作食物的部分	鱼、猎物、作物、果实捕获与采集、给养农业或渔业生产
原材料	总初级生产中可作原材料的部分	木材。燃料和饲料的生产
森林	涵养水源、保育土壤、固碳	保持水质、净化空气、防止水土流失等
水分调节	调节水文过程	由集水区、水库和含水层调节水分
水分供给	水分的保持和储存	为农业、工业或生活等提供用水
控制侵蚀和土壤保持	土壤的形成与保持	防止径流、风蚀和其他运移过程的生物措施
养分循环	养分存储、内循环、转化和获取	氮、磷养分循环
气体调节	大气化学成分调节	CO_2/O_2 平衡

① 欧阳志云、王如松：《生态系统服务功能、生态价值与可持续发展》，《世界科技研究与发展》2000 年第 5 期。

② 邓永红：《大围山自然保护区森林生物多样性生态服务功能评价》，《林业调查规划》2006 年 10 月 30 日。

续表

生态服务功能类别	主要生态功能	举　例
气候调节	调节温度、降水以及其他受生物影响的局部气候过程	温室气体调节
干扰调节	对环境波动的容纳、延迟和整合能力	湿地恢复
净化环境	移动性养分的恢复、过剩或有毒物质的转移或分解	废弃物处理、污染控制和解除毒性
生物多样性的维持	流域典型生态系统及特有物种	自然保护
休闲与文化	提供休闲娱乐机会	生态旅游、钓鱼活动和其他户外娱乐活动、美学、教育和科学研究

注：刘良源、李玉敏、李志萌等《东江源区流域保护和生态补偿研究》，江西科学技术出版社 2011 年版。

二　源区经济社会系统的功能

东江源区经济社会发展的过程是人们通过有目的的生产活动，使自然界的物质转变成能够满足人们需要的新产品。社会生产作为连续不断的循环运动过程，是生产、分配、交换和消费四个环节的辩证统一，这四个环节在实践中交织和凝结成为一个有机的整体。经济社会系统的结构和生产过程，实质是物质循环、能量流动和信息传递的过程，也是价值流沿交换链循环与转换的过程。源区生产力是自然要素、经济要素和人的综合。人们都希望在经济活动中投入最小，产出最大。在流域系统中，产出要靠流域生产力来保证，如果我们把源区系统结构中地貌水文结构因其自然属性视为“硬结构”，源区“硬结构”中蕴含着潜在的生产力，包括向流域保证灌溉的能力，提供水能的能力，承受旅游容量的能力，提供水资源及土地的能力等。而经济社会结构因其人影响因素视为“软结构”，包括发展经济和社会事业所需的具有劳动能力的人口，他们对源区其他因素施加影响，产生正、负效应。人作为物质资料的生产者和消费者，物质资料的生产必须同人口的生产相适应。

三　源区自然—社会经济复合系统的功能

源区自然—社会经济系统的生产和再生产过程是物流、能流、信息流、资金流的交换和融合过程。源区自然—社会经济系统的物质循环是生态系统物质循环和经济系统物质循环的有机结合和统一。源区自然—社会经济系统的能量流动是单向的，但能量流动与物质循环的渠道是一样的。要科学地调度物流、能流和价值流，采取科学的调控手段，来达到源区自然—社会经济系统可持续发展的目的。充分发挥源区生态系统的功能，发挥流域的生态效益，最大限度地发挥潜在生产力作用，并使其得到充分的补偿，使源区“硬结构”不至于遭到破坏，“软结构”不断得到改善。

江西东江源区三县，山地面积占总面积的90%；有林地总面积50.2545万平方千米，森林覆盖率达到80%左右，比相邻的广东省高出23.3个百分点，比江西全省高出19.6个百分点；这里多年平均降水量1600毫米/年，水资源总量60亿立方米；源区河网密布，平均河流密度0.72千米/平方千米；源区还有丰富的生物多样性，优美的自然景观。这就是源区的自身优势，要充分发挥这种优势，通过生态服务市场化，即通过市场机制将原来游离于市场之外的、无偿享用的某些生态效益纳入市场，进行交换，从而为生产者带来收益（侯元兆2008）。

东江源区提供生态环境服务是伴随着在流域上的生产活动（如农业、林业）而提供的。一般来说，东江源区可以提供水土保持、生物多样性和森林土地碳固定等生态环境服务贡献。根据东江流域植被和使用方式的差异，可能提供表6—2中不同的生态环境服务贡献组合。

表6—2　　东江源区提供的生态环境服务贡献表

东江源区提供的生态环境服务	生态环境服务的使用者			
	流域当地	流域下游	全国	世界
流域水土保持（保持土壤、肥力）	V			
水流调节（防洪、枯水季水流增加）	V	V		
水质提高（河道湖泊淤积减少、水浑浊度低）	V	V	V	

续表

东江源区提供的生态环境服务	生态环境服务的使用者			
	流域当地	流域下游	全国	世界
景观价值（游憩）	√		√	
关键生态功能保护（候鸟中转地、消化屏障、地下水保持区或其他未知的生态系统功能）			√	√
碳固定（森林立木）			√	√
生物多样性保护（野生动植物栖息地）			√	√

长期以来东江上下游之间，特别是江西源区与广东境内沿线地区之间在东江水源保护方面做了积极的保护工作，尤其是以东江源区国家级生态功能保护区的建设，明确了主导生态功能的定位于维系国家生态安全的重要江河源头水源涵养保护区，辅助生态功能定位于生物多样性。依据功能区分指导思想和分区原则，结合东江源区的地形地貌、水系、生境，将江西东江源区划分为以下 3 个生态功能区：

一是中低山林地为主的水源涵养区。位于安远县南部、定南县北部和寻乌县北部，地处东江源头；包括安远的凤山、镇岗、新园、鹤子和孔田 5 个乡，定南的迳脑乡和龙头乡，寻乌的三标乡、吉潭乡和项山乡；辖区土地面积 1350 平方千米，占东江源区土地面积的 38.3%，人口密度为 170 人平方千米。

二是低山丘陵灌草为主的水质保护区。土地总面积 900 平方千米，主要位于定南县城，占东江源区土地面积的 25.5%。人口密度约为 181 人平方千米，包括 7 个乡镇。

三是低山丘陵林地为主的水质保护区。面积为 1274 平方千米，主要位于寻乌县城，占源区土地面积的 36.2%。年流入东江的水资源为 18033 平方千米。

第二节　东江源区森林资源及其价值评估

森林是陆地生态系统的主体，具有涵养水源、保育土壤等多重生态功能和价值，合理核算和评价森林生态资源价值，就是要客观反映森林的多种价值，研究源区森林的各种物质效益和环境生态效益、社会效益，致力于树立一种与可持续发展理念相吻合的森林价值观，为东江源区森林保护和利用提供科学依据。[①] 森林生态服务具有“公共商品”的特点，合理评价源区的森林生态服务价值，创新东江源区森林资源保护和利用机制，将有效促进东江流域生态保护与经济社会的可持续发展。[②] 森林涵养水源，保持东江优良的水质和充足的水量，直接关系到香港和珠江三角洲4000万居民的生活和工农业生产，对香港的稳定、繁荣和珠江三角洲的可持续发展，具有特别重要的意义和作用。

一　源区森林生态系统

东江源区位于我国武夷山南岭东端余脉山地，为江西境内的一组山体，长期以来受东亚季风气候孕育，形成中亚热带植物区。东江源区地处中亚热带向南亚热带过渡地带，气候温暖，土地肥沃，为植物生长提升了有利条件。因此，植物资源丰富，植被类型繁多，主要类型有常绿阔叶林、常绿落叶阔叶混交林、针阔混交林、针叶林、山顶矮林、山地草甸等。[③]

东江源区现已查明的高等植物有273科384属2260多种，约占江西省高等植物种类的44%。占全国高等植物种类的30000种（傅立国，1991）的7.5%。动物种类繁多，东江源区有野生脊椎动物387种。我国南岭山地东江源区的常绿阔叶林区孕育着世界级的珍稀特种，也是众多昆虫繁衍生息的理想场所。由于东江源区的动植物和谐稳定生长繁衍，是科学研究和科普教育的生态示范基地。每年接待香港和内地各大专学术的师生前来参观实践，丰富了广大青年的地学、林学、生态、环境、生物多样性方面的知识，增强了他们珍惜、保护生态环境的能力，达到了保护东江

---

① 林家淮、欧书丹、刘良源：《东江源区森林涵养水源、固碳制氧价值估算》，《江西科学》2009年第4期。

② 李志萌、李志茹、刘平等：《东江源区森林资源价值核算与评估》，《科技计划成果》2010年第7期。

③ 王明方、曾桂清、马小勤等：《峡江县森林涵养水源和保育土壤价值核算》，《中国林业经济》2012年3月10日。

源水资源的目的。按照国家《森林资源规划设计调查主要技术规定》的有关规定，测算出源区森林面积为303617公顷，将林地分为“森林、林地、灌林地、无立木林地和苗圃地”等类型。①

森林资源是一种重要的可再生的自然资源，包括林地、林木以及各种生态资源和服务资源。因此，森林资源应包括两部分：一是直接的实物资源，包括林地资源、林木资源、林中其他植物资源、野生动物资源、林中的水体、岩石、矿物等非生物资源；二是间接资源，这部分资源主要由于森林的存在而产生环境、气候、观赏、旅游和森林文化等资源。②

二　东江源区森林资源价值核算③

综合国内外研究成果，我们可以从四大模块构建森林资源核算体系，即林业用地资源、林木资源、森林生态服务资源以及森林社会效用资源。根据东江源区森林生态特点和森林主导功能进行切合实际的构建核算内容体系。根据不同的森林资源价值核算内容、指标，采用现行市价法、重置成本法、收益现值法、简易地价法和年金资本法等不同的方法进行核算。④

1. 林地价值估算

按照国家《森林资源规划设计调查主要技术规定》的有关规定，源区森林面积为303617公顷 。由于林地种类繁多，为了简化计算，对源区内的林地（毛竹林、经济林除外）统一采用年金资本法进行估算。计算公式为

$B_U = R/P$ 式中：B_U——林地评估值；R——林地年平均地租收益；P——利率

根据目前当地林地地价，综合确定林地租金为375元/公顷·a，年收

---

① 李志萌、李志茹、刘平等：《东江源区森林资源价值核算与评估》，《科技计划成果》2010年第7期。

② 林家淮、欧书丹、刘良源：《东江源区森林涵养水源、固碳制氧价值估算》，《江西科学》2009年第4期。

③ 李志萌等：《东江源区森林资源价值核算与评估》，《中国科技成果》2010年第7期。

④ 同上。

益率取6%。经估算，源区内林地平均价值为约16.8亿元/a。

2. 森林生态系统价值

立木（含立竹）价值。根据江西省“十一五”期间森林资源二类调查资料显示东江源区活立木总蓄积量为896.32×10^4立方米，活立木价值=立木蓄积×出材率×单位纯收益，经测算，东江源区现有森林资源立木价值为25.96亿；源区内毛竹林面积为6.83×10^4平方千米，其价值测算（包括林地）采用收益现值分段法进行。经测算，源区内现有毛竹林资源总价值为18.92亿元。源区内立木（含立竹）总价值为44.88亿元。

经济林价值。源区经济林面积2.83×10^4平方千米，其价值采用单位纯收益进行测算。经测算，源区内现有经济林资源总价值为20.14亿元。

林木价值核算，立木（含立竹）和经济林价值相加，得东江源区森林生态系统的直接经济价值总量为65.02亿元。

3. 森林生态服务资源核算，主要包括森林涵养水源和净化水质价值[①]

涵养水源价值。林区降水量等于森林涵养水源总量、地表径流量和林区蒸散量之和。根据我国对森林蒸散量的研究，假设源区降水量的60%通过蒸散消耗掉，则源区森林涵养水源量为1943148800吨。通过水库影子工程费用成本5.714元/立方米，核算森林涵养水源的价值为11103152233.2元/a，近似111.03亿元/a。

净化水质价值。根据北京林业大学水土保持学院提供的资料，水源涵养保护的水，水质达到生活用水标准。水源涵养林净化水质的价格取1.0元/立方米，可以设定，林区拦蓄的降水除60%用于树木蒸散外，其余均变为地下径流。因此，森林净化水质的价值为1943148800元/a，近似为19.43亿元/a。

涵养水源价值和净化水质价值相加，得森林涵养水源和净化水质的价值为130.46亿元/a。

4. 森林保育土壤价值

减少土地损失价值。源区森林面积303617公顷。森林减少土地损

---

① 黄水生、姜爱萍、李志萌、陆建秀、刘良源：《东江源区森林水源涵养、吸收二氧化碳和释放氧气价值核算》，《江西农业学报》2009年第12期。

失面积 308.78 公顷/a，因为土壤流失的结果使这些土地失去生产力，因此，森林减少土壤流失保护土地的价格应用林区土地租金 375 元/公顷计算，计算出森林减少土地损失的价值为 1157917.5 元，近似为 115 万元/a。

减少土壤肥力损失价值。根据源区森林每年可减少土壤流失为 308.78 平方公里/a，依据相关公式计算出源区森林减少土壤肥力损失的总价值为 3625.83 万元/a。

减少泥沙淤积的价值。东江源区有森林 303617 公顷（3036.17 公顷），这些森林减少泥沙淤积量为 1018847.5t（3036.17m^2 ×335.57t/km^2 · a），森林减少泥沙淤积的经济价值为 7451743.0 元/a，近似为 745 万元/a。

减少土地损失价值 + 减少土壤肥力损失价值 + 减少泥沙淤积的价值，得出源区森林保育土壤的总价值为 4485.83 万元/a，近似 0.45 亿元/a。

5. 固碳制氧及转化太阳能的价值

CO_2 固定和 O_2 释放价值。森林生态系统通过光合作用与呼吸作用与大气交换 CO_2 与 O_2，从而对维持大气中的 CO_2 与 O_2 的动态平衡起着不可替代的作用。根据光合作用法计算得，东江源区森林每年固定 CO_2 的数量为 343043.69t（211755.37t × 1.62gCO_2），提供 O_2 的数量为 254106.44t。用平均造林成本 240.03 元/立方米，折合 260.09 元/tCO_2，得出东江源区森林生态系统固定 CO_2 的价值 89222233 元（343043.69tCO_2 ×260.09 元/tCO_2），近似 8922 万元/a。

用平均造林成本法，平均造林成本 240.03 元/立方米，折合 352.93 元/tO_2，得出东江源区森林生态系统 O_2 释放的价值为 89681785 元（254106.44tO_2 ×352.93 元/tO_2），近似 8968 万元/a。

森林转化太阳能的价值。采用热值法计算，据测算江西主要林木的热值平均为 20070.17kJ/kg，东江源区森林年干物质生长量 211755.37t，故东江源区森林年转化太阳能的数量为 4249966274312.9kJ。按煤炭价 220 元/t，煤炭的热值为 29000kJ/kg 计算，则可算出源区森林每年吸收固定太阳能的价值为 3224109.4 元，近似 322 万元/a。

合计源区森林固碳释氧和转化太阳能价值为 18212 万元/a，近似 1.82 亿元/a。

6. 东江源区森林净化环境价值核算[①]

森林净化环境的主要机能是吸收有毒物质，阻滞粉尘，杀除细菌，降低噪声及释放负氧离子和萜烯物质。森林净化环境的价值一般是根据森林面积及森林对有害物质、噪声、辐射等减除能力，用影子价格法计算。

森林吸收 SO_2 的价值。采用面积——吸收能力法。根据国家环保总局南京科研所编写的《中国生物多样性经济价值评估》中的依据，森林对 SO_2 的吸收能力为：针叶树 215.6 公斤/公顷，阔叶树 88.65 公斤/公顷。根据全国生物多样性研究报告，我国削减 100tSO_2 的治理费用为：投资额为 5 万元，每年运行费 1 万元，即 SO_2 的治理费用为 0.6 元/公斤。源区针叶林的面积为 159555.4 公顷，阔叶叶林面积 105133.8 公顷，分别计算出针叶林、阔叶林吸收 SO_2 的价值为 2064 万元/a、559 万元/a，合计为 2623 万元/a。源区内竹林面积 13319.3 公顷，经济林、未成造林、灌木林、薪炭林及疏林地面积 12414.4 公顷均未计算在内，实际效益应该更大。

森林吸收氟化物的价值。源区阔叶林面积 105133.8 公顷，针叶林面积 159555.4 公顷。根据北京市环境保护科学研究院资料显示，针叶林吸收氟化物能力为 0.5 公顷。阔叶林中的葡萄、桃、苹果等果树的吸氟能力为 1.68 公斤/公顷，而加杨、刺槐、白蜡等树的吸氟能力最高为 4.65 公斤/公顷。因此，取其平均数（南方林区）3.165 公斤/公顷。其价格采用收取燃煤炉窑排污费 0.16 公斤/公顷。则源区阔叶林吸氟能力为 5.32 万元/a，针叶林吸氟能力为 1.28 万元/a。合计为 6.60 万元/a（竹林、混交林、疏林地面积同样未计算在内）。

森林吸收氮氧化合物的价值。国内对森林吸收氮氧化合物的研究资料少见，采用韩国科学技术处（森林公益机能计量化研究，1993），当氮氧化合物的发生量为 1067000t 时，每公顷森林的吸收量为 6.0 公斤/公顷。森林吸收氮氧化合物的价格采用中国污染物排污收费标准的筹资型标准的平均值为 1.34 元/公斤计算。源区有林地面积 303617 公顷，采用现行市价法计算出源区森林吸收氮氧化合物的价格为 244 万元/a。

森林阻滞降尘价值。据测定，阔叶林的滞尘能力为 10.11t/公顷 · a，

---

① 廖忠明、陆建秀、刘良源：《东江源区森林净化环境价值核算》，《安徽农业科学》2010 年第 7 期。

针叶林为 33. 2t/公顷 · a。阻滞降尘价格采用收取燃煤炉窑排污收费筹资型标准的平均值为 560 元/吨，采用现行市价法计算，得出源区针叶林阻滞降尘能力价值为 2966 万元/a，阔叶林阻滞降尘能力价值为 5952 万元/a，合计为 8918 万元/a，同样竹林、疏林地、未成林造林地均未计算在内。

森林减噪声价值。森林降低噪声的价值，是以森林杀灭病菌的费用来估算降噪价值，亦可用噪声危害健康等损害的费用和噪声危害的治理费用之和来代替，但健康的损失费和交通噪声哪样大的范围，噪声的治理费往往很难确定。本次采用影子价格法，即源区森林活立木蓄积量 8963218 立方米，乘以造林成本价 240. 03 元/立方米的 15%，计算出源区森林减少噪声的价值为 3227 万元/a。

森林灭菌价值。森林灭菌价值采用影子价格法，即源区活立木蓄积量为 8963218 立方米乘以造林成本价 240. 03 元/立方米的 20%，计算出源区森林灭菌价值为 4302 万元/a。

森林制造负氧离子的价值。由于源区森林茂密，溪流、瀑布、潭泉四季不断，在喷筒电效应和森林里的紫外线、宇宙射线的作用下，促使空气中的负氧离子增加；森林覆盖土壤中放射性气体和土壤空气中所含的负氧离子也会逸至大气；植物叶表面在短波紫外线的作用下，发生光电效应，使空气中电荷增加，负氧离子数也会增加；由于森林中岩石多，紫外线和宇宙射线强，也会使负氧离子增加。上述种种原因，促使源区的负氧离子含量在 10000 个/立方米—70000 个/立方米，对人体健康十分有利。采用影子价格法，即采用造林成本 240. 03 元/立方米的 30%，计算出源区制造负氧离子的价值为 6454 万元/a。

7. 森林生物多样性的价值

东江源区有高等植物 273 科 384 属 2260 种，其中包括药用、食用、纤维、观赏植物，还有国家重点保护 Ⅰ 、Ⅱ级以及濒危、省级重点保护野生植物，源区内有各类野生动物 387 种，其中包括国家重点保护 Ⅰ 、Ⅱ级以及濒危和有益的或者有重要经济科学研究价值的野生动物、省级重点保护野生动物。目前中国对森林生物多样的“利用价值”采用直接市场评价法核算；对“选择价值”采用支付意愿法或机会成本法评价；对“存在价值”采用支付意愿法评价。其中对于森林生物多样性的使用价值采用直接市场评价法黑金；对非使用价值采用支付意愿法较多。由此，计算出东江源区生物多样性直接经济价值7244万元/a，间接经济价值80.94亿元/a。合计为81.66亿元/a。

8. 森林游憩价值

森林生态旅游，回归自然，已成为当今世界潮流。东江源区年均生态旅游综合价值为0.3亿元。

9. 森林主要社会效益评价

东江源森林的价值涵盖森林美学、游乐价值、社会就业效能、科学文化价值、改善投资环境、防灾减灾价值以及保障社会安定等方面。本研究只从湖区森林资源经营管理增加社会就业的效益值进行探讨。就业人数的增加反映了人力资源利用率提高，这不仅有利于提高整体国民经济的产出率，而且有利于社会的稳定团结，缩小贫富差距。源区人口密度为140人/平方千米，高于全国人口密度119人/平方千米，耕地资源少，人均耕地不足0.6亩，比全国人均数少1亩左右。从而，导致源存在大量的剩余劳动力，经济实力弱，源区的寻乌、安远县为国家级贫困县，2007年源区农民人均纯收入2518.3元，约占赣州市人均水平的77%及江西省人均水平的61.5%，广东省农民的46%。实现农民劳动力转移是一条有效途径，但通过源区林业的立体开发、多种经营、综合利用，林工贸一体化经营模式，可吸纳大量的农村剩余劳动力。按相关方法推算，源区林业经营可吸纳农业剩余劳力10万人。根据就业人数增加量与每人就业年平均工资收入800元乘积得等效货币值0.8亿元/a。

三　东江源年森林资源总价值[①]

结论：东江源区森林资源价值包括林地价值、林木价值、经济林价值、森林环境资源价值和社会价值。

林地价值为16.8亿元；林木价值65.02亿元；森林生态服务价值217.21亿元，其中包括：森林涵养水源和净化水质的价值130.46亿元；森林固碳放氧及转化太阳能的价值为1.28亿元；森林净化环境的价值为

① 李志萌等：《东江源区森林资源价值核算与评估》，《中国科技成果》2010年第7期。

2.58 亿元；森林保育土壤的价值 0.45 亿元；生物多样性的价值为 81.66 亿元；森林旅游价值 0.3 亿元森林社会就业价值为 0.8 亿元/a 综合估算得出东江源区森林资源总价值为 299.83 亿元。

根据东江源区森林生态系统对保护生物多样性、涵养水源、保持水土、维护地力、固定 CO_2 和释放 O_2 等方面的作用及其空间分布特征，经过分析核算，源区森林环境总价值是其木材价值的 4.6 倍。目前，其他国家如日本、美国、芬兰和苏联分别对森林多种效益进行经济评价，并得出森林直接效益与间接效益之比分别为 1∶11.7、1∶9.1、1∶3.1 和1∶4。与这些相比，我们所得结果比较合理。这也表明东江源区内的森林在水源涵养、维护源区的生物多样性、营养物质循环等方面起着重要作用，对保护东江源水质和稳定增加水量方面具有重要的作用，对东江流域的经济、社会可持续发展拥有巨大的产品和服务价值，为东源流域生态安全提供了有力的保障。

第三节　东江源水资源及其价值评估

东江源区位于江西省赣州市境内，是广东省珠江三角洲地区及香港特别行政区的重要水源地，位于东经 114°47′36″—115°52′36″、北纬 24°20′30″—25°12′18″之间，流域近似呈扇形，东西宽 110 千米，南北长 95.5 千米，处于江西、广东两省接壤的边陲，涉及江西省赣州市境内寻乌县、安远县和定南县。东江源区江西省境内流域面积 3524 平方千米占东江流域面积 27040 平方千米的 13%，占江西省土地面积的 2.11%。源区涉及寻乌、安远、定南三县，面积分别为 1946.046 平方千米、618.485 平方千米、926.634 平方千米，分别占源区面积的 56.02%、17.91% 和 26.07%。源区多年平均径流量 44.98×10^8 立方米，占东江水资源量（273.8×10^8 立方米）的 16.43%，占江西水资源量（1565×10^8 立方米）的 2.8%。源区水面约 46 千米，占源区总面积的 1.3%，湿地面积约 230 平方千米，占总面积的 6.5%。在社会各界的共同关注下，东江源区及流域人民长期的不懈努力，东江成为全国大江大河中水质保持较好的河流之一。

一　东江源区水文、水系、水功能区划

1. 水文气象[①]

东江源区属典型的亚热带丘陵山区湿润季风气候，光照充沛，雨量丰沛，四季分明，霜冻期短。常年平均气温 18.9℃，最高气温 38.6℃，最低气温 -7.9℃。冬季常受西伯利亚或蒙古高压影响盛行偏北风；夏季多为副热带高压控制，盛行偏南风；春夏之交冷暖气流交接于境内，多降锋面雨；夏秋之际受海洋气旋登陆影响，常有台风雨。

流域多年平均降水量为 1600 毫米。多年平均降水量在地区分布的规律是中部、南部较大，边缘山区较小。在定南水上游有一大于 1650 毫米的高值区，流域内的低值区位于定南礼亨附近，不足 1550 毫米。降水量年际间变化大，年内分配不均匀，最大年降水量与最小年降水量的比值在 2.0—2.6 之间。汛期平均降水量一般在 1000 毫米—1200 毫米之间，约占全年降水量的 65%—75%，其中 3—6 月多年平均降水量一般在 800 毫米—900 毫米之间，约占全年降水量的 50%—56%。流域内多年平均径流量为 31.13 亿立方米，水资源较为丰富。

2. 河流水系

东江源区境内河流属东江水系。东江是珠江水系三大干流之一，它发源于江西省赣州市寻乌县桠髻钵山，上游称寻乌水，在广东省的龙川县合河坝与定南水汇合后称东江[②]。

源区内河流主要有东江上游干流寻乌水、定南水及其支流。寻乌水为东江干流，发源于寻乌县三标乡桠髻钵山，在江西省境内流域面积 1868.4 平方千米，主河道长 116 平方千米，主河道纵比降 6.24‰，流域平均坡度 0.31 米/平方千米，平均高程 461 米，河流由北向南，流经寻乌县水源乡、澄江镇、吉潭镇、南桥镇、留车镇、龙廷乡，在斗晏水库下游入广东省境内。江西省境内主要支流有剑溪、长岭河、马蹄河、青龙河、龙图河、留车河、大田河、篁乡河、大信河等支流。流域多年平均降水量

① 游小燕、刘英标、华芳：《东江源区水环境保护策略探析》，《人民珠江》2007 年 1 月 25 日。

② 刘观香、孙贵琴、殷茵：《流域生态补偿分析——以江西东江源区为例》，《江西化工》2006 年 12 月 30 日。

1600 毫米，多年平均天然年径流量为 159912×10^4 立方米。

定南水为东江一级支流，发源于寻乌县三标乡大湖岽村。自东北向西南流入安远县濂江乡大坝村后，流经安远县凤山乡、镇岗乡、孔田镇、鹤子乡、定南县龙塘乡、天九镇，在定南县长滩水库下游入广东省境内。定南水在江西省境内流域面积 1630.2 平方千米，主河道长 103 平方千米，主河道纵比降 3.05‰，流域平均坡度 0.291 米/平方千米，平均高程 431 米，流域长度 104 千米，形状系数 0.17。主要支流有新田水、坪溪水、龙塘水、柱石河、鹅公河、下历河、老城河等支流。流域多年平均降水量 1590 毫米，多年平均天然年径流量为 137755×10^4 立方米。

表 6—3　　东江源区河流基本情况表

单位：河长（km）、流域面积（km^2）

河名		河长	流域面积	发源地	备注
寻乌水		江西省境内河长 116	江西省境内 1868.4	寻乌县三标乡下畲水村	东江源头
寻乌水支流	剑溪	19.3	124	寻乌县吉潭镇汉地村	
寻乌水支流	长岭河	23	50	寻乌县剑溪乡南陀岽	
寻乌水支流	马蹄河	36.1	221	寻乌县三标乡基隆障	过寻乌县城
寻乌水支流	青龙河	16，江西省境内 13	广东(7.2)，江西(86.9)	福建省仁居县猪麻坑	
寻乌水支流	龙图河	50	268.2	寻乌县三标乡小湖岽村	
寻乌水支流	留车河	24	94.8	寻乌县大岭嶂东北 500 米	
寻乌水支流	大田河	25	80.6	寻乌县岭峰虾蟆窟偏西 2000 米	
寻乌水支流	篁乡河	47，江西省境内 40	广东(46.5)，江西(231.4)	寻乌县桂竹帽镇担杆嶂	又名水金河
寻乌水支流	大信河	24，江西省境内 5.7	广东(69.0)，江西(10.2)	兴宁市罗浮镇大桥头上畲	
定南水		140，江西省内 103	江西省境内 1630.2	寻乌县三标乡基隆障	又名贝岭水

续表

河名		河长	流域面积	发源地	备注
定南水支流	新田水	29	202	安远县新园乡十二排	又名符山河
	坪溪水	24	69.9	安远县火焰寨	
	龙塘水	15	76.2	定南县上寨迳	
	柱石河	27	108	寻乌县桂竹帽镇三星山	
	鹅公河	29	93.8	定南县镇田乡留坑村	
	下历水	36	199	定南县历市镇汶岭村	
	老城河	73，江西省境内57	广东(204.3)，江西(308.1)	定南县岿美山镇画眉山	

注：本小节数据来源于江西省第一次水利普查，仅作为参考。

3. 主要水库状况

新中国成立后，流域内修建了1000余座蓄水工程，水库总库容21352×10^4立方米。主要有寻乌县的斗晏水库，安远县的东风水库，定南县的九曲水水库、长滩水库、礼亨水库等5座中型水库，水库总库容17865×10^4立方米。小（一）型水库有九曲湾、观音亭、罗山、下坪、蕉子坝、狮子峰、咀下、曲潭、石土凹9座，总库容2440×10^4立方米。源区内小（二）型水库总库容1047×10^4立方米，其中安远县内9座，总库容191.4×10^4立方米；定南县内总库容252×10^4立方米；寻乌县内总库容603.6×10^4立方米。水库总库容虽然仅占东江源区多年平均径流量的7.1%，但它是东江水资源调节和源区经济发展的重要基础。源区水库，起着调节水资源的重要作用，在蓄洪拦沙、为东江补充枯水期水量、增加水生物多样性、净化水质以及防洪、供水、发电等方面起到了重要的作用。

4. 源区水功能区划

依据《江西省地表水（环境）功能区划》，寻乌水和定南水流域共区划18个重要水功能区，各水功能区的范围和保护水质目标如表6—5。

表 6—4　　东江源区主要水库基本情况表

单位：集水面积（km^2）、总库容（$\times 10^4 m^3$）、灌溉面积（hm^2）、发电装机（kW）

水库名称	所在河流名称	集水面积	总库容	有效库容	灌溉面积	发电装机	备注
总　计			21352			57183	
寻乌县			12309			42948	
斗　晏	寻乌水	1714	9820		0.0	37500	东江第一坝
九曲湾	马蹄河	71	415	238	0.5	1000	县城供水水源
观音亭	江贝河	36	454	230	0.6	200	
罗　山	桂竹帽河	24	230	120	0.3	168	
下　坪	龙图河	126	431	234	0.1	640	
蕉子坝	大桥头河	54	178	95		1000	
狮子峰	寻乌水	873	178	100	0.1	2440	
小(二)型			604				
安远县			1461				
东　风	定南水	125	1150		500	1280	三百山
咀　下	定南水	10.7	119.5	64.5	0.3	125	
小(二)型	共 9 座		191.4				
定南县			7582			12830	
九曲水	定南水	1080	1880			3200	
长　滩	定南水	1312	1155			8000	
礼　亭	新城河	40	3860		680	520	县城供水水源
曲　潭	定南水	201	303		10	960	
石　垇	鹅公河	53	132		55	150	
小(二)型			252				

表6—5　　　寻乌水、定南水水功能区一览表

水功能区	水环境功能区	行政区	河流名称	区划范围		长度（km）	水质目标	区划依据
				起始断面	终止断面			
寻乌水源头保护区	自然保护区	寻乌县	东江寻乌水	东江源头	寻乌澄江圩	29.0	Ⅱ	源头河段
寻乌水寻乌保留区	景观娱乐用水区	寻乌县	东江寻乌水	澄江圩	寻乌斗晏电站库尾省界上游8km	64.5	Ⅲ	开发利用程度不高
寻乌水赣粤缓冲区	景观娱乐用水区	寻乌县	东江寻乌水	寻乌斗晏电站库尾省界上游8km	寻乌斗晏电站库坝下km，江西广东交界处	9.0	Ⅲ	省界河段
寻乌水马蹄河保留区	景观娱乐用水区	寻乌县	寻乌水马蹄河	寻乌县三标乡起源	寻乌县水厂取水口上游4km	17.0	Ⅲ	开发利用程度不高
寻乌水马蹄河寻乌饮用水源区	寻乌水马蹄河寻乌饮用水源保护区	寻乌县	寻乌水马蹄河	寻乌县水厂取水口上游4km	寻乌水厂取水口下游0.2km	4.2	Ⅱ—Ⅲ	饮用水源
寻乌水马蹄河寻乌工业用水区	寻乌水马蹄河寻乌工业用水区	寻乌县	寻乌水马蹄河	寻乌水厂取水口下游0.2km	寻乌县马蹄河入寻乌水处	10.8	Ⅳ	工业、景观用水
寻乌水马蹄河寻乌九曲湾水库饮用水源区	寻乌水马蹄河寻乌饮用水源保护区	寻乌县	寻乌水马蹄河	全　库		3.25	Ⅱ—Ⅲ	饮用、景观用水

续表

水功能区	水环境功能区	行政区	河流名称	区划范围		长度(km)	水质目标	区划依据
				起始断面	终止断面			
寻乌水龙图河保留区	景观娱乐用水区	寻乌县	寻乌水龙图河	寻乌县桂竹帽镇起源	寻乌县留车镇入寻乌水处	46	Ⅲ	开发利用程度不高
寻乌水晨光河寻乌保留区	景观娱乐用水区	寻乌县	寻乌水晨光河	寻乌县晨光镇起源	寻乌县菖蒲出境江西广东交界处	33	Ⅲ	开发利用程度不高
定南水源头保护区	自然保护区	寻乌县、安远县	东江定南水	寻乌县三标乡基隆嶂起源	安远镇岗	31.5	Ⅱ	源头河段
东江定南水安远—定南保留区	景观娱乐用水区	安远县、定南县	东江定南水	安远镇岗	定南县下历河汇入口	55.5	Ⅲ	开发利用程度不高
东江定南水赣粤缓冲区	景观娱乐用水区	定南县	东江定南水	定南县下历河汇入口	定南县出境江西广东交界处	4.0	Ⅲ	省界河段
定南水新田河源头保护区	自然保护区	安远县	定南水新田河	安远三百山起源	安远三百山镇	14.5	Ⅱ	源头河段
定南水新田河保留区	景观娱乐用水区	安远县	定南水新田河	安远三百山镇	安远县孔田镇新田河入定南水处	11.0	Ⅲ	开发利用程度不高

续表

水功能区	水环境功能区	行政区	河流名称	区划范围		长度（km）	水质目标	区划依据
				起始断面	终止断面			
定南水下历河定南饮用水源区	饮用水源保护区	定南县	定南水下历河	定南县大石迳起源	定南县礼亨水库坝址	8.5	Ⅱ—Ⅲ	饮用、景观用水
定南水下历河定南工业用水区	定南水下历河定南工业用水区	定南县	定南水下历河	定南县礼亨水库坝址	定南县砂头	8.0	Ⅳ	工业、景观用水
定南水下历河定南保留区	景观娱乐用水区	定南县	定南水下历河	定南县砂头	定南县下历河入定南水处	15.0	Ⅲ	开发利用程度不高
定南水老城河定南保留区	景观娱乐用水区	定南县	定南水老城河	定南县岿美山镇起源	定南县出境江西广东交界处	65.5	Ⅲ	省界

二 区域水资源总量、质量及其利用

1. 区域水资源量

东江源区多年平均水资源总量为30.13亿立方米，多年平均地表水资源量为30.13亿立方米，地下水全部为山丘区降水入渗，按枯水期稳定的河川基流计算，多年平均地下水资源量为8.32亿立方米。近11年的平均地表水资源量为30.13亿立方米，多年平均地下水资源量为8.32亿立方米。

表6—6 2001—2012年东江源区水资源量表

年份	降水深（mm）	降水量（亿 m^3）	地表水资源量（亿 m^3）	地下水资源量（亿 m^3）
2001	1606	56.60	28.6	8.37

续表

年份	降水深（mm）	降水量（亿 m^3）	地表水资源量（亿 m^3）	地下水资源量（亿 m^3）
2002	1643	57.90	28.71	8.96
2003	1192.1	42.01	22.18	7.89
2004	1248.3	43.99	19.16	7.19
2005	1691.5	59.61	29.2	8.25
2006	2034.6	71.7	42.7	10.39
2007	1583.1	55.79	28.76	7.62
2008	1808.5	63.73	32.44	9.13
2009	1363.5	48.05	21.29	6.53
2010	1788	63.01	40.43	10.08
2011	1412	49.76	20.26	6.06
2012	1762.8	62.12	30.33	8.01

注：地下水资源量全部为重复计算量。

表6—7　　2002—2012年东江源区定南水系水资源特征值表

（以胜前（二）水文站为代表）

年份	平均流量（m^3/s）	最大流量（m^3/s）	最小流量（m^3/s）	平均水位（m）	年最高水位（m）	年最低水位（m）
2002	17.6	549	1.3	220.95	224.74	220.65
2003	15.2	936	1.2	220.89	226.24	220.6
2004	8.76	662	1.24	220.89	225.1	220.6
2005	20	588	1.03	224.55	227.64	224.14
2006	29.4	1060	2.15	224.69	229.56	224.23
2007	17.9	492	1	224.68	227.19	224.28
2008	26.1	904	0.9	224.65	228.64	224.22
2009	14.8	430	1.37	224.64	226.8	224.21
2010	28.8	1140	1.95	224.7	229.34	224.2
2011	12.8	263	0.608	224.53	226.13	224.01
2012	20.2	276	1.58	224.64	226.2	224.19

2. 东江源区水资源变化趋势

东江源区内仅建有胜前（二）水文站，利用胜前（二）水文站历年实测资料和降水量资料分析东江源区水资源变化趋势。

根据胜前（二）水文站控制流域范围内雨量站点的历年实测雨量资料可以分析得到，近年来胜前水文站控制流域范围内降水量总体上呈下降趋势，但下降趋势不明显；胜前（二）水文站实测最大流量变化趋势不明显，但多年平均流量及历年最小流量呈下降趋势，主要原因是其所在流域内年降水量略有下降，产生的径流逐渐减少；同时，流域内工业、农业、生活用水量逐渐增加，造成下游径流有所减少。

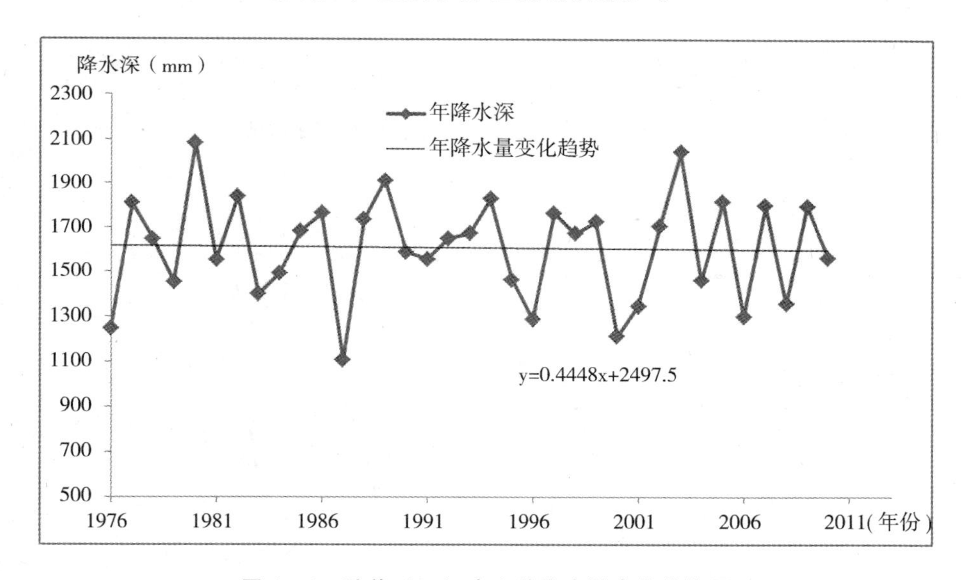

图 6—1　胜前（二）水文站降水量变化趋势图

3. 源区水资源质量状况

（1）源区总体水质较好

据监测显示：20 世纪 80 年代，寻乌水 pH 值、挥发酸等 17 项指标全部达到国家 Ⅰ 类水标准[①]。2000 年东江源区 Ⅱ 类水水质占 72.4%，Ⅲ 类及以下的水质占 27.6%。而近几年 17 项指标只达 Ⅱ 类水标准，部分河段

① 邹璐、王国权、刘良源：《次生林封育与森林生态产业研究——以东江源区森林生态产业为例》，《江西科学》2010 年 2 月 15 日。

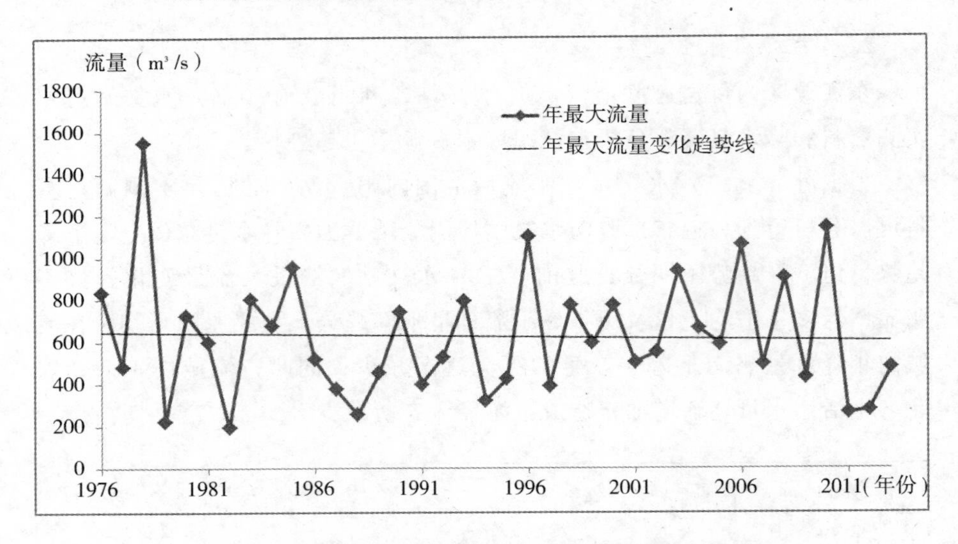

图 6—2　胜前（二）水文站年最大流量变化趋势图

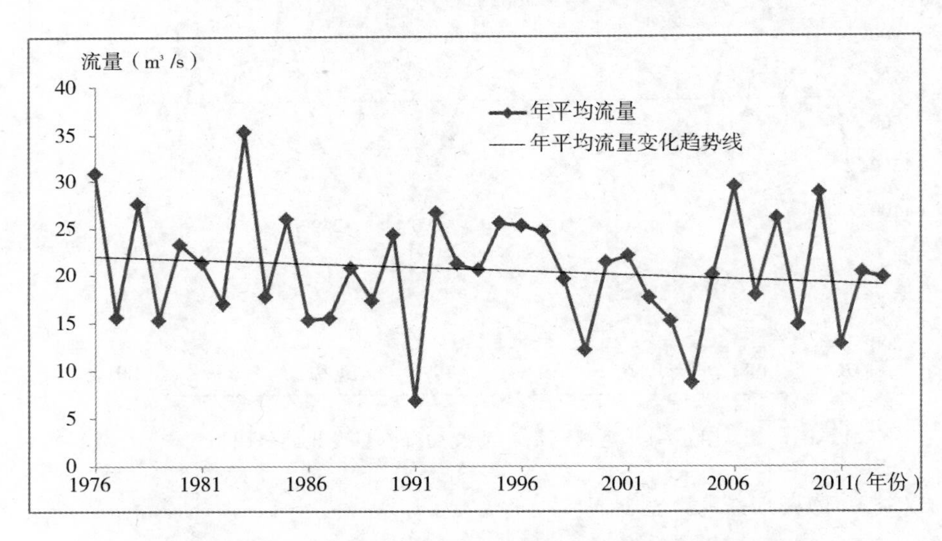

图 6—3　胜前（二）水文站年最平均流量变化趋势图

为Ⅲ类及Ⅲ类以外①。源区中型和小型水库水质良好，水体清澈，污染小。

① 刘良源、李玉敏、李志萌等：《东江源区流域保护和生态补偿研究》，江西科学技术出版社 2011 年版。

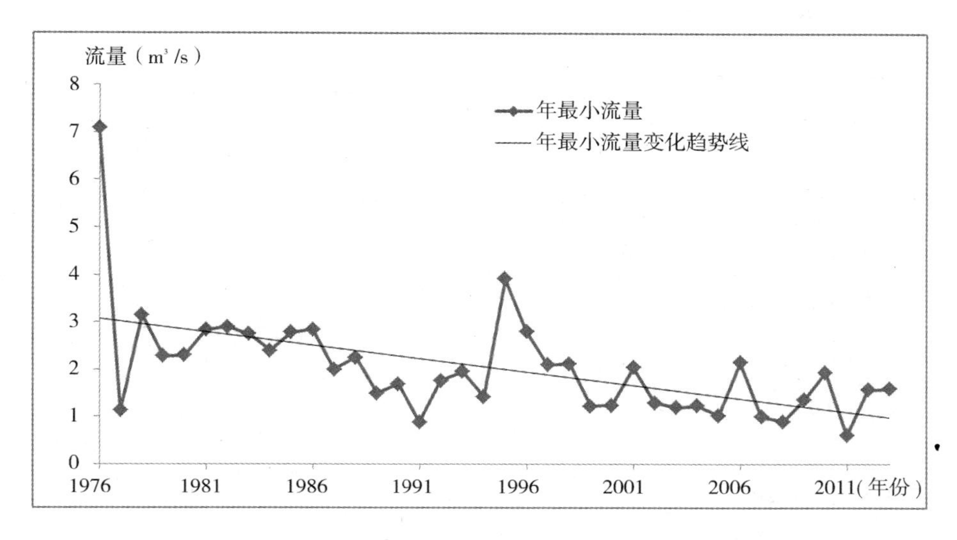

图6—4　胜前（二）水文站年最小流量变化趋势图

资料来源：江西赣州水文局。

表6—8　城镇供水水源地水质数据表

检测项目	寻乌马蹄河			寻乌九曲湾水库			定南礼亨水库		
	全年	汛期	非汛期	全年	汛期	非汛期	全年	汛期	非汛期
水温（℃）	21.8	26.0	12.3	/	/	/	19.0	23.0	15.0
pH值	7.2	7.2	7.3	7.4	7.4	7.4	7.2	7.2	7.2
溶解氧(mg/L)	7.3	7.2	7.5	/	/	/	/	/	/
高锰酸盐指数（mg/L）	1.8	2.1	1.6	3.0	3.0	3.0	1.9	1.9	1.9
五日生化需氧量（mg/L）	1.6	2.1	1.2	/	/	/	/	/	/
氨氮（mg/L）	0.11	0.10	0.11	0.11	0.11	0.11	0.18	0.18	0.18
总磷（mg/L）	/	/	/	0.02	0.02	0.02	0.03	0.03	0.03
总氮（mg/L）	0.94	1.27	0.61	0.59	0.59	0.59	0.36	0.36	0.36
砷（mg/L）	<0.007	<0.007	<0.007	<0.007	<0.007	<0.007	<0.007	<0.007	<0.007
镉（mg/L）	<0.001	<0.001	<0.001	/	/	/	/	/	/
六价镉(mg/L)	<0.04	<0.04	<0.04	/	/	/	/	/	/

续表

检测项目	寻乌马蹄河			寻乌九曲湾水库			定南礼亨水库		
	全年	汛期	非汛期	全年	汛期	非汛期	全年	汛期	非汛期
氰化物（mg/L）	<0.004	<0.004	<0.004	<0.004	<0.004	<0.004	<0.004	<0.004	<0.004
挥发酚（mg/L）	<0.002	<0.002	<0.002	<0.002	<0.002	<0.002	<0.002	<0.002	<0.002
氯化物（mg/L）	/	/	/	4.86	4.86	4.86	4.86	4.86	4.86
铁（mg/L）	/	/	/	0.18	0.18	0.18	0.24	0.24	/
富营养化程度 评分值（mg/L）	/	/	/	41			38		
富营养化程度 评价结果	/	/	/	中			中		
透明度（m）	/	/	/	3.2			3.2		

注：张荣峰，东江源区水资源与环境保护 2005 年。

主要城镇因采取水库供水，如寻乌县城由九曲湾水库供水，定南县城从礼亨水库供水，源区供水水质全部达到Ⅱ类水标准。东江源区城镇供水合格率为 81.44%。

（2）近年来源区各县加大了治理的力度，水资源质量逐渐好转

根据东江源区水资源水环境保护工作需求，在源区寻乌、安远和定南三县设立水功能区水质监测断面 13 个（其中寻乌县 9 个、安远县 1 个、定南县 3 个）。

水功能区水质达标情况：根据 2011—2013 年近三年源区各功能区水质监测成果，2011 年监测评价东江源区 3 个县水功能区 7 个，水质达标水功能区 4 个，达标率 57.1%；2012 年监测评价东江源区 3 个县水功能区 13 个，水质达标水功能区 10 个，达标率 76.9%；2013 年监测评价东江源区 3 个县水功能区 13 个，水质达标水功能区 10 个，达标率 76.9%，源区各县水功能区水质状况如下：

由下表分析，2012 年后源区水质总体呈现好转变化，主要原因为寻乌和定南二县落实国务院和省政府关于加强稀土资源管理的通知，关停了源区内部分大、小稀土矿点，同时部分稀土冶炼企业受原材料减少影响，减小了生产产量，部分企业还暂停了生产。

表6—9　　2011—2013年东江源区水资源质量监测评价成果

年份	寻乌县			安远县			定南县		
	监测水功能区数	达标个数	达标率（%）	监测水功能区数	达标个数	达标率（%）	监测水功能区数	达标个数	达标率（%）
2011	4	3	75.0	1	1	100	2	0	0.0
2012	9	7	77.7	1	1	100	3	2	66.7
2013	9	7	77.7	1	1	100	3	2	66.7

（3）界河水质污染仍然严重，但有所趋好

据江西省水利厅近年的水资源公报以及赣州市水资源公报，江西与广东交界的寻乌水斗晏断面水质为Ⅳ类水，属轻度污染，主要受到寻乌县石排河段工矿企业排污、斗晏水库库区养鱼投料等影响；定南水长滩断面属于Ⅴ类水，属重度污染，主要受到上游来水、养殖企业排污等影响。源区及周边的稀土、钨开采和冶炼为主的矿业、以脐橙开发为主的果业，以养猪场为代表的养殖业等产业的发展都对环境产生极大的压力①。

表6—10　　2010—2013年寻乌水江西与广东界河水量水质状况

河流	寻乌水							
水质站名	斗晏							
断面位置	江西与广东交界							
年度	2010		2011		2012		2013	
月份＼指标	流量（m^3/s）	水质类别	流量（m^3/s）	水质类别	流量（m^3/s）	水质类别	流量（m^3/s）	水质类别
1	32.80	劣Ⅴ	32.30	劣Ⅴ	32.50	Ⅳ	25.00	劣Ⅴ
2	32.80	劣Ⅴ	32.30	Ⅴ	32.50	Ⅳ	35.00	Ⅴ

① 《江西省水资源公报（2000—2013年）》，江西省水利厅。

续表

年度/指标/月份	2010		2011		2012		2013	
	流量（m^3/s）	水质类别	流量（m^3/s）	水质类别	流量（m^3/s）	水质类别	流量（m^3/s）	水质类别
3	32.80	劣Ⅴ	32.30	Ⅳ	32.50	劣Ⅴ	32.50	劣Ⅴ
4	32.80	劣Ⅴ	32.50	劣Ⅴ	32.50	Ⅳ	32.50	劣Ⅴ
5	25.30	Ⅲ	65.00	劣Ⅴ	32.50	Ⅳ	32.50	Ⅱ
6	32.50	Ⅴ	62.20	Ⅳ	21.60	Ⅲ	32.50	Ⅲ
7	32.50	Ⅱ	32.50	Ⅲ	45.00	Ⅱ	32.50	Ⅲ
8	32.50	Ⅲ	32.00	Ⅴ	18.30	Ⅲ	32.50	Ⅲ
9	32.00	Ⅲ	32.50	Ⅲ	12.70	Ⅲ	—	—
10	33.50	Ⅲ	32.50	Ⅴ	23.90	Ⅲ	32.50	Ⅱ
11	32.50	Ⅳ	32.50	Ⅲ	23.50	Ⅱ	32.50	Ⅱ
12	32.30	Ⅲ	—	Ⅲ	28.00	劣Ⅴ	32.50	Ⅲ

表 6—11　　2010—2013 年定南水江西与广东界河水量水质状况

河流	定南水							
水质站名	长滩							
断面位置	江西与广东交界							
年度/指标/月份	2010		2011		2012		2013	
	流量（m^3/s）	水质类别	流量（m^3/s）	水质类别	流量（m^3/s）	水质类别	流量（m^3/s）	水质类别
1	24.50	Ⅴ	24.50	Ⅲ	23.50	Ⅲ	26.30	Ⅳ
2	24.50	劣Ⅴ	24.50	劣Ⅴ	23.50	Ⅳ	26.70	Ⅳ
3	24.50	Ⅳ	24.20	Ⅳ	23.50	Ⅲ	0.68	Ⅳ
4	24.50	Ⅲ	23.60	劣Ⅴ	23.50	劣Ⅴ	47.20	Ⅲ
5	22.10	Ⅲ	47.00	Ⅲ	47.00	Ⅲ	53.20	Ⅱ
6	24.60	Ⅳ	46.00	劣Ⅴ	47.00	Ⅱ	52.20	Ⅱ
7	24.60	Ⅱ	23.00	Ⅲ	46.00	Ⅲ	26.50	Ⅲ
8	24.60	Ⅲ	23.00	Ⅴ	45.60	Ⅱ	26.30	Ⅲ

续表

年度/指标/月份	2010		2011		2012		2013	
	流量（m^3/s）	水质类别	流量（m^3/s）	水质类别	流量（m^3/s）	水质类别	流量（m^3/s）	水质类别
9	24.00	Ⅱ	23.00	Ⅱ	22.50	Ⅲ	—	—
10	21.60	Ⅲ	23.20	Ⅲ	26.50	Ⅱ	22.60	Ⅱ
11	24.20	劣Ⅴ	23.50	Ⅲ	26.20	Ⅲ	22.60	Ⅱ
12	24.50	Ⅲ	—	Ⅱ	48.20	Ⅲ	26.00	Ⅴ

资料来源：根据江西水利厅网站资料整理。

截至2013年，寻乌水2011年水质年达标率最低，只有33.3%，年达标率最高的是2013年，达66.7%；定南水2010年、2011年水质年达标率最低，为58.3%，年达标率最高的是2012年，达83.3%。不难看出，东江源区水质呈逐年提高的趋势。

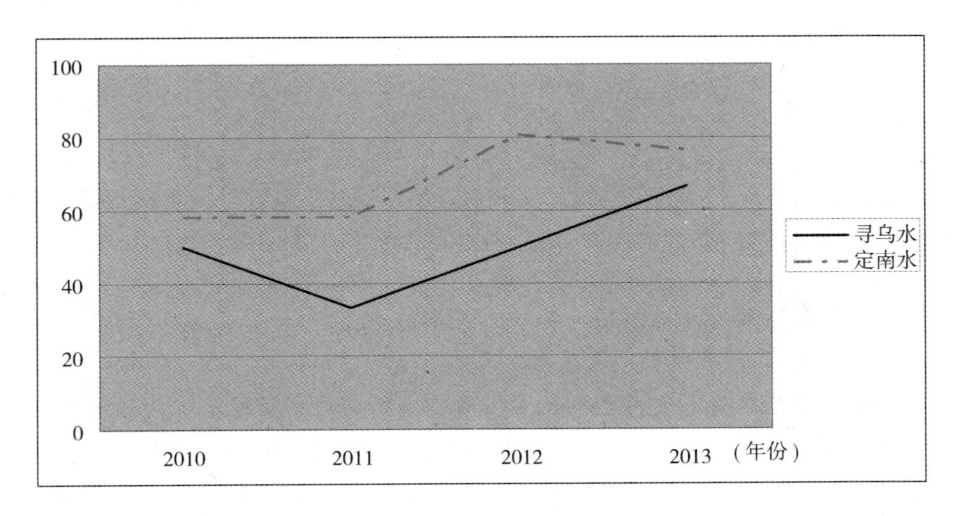

图6—5　2010—2013年东江源区水功能区水质达标率

4. 区域水资源开发利用

根据2010年赣州市水资源公报统计资料，寻乌、安远和定南三县东江区域实际年总地表水用水量为21223万m^3，各行业用水情况如表6—12。

表 6—12　　2010 年东江源区用水量调查表　　单位：万 m^3

行政区	实际取水量	各行业取水量			
		工业用水量	农业用水量	生活用水量	林牧渔业用水量
寻乌县	7061	877	4397	1138	649
安远县	6165	141	2730	721	2452
定南县	7997	850	4921	728	1498

源区有小（二）型以上水电站 77 座，总装机量 10.1 万千瓦，总发电量 2.8 亿千瓦时，其中寻乌县有水电站 51 座，安远县有 12 座，定南县有 14 座，源区各县水能开发利用状况如表 6—13 所示。

表 6—13　　2010 年水能资源开发利用状况表

行政区	水能储量（万千瓦）	可开发量（万千瓦）	已开发量（万千瓦）	在建（万千瓦）	水电站或水库（小(二)型以上)(座)	装机（万千瓦）	发电量（亿千瓦时）
寻乌县	12	11	9.5	0.30	51	5.9	1.8
安远县	1.2	1.0	0.6	0.0	12	0.6	0.2
定南县	3.9	3.9	3.8	0.2	14	3.6	0.8
合计	17.1	15.9	13.9	0.5	77	10.1	2.8

三　东江源区水资源价值核算

1. 东江源区水资源总体状况①

源区水质状况。主要包括两个部分：一是河流水质：按水功能区水质监测结果评价：东江寻乌水和定南水水质达标的水功能区有 14 个，达标率为 73.7%；未达标的水功能区有 5 个，主要超标项目为氨氮、总磷、总砷和溶解氧。其中，个别河段为劣Ⅴ类水。二是水库水质：按水功能区水质目标要求评价：水质达标的有 8 个，占 66.7%；水质不能达标的有 4

① 王洪亮、黄江玲、刘良源：《江西东江源区森林涵养水源价值评估与保护对策》，《江西林业科技》2010 年第 6 期。

个，占33.3%[①]。

水环境状况。经监测分析，寻乌水和定南水源头保护区水质较好，流域下游河段水质较差。污染源主要由城镇生活污染源、工业污染源、农村污染源等构成。寻乌、定南和安远三县是稀土资源的富集地区，稀土矿采造成河流水质污染和水土流失严重。寻乌水中、下游河段水体污染主要是受稀土矿采水土流失区和附近稀土选矿的工业污水排放影响，以及果业开发中水土保护措施不到位引发的。定南水中、下游河段水体污染主要是受城区下游稀土选矿的工业污水排放影响。定南水下历河城区河段水体污染主要是受养殖业、生活排污影响，主要污染物氨氮、COD和总砷，河流中径流量小，污染比较大。此外，由于稀土精选产业发展较快，工、矿排污量增加，下游河道水体污染的问题突出。

综合东江上游区各污染源，以寻乌水和定南水水体中超标污染物氨氮为分析项，主要污染物氨氮入河量的排序是：稀土矿山开采水土流失区＞农业污染源＞工业污染源＞城镇生活污染源。

2. 源区水资源、水环境的价值评估[②]

水资源是生物生存不可替代的物质，是经济活动难以缺少的投入物，是构成自然环境的基本要素之一，所以水资源具有自然属性、社会属性、经济属性。合理评价和核算水资源的价值，能更好地唤起人们的水资源保护意识，合理配置、保护和利用水资源。同时，也为科学合理地评价东江源生态功能保护区的生态服务价值及生态补偿提供借鉴和依据。

源区水资源、水环境的价值核算和评估，应对以下几个方面进行评估：

（1）水资源经济价值估算

东江源区（江西境内）多年平均水资源量30.13×10^8立方米，目前东江源区水资源开发利用不高，约为7%左右，以2010年为例，寻乌、定南、安远三县生产、生活用水为2.12×10^8立方米，占水资源总量的7.0%，绝大部分水量提供给东江下游，若按目前在水源地取水的成本价

① 胡魁德、邢久生、龙兴：《江西省水资源调查评价概况》，《江西水利科技》2005年第2期。

② 王洪亮、黄江玲、刘良源：《江西东江源区森林涵养水源价值评估与保护对策》，《江西林业科技》2010年第6期。

和源头水保护代价综合考虑，以 1.35 元/立方米计算，东江源区江西境内水资源的经济价值为 40.23 亿元。

（2）涵养水源价值评估

东江源区 1956—2003 年多年平均天然年径流深为 850.5 毫米，流域面积 3524 立方米，其中界定湿地面积 420.1 立方米，计算东江源区涵养水源量 3.57×10^{8} 立方米，采用影子工程法计算水价，按照 1990 年不变价，每建设 1 立方米库容需投入成本 8.61 元。可得出东江源区江西境内涵养水源价值为 30.74 亿元。

（3）水土流失治理经济价值评估

东江源区有水土流失面积 628.38 平方千米，水土流失的治理可以通过植树造林、种草、工程措施等来进行，按照每公顷水土流失面积的治理成本 5000 元计算，东江源区水土流失治理价值为 3.14 亿元。

（4）污水处理设施建设经济价值评估

东江源区现状生活污水排放量 490 万吨/年，需在定南、寻乌两县城各建设一座日处理能力 2 万吨的污水处理厂，经计算需经费 0.96 亿元。

以上各项价值评估为 75.07 亿元。

第四节　提升东江源区生态系统服务价值的对策建议

一　发挥资源优势建立生态服务产业区

基于江西东江源区生态环境现状以及源区群众对发展的迫切需求，东江源区应充分发挥自身优势，建立生态服务产业区，实现源区保护与发展双赢。目前，江西东江源区的发展仍然沿着传统的发展方式，如着力点在于土地、矿产等自然资源的开发，谋求农业经济、工业经济的成长等等。在这样的发展模式下，在市场经济的大背景下，深处偏远区位的特殊生态功能地区，是无法赶超一般地区的。同时，按国家国土空间的科学开发秩序和结构，也是不科学的。按国家主体功能区划要求，生态功能区作为限制开发区，应突出水源涵养的主体功能和生态价值，促进区域增长方式的转变。通过优质水资源涵养产业、生态林业产业、生态旅游服务产业、生物多样性服务产业、森林碳汇市场等生态服务产业致富。改造现有产业发展模式使其生态化。借鉴国外已有成功的典范模式建设东江源生态服务区。“生态服务产业区”建设应成为我国进入现代化进程中那些处于流域上游的地区处理保护与发展矛盾的一个极具价值的示范。充分体现经济—社会越发展，其价值越大的特点。[①]

二　积极探索生态修复保护模式和技术

生态修复是一项科学性、系统性、社会性很强的科学工程。从科学性出发，突出规划先行、科技育林、生态监测、自然恢复；从系统性出发，调整能源结构，拓宽农民就业领域，发展生态产业；从社会性出发，广泛发动各界人士参与生态修复。第一，按自然法则、社会经济技术原则充分发挥生态系统的自我修复能力，封山育林、退耕还林还草，保护恢复生态功能，用生态系统方式提高土壤生态系统、森林生态系统的生态功能，加大区域自然生态系统的保护和恢复力度，恢复和维护区域生态功能。第二，强化生态环境监管，完善资源管理体制。加强法律法规和监管能力建设，提高环境执法能力，避免边建设、边破坏；强化监测和科研，提高区内生态环境监测、预报、预警水平，及时准确掌握区内主导生态功能的动态变化情况，为生态功能保护区的建设和管理提供决策依据。第三，充分利用先进生产技术，加强环境资源再生能力建设。大力提高物质和技术条件，以解决环境问题，减少生态破坏，处理好水资源、土地资源、森林资源、矿产资源开发利用与保护的关系，提高水资源节约与高效利用的潜力，实现水资源的永续利用。[②]

三　加强水功能区划管理，完善水资源配置机制

为了保护东江源的水资源，江西省已编制了源区地表水功能区划，寻乌水自源头至寻乌澄江镇为源头水保护区，长28.5千米，定南水自源头至安远镇岗为源头近自然式水保护区，长30千米，水质目标均为Ⅱ类水。在水功能区划的基础上制定水资源保护规划，控制排污口的数量，开展健康河流研究，明确河流的最大纳污能力，有效地监测和保护

---

① 刘良源、李玉敏、李志萌等：《东江源区流域保护和生态补偿研究》，江西科学技术出版社2011年版。

② 李志萌：《构建环境经济社会和谐共生支持体系——基于生态功能保护区建设的思考》，《江西社会科学》2008年6月25日。

水资源。[1] 建立完善水权制度，明晰水资源使用权，实行水资源有偿使用制度，实现水资源利用从低效益的经济领域向高效益的经济领域调整。以流域为单元制订水量分配方案，充分考虑水权分配中的所有权、可供水量和可供水的水质等因素，为建立水生态补偿机制奠定基础。[2]

四　树立正确的政绩考核和公众参与机制

以生态环境修复保护增强源区水源涵养功能，是一项事关子孙后代的德政工程。要建立以环境容量和资源环境承载力为基础的经济发展模式，完善干部政绩考核制度，不唯 GDP 论英雄，实现经济发展方式根本转变，寻求实现环境保护与经济发展的平衡点。[3] 促进东江源区生态系统良性循环和社会经济的可持续发展。以科学的政绩观，将政绩融入到生态环境修复保护工程中去，使生态环境保护与修复工作得以持续、稳步推进。建立有效的社区参与机制。环境保护要发挥政府引领作用，带领社会公众广泛参与，并建立一种长效机制，从法律制度上确保公众有效参与。进一步营造东江源区生态环境建设与保护的氛围，形成社会各界参与源区生态环境保护与建设良好局面。

---

① 王洪亮、黄江玲、刘良源：《江西东江源区森林涵养水源价值评估与保护对策》，《江西林业科技》2010 年第 6 期。

② 同上。

③ 同上。

第七章　东江流域生态补偿机制试点研究

生态补偿制度是生态文明建设的重要制度保障。江西东江源区是香港特别行政区和珠江三角洲地区的“源头活水”，是国家生态功能保护区，赣南原中央苏区的重要组织部分，长期以来，当地人民为保护东江生态付出了极大的努力，作出了巨大的牺牲。随着东江流域的生态环境压力与日俱增，仅靠当地财政投入难以满足生态建设和环境保护的需要，亟待完善跨省流域生态补偿机制，以共同维护流域的生态健康，实现流域地区共赢。

第一节　东江流域及东深供水工程

东江是珠江水系三大干流之一，发源于江西省赣州市寻乌桠髻钵山，源区涵盖寻乌、安远和定南三县，连接赣粤港三地，上游称寻乌水，在广东省的龙川县合河坝与安远水汇合后称东江，然后流经河源、惠州、东莞，在东莞流入狮子洋，是香港特别行政区及广东省沿江城市居民的主要饮用水水源。[①] 东江还是广东省各条河流中水资源综合开发利用最充分的一条河流，保持东江流域良好的水质直接关系着流域内地区和珠三角地区以及香港的繁荣稳定。

1963 年，香港遭遇历史罕见的特大旱灾，为解决香港水荒的问题，中央政府拨专款于 1964 年 2 月开始兴建东（江）深（圳）供水一期工程，1965 年 3 月建成投产。

---

① 李志萌：《流域生态补偿：实现地区发展公平、协调与共赢》，《鄱阳湖学刊》2013 年第 1 期。

建成后的30年，根据香港经济社会发展的需要曾进行过三次扩建，向香港供水累计突破110亿立方米，占香港淡水供应量近八成，真正成为香港人民的“生命之水”，为香港的繁荣稳定和工程沿线地区的经济发展作出了重大贡献。①

1999年8月国家计委批复东深供水四期改造工程可研报告，同意该工程年平均引水23.7亿立方米。2003年1月18日，东深供水四期改造工程全部投产，供水规模达到24.23亿吨/年，其中供香港11亿吨、深圳特区8.73亿吨、东莞沿线乡镇4亿吨。东深供水改造工程设计供水保证率99%，灌溉保证率90%。②

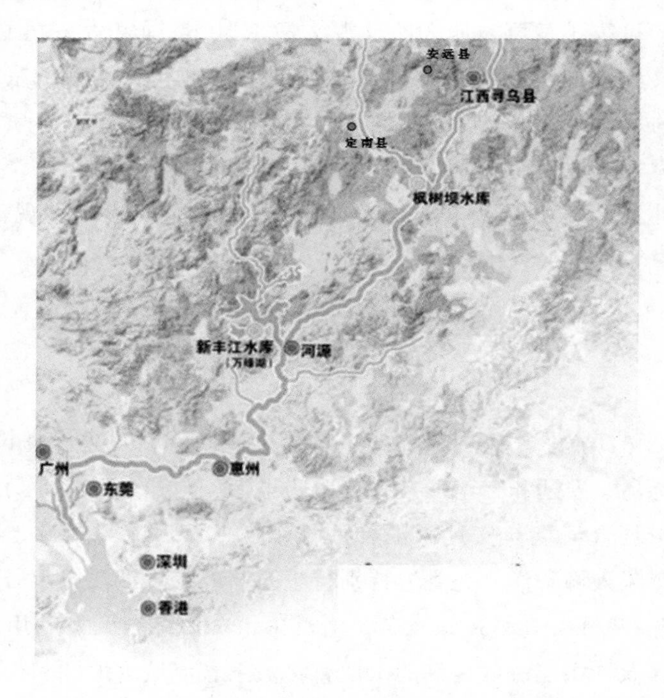

图7—1 东江源区及流域城市分布图

① 广东省东莞市塘厦镇旗岭泵站输水明渠：《洁净东江水 汩汩涌香》，《人民日报》（海外版）2003年1月20日。

② 黄毓哲：《江西东江源生态补偿机制的思考》，《江西农业大学学报》（社会科学版）2008年第12期。

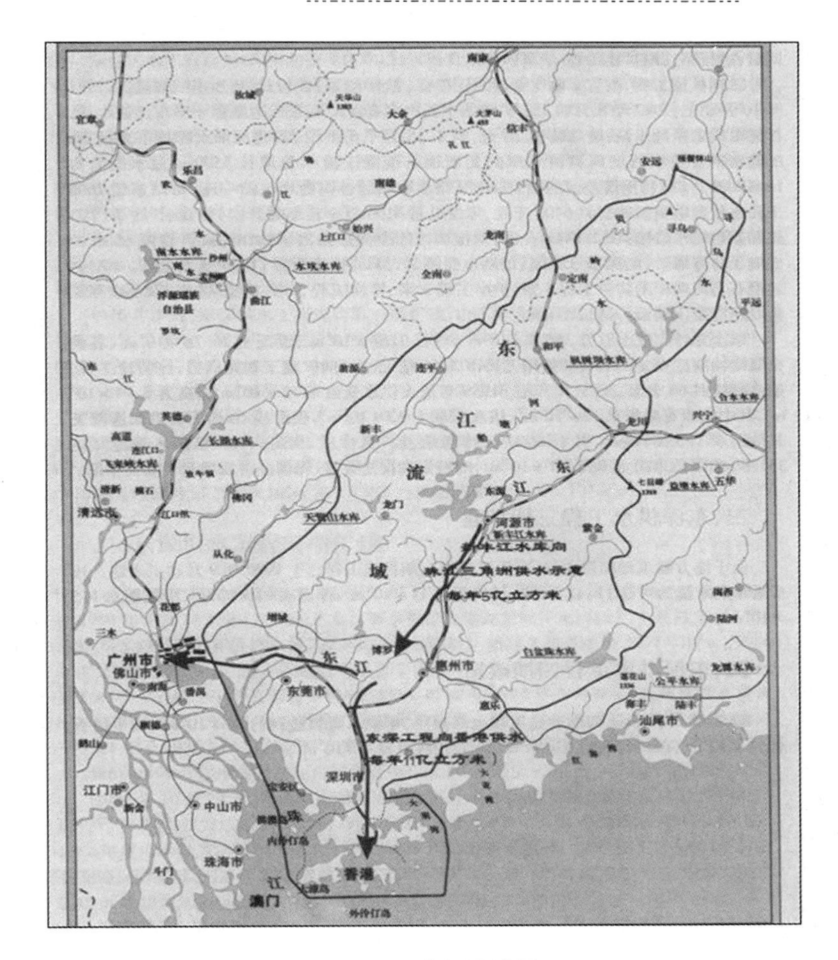

图 7—2　东江流域图

第二节　东江源区生态保护补偿的必要性

一　维护水源涵养为主导功能的需要

东江源区是以水源涵养为主导功能的国家级生态功能保护区，长期以来，承担着国家和区域生态安全的特殊功能，禁止和限制开发政策约束了区域的资源开发和经济发展，在区域经济发展过程中不发达和欠发达的特征更加明显。而作为流域内国土空间布局优化开发区和重点开发区的珠江三角洲地区是生态安全的受益者，在快速工业化、城镇化过程中积累了雄厚的经济实力，有责任对承担生态安全的生态功能区作出“反哺”以实现生态公平与正义，进而推进生态文明的制度体系构建。

二 保障当地居民全面进入小康社会的需要①

东江源区三县是赣南等原中央苏区的重要组成部分，为共和国的成立付出了巨大牺牲。由于历史及自然地理等多种原因，迄今为止，经济发展仍然滞后，民生问题仍然突出，寻乌、安远两县是国家贫困县，定南是省级贫困县，而东江中下游则是全国最发达的珠三角地区，2012 年，源区三县农民人均纯收入最高定南仅有 4575 元，最低寻乌仅为 4330 元，东江源三县低于赣州市平均水平。目前水源涵养区的三县，其生态环境建设的投入主要以江西省财政和三县地方财政为主，有限的财力比之巨大的生态环境工程建设资金需求，实在是杯水车薪。源区正面临着人口增加、环境保护和强烈的经济发展渴望等多重压力，这就需要国家和中下游地区以多种形式的生态补偿政策措施，通过外部输血式的补偿和内部造血式的发展相结合，支持源区人民生产生活设施逐步改善、生态产业结构基本形成、生态功能稳定、基本公共服务水平接近或达到全国平均水平，与全国同步实现全面建成小康社会目标。②

表 7—1 2012 年东江源区三县经济社会发展主要指标对比情况

	安远	定南	寻乌	河源	惠州	东莞	深圳	广州	香港（美元）
GDP(亿元)	40.20	39.90	41.45	615.26	2367.55	5010.17	12950.06	13551.21	2630.36
人均 GDP(元)	13857	10480	19619	20536	50873	60557	123247	105909	36765
地方财政收入(亿元)	2.9623	2.7682	3.94	1256.37	4316.39	4306.79	14105.11	8615.73	—
城镇居民人均可支配收入(元)	—	9805	13917	16519.83	29965.02	42944.23	40741.88	38053.52	—

① 李志萌：《流域生态补偿：实现地区发展公平、协调与共赢》，《鄱阳湖学刊》2013 年第 1 期。

② 方红亚、刘足根：《东江源生态补偿机制初探》，《江西社会科学》2010 年第 10 期。

续表

	安远	定南	寻乌	河源	惠州	东莞	深圳	广州	香港（美元）
农民人均纯收入（元）	4330	4386	4575	7772	12414.66	24943.9	—	16788.48	—

资料来源：各县市2012年统计公报和2012年各县市政府工作报告。

三　补偿上游地区生态保护建设资金的需要

为了保护东江源区生态环境，当地长期以来采取的建设水源涵养林、经济果木林、种草和封山育林等生物措施，同时又修建山塘，挖水平沟和截水沟，修筑水平梯田等工程措施来治理水土流失。20世纪90年代又启动了生态沼气农业工程，解决了约80%的生活燃料，减少了化肥施用量，大量节省对林木燃料的需求，有力地保护了森林资源。为了加快东江源区生态保护和建设，江西在“十一五”期间实施了九大重点生态建设工程，共投入了14.2亿元。虽然生态农业、生态旅游会带来一些收入，但对于保护生态所需的巨额费用相比，只是杯水车薪。为此，就必须建立生态补偿机制，为正在建设和生态保护筹措到充足资金。①

四　弥补上游地区生态服务的需要②

流域的生态服务主要是流域的涵养水源、保持水土、净化水质等水文方面的生态服务。要提供这些服务必须在流域的上游水源地提高和保持森林覆盖率，限制污染企业的发展，在流域中下游减少污染，提高污水处理率。进行这些活动，相关地区的政府、企业、公众都要投入一定的人力、物力和财力，这必然影响到他们的收入。江西安远、寻乌、定南三县稀土、钨矿相当丰富，20世纪90年代，这里一度矿山林立。当地政府意识到系统开发会造成水土流失，果断地关闭了330多个矿点和一批木材厂、

① 黄毓哲：《江西东江源生态补偿机制的思考》，《江西农业大学学报》（社会科学版）2008年第12期。

② 李志萌：《保护区生态环境功能退化的成因与对策——以东江源国家级生态功能保护区为例》，《鄱阳湖学刊》2012年第5期。

焦油厂、活性炭厂。为了增加山体的水土保持能力，涵养水源，当地从产业结构入手，放弃产量曾占中国出口量1/5的香菇生产业，禁止源头居民上山放养香菇、木耳、砍柴烧炭，以保护森林，涵养水源。据统计东江源区自2000年以来，为保护源区生态环境，源区采取了拒绝污染严重、破坏资源的招商引资项目，关闭污染严重、资源消耗量大的企业，关闭矿点，限禁森林砍伐等措施，年均直接经济损失占源区三县国内生产总值的10%左右。所以这些生态服务，都将使全流域受益，理应得到生态服务的补偿。①

第三节　东江流域生态补偿进展

东江流域生态补偿工作2005年就已启动，但迄今未有实质性的进展，与流域可持续发展的要求差距较大。

一　国家层面东江源的生态补偿

主要通过生态公益林、退耕还林、珠江防护林工程等专项资金实现，属于国家专项资金的财政转移支付。尽管2007年底，国务院正式批准建立东江源国家级生态功能保护区，2008年环境保护部批准东江源区为水源涵养重要生态功能区生态环境补偿试点，但未有配套政策跟进②。2010年，国务院印发了《全国主体功能区规划》，将东江源重点生态功能区划为限制开发区，明确要严格控制开发强度，不得损害生态系统的完整性和稳定性，为该区域正确处理经济发展与生态环境保护的关系，提出了应遵循的原则。2012年6月，国务院出台了《关于支持赣南等中央苏区振兴发展的若干意见》，明确提出加强生态建设和环境保护，增强可持续发展能力的意见，加强包括东江源在内的生态保护和生态修复治理，再次将东江源地区列为生态补偿的重点区域。

---

① 胡小华、方红亚、刘足根、陈小兰：《建立东江源生态补偿机制的探讨》，《环境保护》2008年第1期。

② 董战峰、林健枝、陈永勤：《论东江流域生态补偿机制建设》，《环境保护》2012年第Z1期。

二　江西保护东江源区生态环境的工作

江西省、赣州市及源区三县政府非常重视东江源区保护，提出了"既要金山银山，更要绿水青山"的源区发展指导方针，采取了一系列为中下游着想的保护措施，不惜牺牲自己的发展机会和经济利益[①]。

表 7—2　　江西保护东江源区生态环境进程

年份	工　作　内　容
2002	江西省政府向国家申报将东江源区作为特殊生态功能保护区。
2003	江西省人大通过了《江西省人民代表大会常务委员会关于加强东江源区生态环境保护和建设的决定》。
2004	江西省政府成立了"江西东江源国家级生态功能保护区建设试点领导小组"，由副省长主抓，下设办公室具体负责对相关法律法规和制度的落实与实施。同年 5 月，江西省政府批转赣州市政府作出了《赣州市加强东江源区生态环境保护和建设实施方案》，提出了具体措施。7 月，在泛珠三角"9+2"第一次区域环境保护合作联席会议上，提出了东江源生态共享及利益共享机制。11 月，江西省制定了《江西省东江源头区域生态环境保护和建设"十一五"规划》。
2006	江西省、市环保局按国家环保总局要求对《江西东江源国家级生态功能保护区规划》进行了修编，并通过了总局的评审。
2008	东江源地区被环境保护部批准开展水源涵养区生态环境补偿试点。
2009	江西省政府下发了《江西省人民政府加强"五河一湖"和东江源头环境保护的若干意见》，要求各级政府切实保护好"五河一湖"及东江源头生态环境，确保源头地表水水质达到Ⅱ类以上，生态环境保持优良。
2012	江西《主体功能区规划》，明确东江源重点生态功能区要严格控制开发强度，不得损害生态系统的完整性和稳定性。
2013	政协江西省政协调审议通过关于"建立'五河一湖'及东江源头保护区生态环境考核机制"的建议。

① 李志萌：《保护区生态环境功能退化的成因与对策——以东江源国家级生态功能保护区为例》，《鄱阳湖学刊》2012 年第 5 期。

三　广东对境内东江上游及流域补偿和生态建设

广东省对省内东江流域上游地区的补偿力度较大，方式以省级财政资金专项转移支付为主：一是从2003年起向省属的7座水库水电厂按0.5分/千瓦时的标准分别征收水土保持费和水资源费，用于支持库区和水源区移民应承担的水土保持和水源涵养任务；二是从东深供水工程费的收入中每年安排1000万元用于河源地区水源涵养林的建设；三是自2006年起每年投入250万元用于东江水质的监测管理①。

广东省对东江水资源及东深供水工程管理形成了比较系统的立法、政策及措施：

1. 广东省就东江水质保护制定的法规

《东江水系水质保护条例》《东深供水工程水质保护规定》《广东省珠江三角洲水质保护条例》《广东省跨行政区域河流交接断面水质保护管理条例》《广东省建设项目环境保护管理条例》《广东省东江西江北江韩江流域水资源管理条例》《广东省建设项目分级管理办法》。

2. 广东省依法制定有关环境保护规划及方案

《广东省环境保护规划》《珠江三角洲环境保护规划》《广东省东江流域水资源分配方案》实施东江水枯、丰期水量调度、计划用水管理及用水总量控制。

3. 广东省就东江水及东深供水工程水质保护及治污管理机制

省政府成立东深水质保护领导小组（1995年）、广东省东江流域管理局、省环境保护厅环境监察局东江分局、省水利厅水利水政监察局东江分局、深圳市东深水源保护办公室、深圳市公安局东深分局、广东粤港供水有限公司（2000年）、广东省政府直属企业——香港粤海集团的全资附属公司。

4. 广东省东江流域水资源基础设施

新丰江、枫树坝和白盆珠等一系列水量调度枢纽工程、建东深原水生物硝化工程、深圳水库污水截排工程、梧桐山河流域截污工程和南岭、大

---

① 董战峰、林健枝、陈永勤：《论东江流域生态补偿机制建设》，《环境保护》2012年第Z1期。

望等四个泵站、共设有116个水质监测断面。

5. 综合整治、污染控制设施

东江流域共建79座城镇生活污水处理厂、日处理能力630.7万吨；河源、惠州2市所有县全建成污染处理设施；河道污水处理工程10多项、日处理能力320多万吨；完成石马河调污工程、将石马河污水调入东莞运河；严格监控工业污染源；强化畜禽养殖业监管；加强东江流域林业生态建设。

6. 东江水质保护水质监测成效

东江干流3个江段（河源段、惠州段、东莞段）及东江北干流水质总体保持优良（Ⅰ—Ⅲ类），其中：河源段：Ⅰ—Ⅱ类；惠州段：Ⅰ—Ⅲ类；东莞段：Ⅱ类为主；东江北干流：Ⅱ—Ⅲ类；供港水质：Ⅱ类。

7. 东江水管理计划

大力调整产业结构、严格环保准入；加强流域区域协调、防止污染向上游地区转移、与江西省加强生态保护、防治水土流失、严格控制养殖业等；实施严格的水资源调度和管理：科学调度取水水量、河道采砂监督管理、强化石马河调污工程、潼湖水闸等水利工程的监管；加快推进生活污水处理设施和配套管网建设；加强打击环境违法行为；加强污染源在线监控系统建设；积极探索生态补偿机制。加强跨省区交接断面监测、实施东江水工程水质安全保障与应急处理方案。

8. 东江流域水资源管理资金投入

广东省政府对东江水的资金投入主要在几方面，包括建供港输水通道（49亿元），建立东江及东深水质保护专项基金分别为每年1849万元及2250万元。从2001年至2010年共筹集资金约1亿元为完成东江水源林改造工程面积达34.72万亩。2008年后共以4.8亿元建设东江流域污水处理设施。目前沿河域各市均大量建成污水处理及生态保护设施。

四 香港对广东“东深供水工程水资源费”补偿保护

香港地区对广东省支付“东深供水工程水资源费”，购买广东省的供水服务。目前，广东保证每年向香港供应11亿立方米Ⅱ类达标水，而香港每年向广东省支付24.5亿港元供水费。自2006年开始，“东深供水工程水资源费”中每年有1.5亿元资金用于东江源区生态环境保护，而这

1.5个亿，也是下游受益区的粤港，对上游江西省水源区三县的唯一补偿，但至今未能有效到位[①]。

从上述情况来看，促进东江流域共建共享的生态补偿机制远未建立，特别是针对水源区的生态补偿机制建设尚处起步阶段。首先，生态建设的实际投入与流域生态补偿资金的需求之间仍存在较大差距，尤其是目前水源涵养区的三县，其生态环境建设的投入还是以自己解决为主，有限的财力比之巨大的生态环境工程建设资金需求，实在是差距甚远。其次，目前的生态补偿仍以区域内补偿为主，赣粤港三地间的跨区域横向补偿机制没有开展。再次，流域供水生态服务的提供方与受益方之间的补偿和受偿关系没有理清，如下游地区对水源区是否应该补偿，补偿标准如何确定等，三地长期以来一直关注并存在争议，亟须解决。最后，目前的生态补偿实践具有明显的行政主导特征，且主要以纵向政府财政转移支付为主，基于市场机制或其他形式的补偿基本没有开展。

第四节　东江流域生态补偿的构架

随着工业化、城镇化速度的加快，生态环境面临着来自经济加速发展的强大压力，在贫穷的东江源区，这种压力更为突出，而采取生态效益补偿等措施以获取更多的资金支持是源区生态保护工作持续性的重要保障。

一　补偿的原则

生态补偿机制建设必须明确流域生态补偿的主体、对象和范围。坚持“谁开发、谁保护，谁破坏、谁恢复，谁受益、谁补偿，谁污染、谁付费”的原则。补偿水平应与其提供的流域水生态服务或受损程度紧密关联。[②]

明确流域水源地和上下游各地区均有保护流域的责任。坚持公平发展、共建共赢原则。各地区应根据受益程度分担不同的补偿责任，共同协

---

① 董战峰、林健枝、陈永勤：《论东江流域生态补偿机制建设》，《环境保护》2012年第Z1期。

② 孔凡斌：《江河源头水源涵养生态功能区生态补偿机制研究——以江西东江源区为例》，《经济地理》2010年第2期。

调促进流域健康发展。

结合当前的制度和政策基础，坚持技术支撑，稳步渐进的原则。东江流域生态补偿机制建设呼吁多年，但仍未实质开展，必须先易后难，制度可操作的方案。循序渐进，注重针对性和可操作性。

在现有的行政主导的流域治理格局的体制下，坚持政府主导，多方协调原则。补偿的主导方式仍将以政府间财政转移支付为主，但也要逐步引导建立多元化的筹资渠道和市场化的运作方式，重视政策补偿、智力补偿等其他方式。

二　生态补偿主体

从宏观层面看，明确东江流域生态环境保护建设的直接受益方，是国家、流域的水源区三县、广东省东江上下游各用水城市和香港地区。因此，东江源区生态补偿的主体应是国家、广东省、江西省和香港地区。从微观层面看，流域内各地区各行业部门的用水企业、水力发电站等也是受益主体，也是生态补偿的主体，同时东深供水工程管理部门以及受益城市居民可以作为间接补偿主体。[①]

三　生态补偿客体

对于水源涵养区和饮用水水源地而言，补偿客体在东江源区内，为水资源保护作出牺牲和奉献的企业、单位和个人都应该成为补偿对象，主要包括：流域上游地区政府、企业、农民。补偿客体包括地方政府、为保护作出重大贡献和牺牲的公众。在实际操作过程中，可以由地方政府作直接补偿对象，代表上游地区企业和个人利益接受补偿以后，再把上游地区的企业、农民作为间接补偿对象，这需要地方的作为和落实。

四　生态补偿标准设计

补偿标准设计是否合理是流域生态补偿机制能否发挥效能的关键。结合国内外流域生态补偿实践的初步经验，建议东江流域生态补偿标准设

① 李志萌：《流域生态补偿：实现地区发展公平、协调与共赢》，《鄱阳湖学刊》2013年第1期。

计：一是基于水质、水量双因素考核的生态补偿方式。东江流域上下游各地区间补偿标准的设计由上下游地区在核算流域水环境治理成本后，结合各自实际情况议定。二是综合考虑东江水源区的生态环境建设投入和发展机会成本。水源地补偿标准设计，包括为提供高标准供水服务而实施的环境综合整治、农业非点源污染治理、城镇污染处理设施建设和运营、水利设施修建等项目的投入成本；为实现水质水量达标供应所需的移民安置投入、限制产业发展造成的损失、产业转型的成本等。补偿额的分摊应考虑江西赣州三县、广东省和香港地区的受水量和经济发展水平；并逐步将各地区受益的流域生态服务因素纳入生态补偿标准设计。①

五　生态补偿方式选择

从国内外实践看，流域生态补偿方式主要有资金补偿、政策补偿、产业补偿、市场补偿、智力补偿、社会捐赠等。②

表 7—3　生态补偿主要方式

补偿方式	具体内容
政策补偿	政府补偿应是东江流域生态补偿的主要来源。国家、江西省、广东省、香港地区共同加大对东江源区三县的资金补偿，并构建东江流域基于上下游地区间横向财政资金转移支付的生态补偿机制，以促进流域上下游地区间生态环境责任与经济责任的一体化。 东江源区国家级生态功能保护区的配套财税政策。
建立水权交易市场体系	目前，东江源区基于水权交易的市场补偿方式还较难开展，付费形式的补偿具有可行性。 广东已实行的向香港供水的收费机制应合理惠及上游及水源保护地区，建议开展流域上下游各地区供水服务成本核算，以此为依据将香港提供的补偿资金分摊到各有关地区。

① 董战峰、林健枝、陈永勤：《论东江流域生态补偿机制建设》，《环境保护》2012 年第 Z1 期。

② 同上。

续表

补偿方式	具 体 内 容
生态税费的收取	水源区因其作出了重大贡献的，应考虑向受益区收取生态补偿费或生态补偿税，经国家财政专项转移支付给东江流域生态服务提供区。
产业补偿	处于下游的广东一些地区以及香港地区可通过对口支援水源区和上游地区实施生态产业补偿，通过异地开发或推动当地的绿色企业和民间资本进入水源区及上游地区，以生态产业发展带动当地经济发展，促进生态环境建设。
智力补偿	对上游作出生态环境建设贡献的林农、民众，开展文化科技的培训，提高他们的职业能力，提高他们生产生活能力，使他们成为保护环境转产转业，科学进行生态保护与建设。
社会捐赠	建立生态补偿社会捐助办法，成立源区生态补偿社会捐助机构，通过社会捐赠这一生态补偿的方式，给予了水源区一定的援助。

第五节 完善东江流域生态补偿的政策建议

一 发挥中央和省级政府的主导作用

生态补偿机制建设，政府应从全局利益出发进行公益性指引。国家统筹协调流域范围内的省际之间的利益与生态补偿，通过生态补偿立法，将整个流域作为一个整体，协调上下游省际之间的利益冲突与矛盾，通过中央推动，开展东江流域作为国家跨省流域生态补偿试点工作，协调两省加强协商对话，求同存异，超脱具有狭隘主义的局部利益，从宏观上制定更具公益性的政策措施，从而整体性地优化资源配置效率。中央政府主导下的赣粤港省际之间的利益协调是落实生态补偿的核心，省际协作坚持“以问题的解决为焦点，以协调合作为手段，使形成的行动导向方式更加富于和谐、创新、平等氛围”的理念，让下游区域的积极“反哺”，为上游区域保护流域生态环境提供动力，使流域生态补偿得以落实[①]。

① 李志萌：《流域生态补偿：实现地区发展公平、协调与共赢》，《鄱阳湖学刊》2013 年第 1 期。

二 建立东江源生态补偿基金

国家、广东省、香港和江西省共同出资建立东江源生态补偿基金，基金专用于源区的生态建设和环境保护。江西、广东两省可设立东江源生态补偿资金专项账户，成立东江流域生态补偿基金，资金来源主要是中央公共财政转移支付的生态补偿资金、省级财政支付的生态补偿资金、水电生态附加费等。生态补偿专项资金列入省、市两级公共财政设立的生态补偿基金账户，专款专用。上下游地区应制定《东江流域生态补偿基金管理办法》，界定好有关各级政府在流域生态补偿工作中的职责、权限，对专项资金的补助范围、标准和对象，资金使用、监管等予以明确规定，确保生态补偿资金收支规范。具体包括：(1)配套建立源区生态保护绩效评估体系和生态补偿基金使用管理办法。(2)国家协调香港与广东的水价谈判，明确水价中的一部分用于东江源区的生态保护与建设。(3)国家财政可以安排一定的国债等专项资金，以低息或贴息，扶持源区的生态建设与保护项目。(4)江西省制定相关行业补偿政策，建立生态补偿资金。

三 构建东江流域生态补偿上下游协商机制

建立健全流域生态补偿制度特别是省际之间的利益冲突是一复杂的系统工程，它涉及公共管理的各个层面和各个领域，牵涉面广，需经过上下游地区反复的协商及博弈，应在政府主导、省际协作基础上，开展江西、广东、香港三地区协商对话和联席会议制度，共同核定生态补偿金，议定生态补偿标准，协商改进生态补偿机制、联合开展生态补偿关键技术研究攻关等，将流域生态补偿纳入规范化、法制化轨道，求同存异，确保东江全流域以及香港地区的供水安全，实现省际之间协调共赢。

四 建立完善的技术支撑体系

建立流域生态补偿实施效果评价机制，通过环境影响评价制度、环保监测制度等对重点流域进行持续的跟踪式评估，并以法规确定流域生态补偿的综合性价值评估体系。江西、广东两省有关部门及有关市县需议定“流域生态补偿标准测算指南”，指南设计应考虑生态补偿标准实施的动态性，对上游水源区的补偿近期可主要考虑生态环境建设直接投入以及一定的发展机会成本，在长期应逐步将流域生态服务价值纳入；流域上下游地区间在议定跨界生态补偿标准时，应重视开展上下游地区的环境治理成本和污染损害成本核算，增进生态补偿标准的科学性和合理性；生态补偿金的分配不仅要考虑补偿对象的财力水平因素，也要将其流域治理面积、森林覆盖率等生态环境因素纳入。加强东江流域的监测能力建设。环保部门与水利部门应协商统一，协调流域交界水质监测断面与水量监测断面布设，尽量实现两类监测断面的基本重合，并搭建流域跨界断面水质、水量监测数据实时共享数据平台，为生态补偿金核定提供依据。

五　加强国家层面的政策法规支持

如果缺乏国家层面的政策和法规指导，地方生态补偿试点带有一定的盲目性，而且实施的许多生态补偿措施法律依据不足，甚至存在“违法”问题。建议国家尽快制定生态补偿的专门法律法规，协调跨省级行政区域的补偿事项。通过制定有关法律法规，明确生态的受益和责任主体，建立较稳定的生态补偿融资渠道；加大国家相关部委的对口援助力度，包括天然林保护工程、生态公益林工程、退耕还林工程，生态农业试点项目、水土保护工程等方面；协调珠江水利委员会，在流域规划和保护工作中突出东江源区的应有位置，将东江源的生态环境建设和保护纳入珠江流域相关规划之中，并给予重点支持。

六　加强东江流域的监测能力建设

东江流域生态补偿机制的实施需要跨行政区交界断面水质与水量监测数据以及水源地水质水文数据作为支撑，目前东江干流与支流水质监测尚未实现实时自动监测，水质与水量监测分别由环保部门与水利部门负责，水质监测布点与水文监测布点一般并非完全相同，与生态补偿机制建设需求存在较大差距。建议由东江流域生态补偿联席会议统一协调流域交界水质监测断面与水量监测断面布设，尽量实现两类监测断面的基本重合，并搭建流域跨界断面水质、水量监测数据实时共享数据平台，为生态补偿金核定提供依据①。

① 董战峰、林健枝、陈永勤：《论东江流域生态补偿机制建设》，《环境保护》2012年第Z1期。

第八章　稀土产业转型发展与矿山生态修复

稀土是21世纪具有战略地位的元素，是发展高新技术产业的关键元素、新材料的宝库。江西赣南地区是我国重要的稀土矿产资源开采地和矿产品出口贸易基地，其中重稀土储量超过世界总储量的15%。2011年国土资源部公布11个稀土国家规划矿区，其中有3个在赣南。2012年下发的《国务院关于支持赣南等原中央苏区振兴发展的若干意见》明确提出，"将把赣南建设成具有较强国际竞争力的稀土、钨稀有金属产业基地。"国家新政进一步强化了赣南稀土战略地位，如何将赣南的资源优势转化为产业优势，转变稀土产业发展方式，加大稀土矿山的环境治理，积极推动稀土资源保护、合理开发利用及矿山的修复，是实现稀土资源开发利用的经济效益、社会效益、环境效益协调发展的基础。

第一节　国内外稀土产业发展状况

一　全球稀土分布与产业发展现状

尽管稀土在地壳中的分布并不稀少，但已发现可供开采的稀土矿床却只分布在少数的几个国家。迄今为止，世界上具有开采价值且规模较大的稀土矿床位于中国、美国、澳大利亚、俄罗斯、印度和波罗的海国家。目前，全球从事稀土开采和生产的国家主要是中国、印度、俄罗斯、马来西亚等。从目前世界稀土矿产量来看，印度稀土产量为2700吨，占世界产量的2.1%；俄罗斯稀土产量为2000吨，占世界产量的1.6%。巴西和马来西亚的稀土产量均不足世界稀土产量的1%。美国从2002年后基本不再有稀土矿开采。中国在20世纪80年代作为稀土矿生产大国出现在世界稀土经济舞台上，随着稀土矿产量的逐年增加，已是重要稀土精矿生产国。2003年后，中国稀土精矿产量占全球稀土精矿产量的比例已达95%以上。

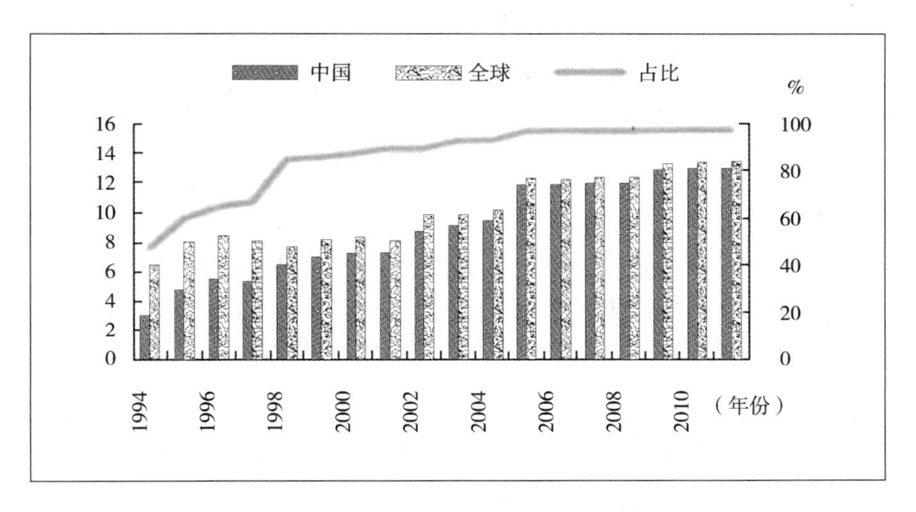

图8—1　中国稀土矿产量占全球比例

数据来源：USGS，稀土信息

近几年来，随着中国稀土资源的开采和消耗，中国的稀土储量占世界稀土储量的百分比逐渐下降，2005年中国稀土产量占全世界的96%；出口量世界第一，中国产量的60%用于出口，出口量占国际贸易的63%以上。至2012年初统计数据显示，我国稀土世界占有量由2005年的96%下降至30%①，而国外发现的稀土矿产却越来越占有重要位置。国外主要的稀土矿山有美国的芒廷帕司稀土矿和贝诺杰稀土矿、加拿大的托尔湖和霍益达斯湖稀土矿、澳大利亚的韦尔德山稀土矿和诺兰稀土矿等②。同时，尽管中国是全球最大的稀土生产、消费和出口国，但却未能把得天独厚的资源优势转化为经济优势，多年来由于产能过剩严重，行业竞争混乱，稀土以低廉价格流失。目前稀土产业过于分散的格局和现行以“地方管理为主”的体系，加大了稀土开采加强监管和有效整合的难度。相反地，日本、韩国等没有稀土资源的国家却从我国廉价购买了足够使用20年左

① 《稀土分布概况》，中国科协网站，2012年9月25日。

② 胡朋：《国外稀土资源开发与利用现状》，《世界有色金属》2009年第9期。

右的稀土产品作为储备，并渐渐掌控了稀土的国际定价权。[①]

中国以占到全球30%左右的稀土储量，提供了全球90%以上的稀土生产量和贸易量。所以，稀土产业的发展需要建立国际经济全球合作新秩序，一方面，其他拥有稀土资源的国家也应积极开发利用本国的稀土资源，共同承担全球稀土供应的责任；另一方面，我国应寻求开发稀土的替代资源、提高稀土资源利用率方面与和各国加强合作，进一步提高稀土在开采、生产、加工中的绿色环保技术，实现稀土产业有序与可持续发展。[②]

稀土行业的持续健康发展，关系到稀土这一重要自然资源的永续利用，更关系到人类赖以生存的地球家园的和谐美好。当今世界，各国相互依存、共生共荣，在稀土问题上应该加强合作，共担责任，共享成果。

二　国内稀土资源分布及产业带来环境影响

我国的稀土矿划分为南、北、西三大区，南区为江西、广东、福建、湖南、广西，北区为内蒙古、山东，西区为四川。[③] 2009年至2015年，我国的轻稀土矿，将重点发展内蒙古和四川，有条件性地发展山东。而中重稀土，则将重点发展江西、广东、福建。我国稀土因资源情况分为南北稀土，北方稀土主要指内蒙古包头和四川稀土，南方稀土主要指以江西为代表的江西、福建、广东、湖南等省的南方离子型稀土。[④]

我国稀土产业的发展，在很大程度上是以资源的过量消耗和生态环境的破坏为代价的。目前我国稀土资源在矿山开发和生产环节存在的环境问题主要是生态植被破坏、水土流失、“三废”排放超标等。一些含有放射性的尾矿和废渣也没有得到妥善处理，给环境造成了一定的污染。在稀土开采过程中，国内相当多的稀土企业缺乏环保设施或环保投入不够。另一

---

① 邢晟：《我国稀土国际市场定价话语权的困境与对策研究》，《价格理论与实践》2011年第11期。

② 霍再强：《我国稀土国际贸易议价能力制约因素的系统思考》，《中国商贸》2014年第5期。

③ 《中国的稀土状况与政策》白皮书（全文），http://blog.sina.com.cn/s/blog_92df76be010149ty.html。

④ 沈祝芬：《2010年江西省稀土产业发展分析》，《中国金属通报》2011年第4期。

方面，国内制定的稀土产业开采的环保标准偏低，而且执法不严，矿山环境恢复治理和污染治理费用尚未计入生产成本，导致产业进入门槛低下，造成当地的生态环境破坏严重。

目前无论南方北方，稀土开采对环境的破坏都很严重。在稀土开采广泛使用的池浸工艺每开采1吨稀土，要破坏200平方米的地表植被，剥离300平方米表土，造成2000立方米尾砂，每年造成1200万立方米的水土流失。比如包头白云鄂博大量的稀土经过选矿流进了尾矿坝，尾矿坝因不断加高容量扩大，又处在干燥、少雨，多强风的高原地区，加剧了尾矿扩散成为砂尘源。该尾矿不仅污染坝外土壤，对周围环境也造成污染。四川大部分采矿场存在废石乱堆放、原矿现象严重造成水土流失、河道堵塞，由于乱采滥挖，存在安全隐患，给矿山生态环境造成破坏和环境污染。赣州稀土矿的过度开采和冶炼，曾经导致赣南地区约有1500万亩土地的地表植被遭到破坏，水土流失严重，赣江水系河床升高。[①②]

第二节　赣南稀土产业发展及其对环境的影响

一　赣南稀土矿资源分布、储量

江西稀土资源绝大部分分布在赣州，矿床稀土元素配分齐全，特别是中重稀土元素含量高，易采选，具有极大的工业意义。赣南稀土矿产资源的发现和开发，形成了我国北方以处理轻稀土为主，南方以处理中重稀土为主的轻重两大产业体系的格局。目前赣州市18个县（市、区）都有稀土资源分布，截至2010年底，累计查明离子型稀土资源储量79.1万吨，保有稀土资源储量34.1万吨，占全国同类型稀土保有储量的60%左右[③]。表8—1和表8—2列出了赣州市稀土资源（轻稀土、重稀土）储量分布情况。

东江源区的安远、定南、寻乌隶属赣州，三县离子型稀土资源储量、保有稀土资源储量分别占赣南57.65%和56.83%。要保护好东江源头的

---

① 程建忠、车丽萍：《中国稀土资源开采现状及发展趋势》，《稀土》2010年第4期。

② 刘乃瑜：《我国稀土产业新监管框架的形成背景综述》，《商场现代化》2010年第12期。

③ 沈祝芬：《2010年江西省稀土产业发展分析》，《中国金属通报》2011年第4期。

水质，发挥其水源涵养的重要功能，积极推动稀土资源保护性利用、加大稀土矿山的环境治理，及时开展矿山修复，显得尤为迫切而重要。

表 8—1　　　　赣州市稀土资源储量分布情况表（轻稀土）

县（市）名	查明资源储量（金属量、吨）	保有资源储量（金属量、吨）
信丰	12952. 61	9175. 9
宁都	1841	1801
赣县	5938. 33	852. 33
安远	48433. 48	16230. 59
定南	111038. 63	50460. 6
全南	23664	20033
寻乌	371621	113192. 19
会昌	2839	2839
合计	578328. 05	214584. 61

表 8—2　　　　赣州市稀土资源储量分布情况表（重稀土）

县（市）名	查明资源储量（金属量、吨）	保有资源储量（金属量、吨）
信丰	20397	19233
赣县	5823	1627
安远	35556. 4	13894. 92
龙南	150997. 08	87728. 63
合计	212773. 9	122483. 6

二　稀土矿开采存在的问题和影响分析

长期以来，由于缺乏有效的规制管理，一些地方和部门受各自利益驱动，一度出现一哄而上、过量开采、稀土分离冶炼低水平重复建设的现象，乱采滥挖、资源浪费、水土流失现象严重。矿山生态环境缺乏必要的保护意识，乱采滥挖，不规范开采，破坏了矿区的土地和植被，影响了矿区的生态环境[①]。2007 年底统计赣州市有矿山数 1197 个（统计

① 《加强管理　科学规划　实现稀土产业的可持续发展——热烈祝贺中国（赣州）稀土发展战略研讨会召开》，《稀土信息》2006 年第 6 期。

数）。矿区地质环境现状及存在的主要环境问题有：窿口、露采、废石和尾砂及相关设施侵占土地，破坏植被，形成水土流失，河道淤塞、矿区周边生态环境严重恶化。矿山废渣（包括废石及尾砂）不规范堆积和排放诱发崩塌、滑坡、泥石流地质灾害。地下开采形成大面积的采空区、造成矿坑冒顶（地压）和地面变形或塌陷、矿山排水引起水均衡破坏及水土污染等。

1. *矿石开采对矿区周边环境造成严重影响*

采矿活动破坏了原地的植被、改变了土地的现状，导致水土流失的发生。特别是露天采矿对原状土地植被破坏较大。对环境的影响主要是土地、水系酸化以及浸矿液投放不适当造成的滑坡、崩塌等地质灾害。在选矿过程中由早期的草酸沉淀发展到现在的碳铵沉淀，造成土地沙化，土壤板结、水土酸化、富肥而使农作物减产。据统计，赣南地区开采稀土每年破坏的生态植被1500万亩，形成荒漠山地约213公顷，产生废弃土、尾砂1600万吨。

2. *矿产开采资源综合利用率低，浪费严重*

目前赣州现有88个稀土矿山，分布在龙南、定南、全南、赣县、寻乌、安远、信丰、宁都8个县，采矿权面积82.2015平方公里。其原地浸矿工艺综合回收率一般为70%—80%，但复杂类型稀土矿采用原地浸矿工艺，总回收率仅32%—44%，比世界平均水平低10—20个百分点。由于矿山企业“三率”（采矿回采率、采矿贫化率、选矿回收率）水平低，在资源储量不足的状况下又造成了矿产资源的大量浪费。稀土矿大多是共伴生矿，对共伴生矿进行综合开发的仅有1/3，而其采选综合回收率及综合利用率也分别只有30%[①]。

3. *废弃矿、尾矿治理任务严峻*

稀土尾矿目前成了占用农田、制造环境污染和次生地质灾害的杀手。矿山诱发的灾害与生态环境问题未引起足够的重视，防范不力，矿区地面塌陷造成大支量耕地等土地损毁而未予及时恢复，矿山排水造成大面积地下水资源枯竭或污染等问题引起生态环境的破坏。2010—2011年，赣州

---

①　陈元旭：《从可持续发展看我国非传统矿产资源的开发与利用》，《北京市经济管理干部学院学报》2005年第3期。

市启动了废弃矿山摸底调查工作，调查结果表明：14 个县中废弃稀土矿山共有 378 个矿区，共有面积为 116.43 平方公里，已经治理面积为 11.10 平方公里，正在治理面积为 3.99 平方公里，尚未治理面积为 101.34 平方公里。赣州市稀土资源废渣排放情况统计见表 8—3。

表 8—3　　2008 年底赣州市稀土资源废渣排放情况统计　　万吨；%

废石类型	年产出量	年处理量	未处理量	占区积存量比例（%）
废石	286.96	215.81	1637.13	12.39
尾砂	228.34	142.74	1794.35	21.76
废渣	515.30	358.30	3431.49	15.99

三　稀土矿生态修复存在的问题

1. 环保资金严重不足

目前治理环境的资金严重不足。长期由于赣州稀土的开采环境保护不够重视，大量开采造成严重的资源浪费、环境污染和地质灾害隐患，生态环境治理形势严峻。经调查，仅废弃矿山治理一项，就必须投入数十亿元巨资。但赣州各资源县地处山区，属革命老区，发展能力很弱，地方财政十分困难，很多上级扶持项目难以调剂出配套资金，因此，资源实行保护性开采与地方经济发展的矛盾突出。例如龙南县国土资源局 2007 年曾经向有关部门提出申请，对于全县稀土矿山环境进行综合治理，报告所提项目有理有据，紧缩开支，精打细算，结果是申请中央财政资金 1200 万元，地方配套 1093.11 万元，即总概算 2293.11 万元。这仅仅是 2008 年、2009 年两年的治理费用。龙南县是赣南地区稀土 10 县中环境治理较好的县，对于其他稀土环境欠账较多的县，这点钱是远远不够的。全市估计，稀土环境治理总费用可能达 7000 万/年。

2. 监管难度大，违法开采现象仍时有发生

尽管赣州地方政府保持对各类非法矿业活动严厉打击的高压态势，但由于受多种客观原因的影响，非法开采稀土现象仍时有发生。一是受利益驱使，在稀土价格高涨时期，往往有部分不法分子不惜铤而走险；二是由于赣州稀土资源广泛附存于地表浅层，加上稀土开采工艺简单，开采成本低，极容易发生盗采行为；三是赣州稀土资源分布点多面广，大多分布在

人迹罕至的边远山区，巡查发现的难度极大，给监管带来很大困难；四是长效机制的落实不够平衡，特别是有的乡（镇）、村（组）对专项整治工作积极性不够高，工作往往处于被动局面。

3. 矿山生态环境历史欠账多

由于历史的原因，特别是20世纪八九十年代，受“有水快流”“四轮驱动”政策的影响，使赣州的稀土过度开采、乱挖滥采、污染环境。目前，赣州现有废弃稀土矿点542个，毁坏面积94.4平方公里，尚未治理面积70.15平方公里（约10.5万亩）。这些废弃稀土矿山严重破坏了生态环境，造成不同程度的地质灾害隐患、矿区土地资源浪费严重，大面积土壤受到不同程度的酸性污染，雨季时尾砂淋漓，冲刷农田，河流受到不同程度的淤积，给当地人民群众生产生活带来严重的危害。稀土原地浸矿工艺虽不易破坏植被，也不易造成水土流失，但因氨氮过剩，也会造成一定的环境污染，矿山环境治理形势依然严峻。此外，在矿山生态环境恢复治理过程中，残留的稀土、钨资源的回收利用没有政策支撑，造成工作被动。

4. 资源整合工作进展较缓慢

稀土产值规模目前偏小，相对于铝、铜、铅、锌来说，稀土获利空间有限，造成大型企业发展稀土业的动力不足。矿区整合工作由于涉及利益主体多元化和相关部门政策协调性差等因素，已经成为制约资源整合的瓶颈，整合工作面临着诸多难于协调解决的问题，加上推进资源整合的过程中所能获得的法律法规支持较少，更多的是依靠行政手段去推进，资源整合工作推进步伐缓慢。稀土产业涉及地方经济利益，造成有些政府对整合动力不足，也造成资源整合工作进展缓慢。

5. 科技支持力度不够

稀土环境治理主要需要工程治理和生物治理相结合的技术，需要地质人员、水文人员和生物工程人员配合，在系统理论指导下统一行动，综合治理。这就要求领导者有充足的科学知识和指导能力。废水处理则是水化学科技人员发挥专长的领地。所有这一切活动的安排，需要环境地质学研究基础，绘制稀土矿区大比例尺环境地质图，作为施工的基础条件。这样一些问题在赣南其他县还没有解决好，在龙南县也遇到新的同类困难。而且目前稀土环境治理技术人员，在总体上显得缺乏。

第三节　稀土矿矿山环境治理与土地复垦

一　赣州市稀土矿产资源开采历史及存在的问题

1. 开采的历史

赣南是我国重要稀土矿产地之一，工业价值很高，而勘探和开采都较容易的离子吸附型稀土矿在赣南各县多有分布，1987 年底，即已经探明稀土氧化物储量 56.7 万吨。其中重稀土占全国总量的 82.28%。赣州市稀土矿产资源开采经历了萌芽期、高峰期、萎缩期、整顿期、整合期、规范期历史[①]。

表 8—4　　赣州市稀土矿产资源开采历史

阶段	时期	开采情况
萌芽期	1970—1983 年	只有龙南足洞和寻乌河岭两个矿区稀土进行探索性开采
高峰期	1984—1990 年	除石城县外，每个县都有稀土开采，基本处于无序开发的状态，最高峰（1989 年）时，有县局发采矿证的矿山就达到 1035 个
萎缩期	1991—1999 年	市场疲软，价格回落，大部分矿山自动停采。
整顿期	2000—2007 年	政府加大稀土开发整治力度，矿山数在 2000 年减至 88 个，开采秩序有无序变为规范
整合期	2008—2011 年	稀土开发利用开始走上规模化经营、集约化发展道路
规范期	2011 年至今	稀土国家规划矿区，强化赣南稀土战略地位，转变发展方式，环境保护和资源利用相协调

赣州市稀土开采工艺经历了池浸、堆浸、原地浸矿 3 个发展阶段，采用池浸与堆浸工艺，对矿区生态环境造成极大危害。2003 年赣州停止采用池浸工艺，2007 年 9 月，市政府下发《关于停止堆浸工艺生产稀土及暂停稀土原矿生产的紧急通知》（赣市府办电〔2007〕218 号），全面停

① 陈建国、李志萌：《稀土矿矿山环境治理与土地复垦——以赣南“龙南模式”为例》，《2010 中国环境科学学会学术年会论文集》（第四卷），2010 年。

止了堆浸法开采稀土，全面推广原地浸矿工艺，回收率可提高20%，达到70%以上。对于一些相对复杂地质条件下的稀土由于不适宜原地浸矿工艺，将查明的资源储量加以保护起来。

2. 稀土矿区的主要环境问题[①]

生态恢复是当前生态学研究的重点之一。要研究赣南稀土矿区的生态恢复，先要弄清楚矿区的主要环境问题。20世纪八九十年代，受“有水快流”思潮影响，东江源区县矿业开发处于无序状态，小矿林立，1988年有各类矿山403个，1995年增加到585个，民采人员达10万余人。[②]赣南稀土矿的发现（1970年前后）比钨矿要晚得多，但稀土开采所造成的环境问题比钨矿要严重。例如，定南县稀土矿生产矿山最多时高达187个，而且都是采用对环境破坏较大的池浸工艺；寻乌县的稀土开采也造成诸多环境问题；唯安远县为保护三百山东江水源，对稀土矿开采刹车较早，先后关闭300余个稀土矿，2005年底以前即自筹资金，投资130.8万元，恢复治理10个稀土矿山，环境状况较好。据不完全统计，东江源区里急需复垦的矿区土地面积已达46.21平方千米。“龙南模式”本质上是从对矿区环境问题进行调查研究开始，以龙南为例可以更清楚地说明开采稀土矿造成的主要环境问题：

（1）侵占耕地、破坏植被，造成水土流失。龙南开采稀土矿，目前，产稀土2.8万吨，完成产值13.6亿元。但在1994年以前，同其他县一样采用被称为“搬山运动”的池浸工艺，使3315亩山地寸草不生，矿业废渣达2200万立方米，万余亩山地荒芜，造成严重水土流失。流失的泥沙又毁坏8000余亩植被，400多亩农田，淹没道路、电杆、房屋，河流淤塞高1米以上，泄洪能力急剧下降，水旱灾害频仍。1994年采用原地浸矿法以后情况有根本好转，但新的环境问题是注液孔密集分布造成“瘌痢头”山，如果废液收集有漏洞，也会造成水和土壤污染。

（2）大量弃土尾砂堆集诱发多种地质灾害。①泥沙流，个别矿区堆积高度在10米以上，坡度达35°—60°，1998年洪水造成巨大灾难。②崩

---

① 陈建国、李志萌：《稀土矿矿山环境治理与土地复垦——以赣南“龙南模式”为例》，《2010中国环境科学学会学术年会论文集》（第四卷），2010年。

② 江西省国土资源厅网上资料，2009年7月28日，标题：“我省在东江源区矿产资源保护方面的工作”。

塌、滑坡，1998年某矿区滑坡规模达10万立方米，交通中断7天。矿区已发生崩塌、滑坡96处，规模数十万立方米以上者多次。

（3）土污染。有害元素主要为Pb、Cd等，尾砂库废水含Pb高达每升14毫克，含Cd0.024毫克。矿区及下游水中氨氮和硫酸根含量也常常超标，由此造成3万余人饮用水困难，4000多亩农田减收或绝收。有400多亩良田变成荒滩。

二　赣州“龙南模式”的推广运用①

与东江源区三县相邻的龙南县，稀土矿是1970年发现的，该县在开采中注意环境保护，创造了“原地浸取法”，1994年开始在赣南推广，被称为“龙南模式”。在采空矿山的复垦方面，龙南县做了很大努力，采用多种生物物种，建设种植基地，采取“山顶栽松，坡面布草，台地种桑，沟谷植竹”的整体布局，取得较好的生态经济效益。综合东江上游区各污染源，主要污染物排序是：稀土矿山开采水土流失 > 农业污染源 > 工业污染源 > 城镇生活污染源。矿山开采对环境破坏已构成主要危害，加强稀土矿矿山环境治理与土地复垦任务严峻而且意义重大。本文主要介绍“龙南模式”的技术要领，并说明其推广应用的必要性和可行性。

1. 原地浸取法

龙南县矿产管理局面对上述问题，经过科学地调查研究和艰苦实践，终于在1994年发明了稀土矿开采的“原地浸取法”。稀土矿原地浸取法不剥离表土，不用“搬山”，大大减少了泥沙流的产生，资源回收率也由50%—60%提高到85%以上，是保护环境和提高资源采取率相结合的好方法，其技术要领如下：

（1）选择有利的地形地质条件

赣南稀土矿属于花岗岩风化壳离子吸附型，一般正地形，对采用此法较为有利。需要事先勘探查明风化壳厚度。一般稀土矿的隆起地形从上到下分层顺序是：风化壳→半风化壳→原岩，稀土矿主要赋存于风化壳层中，在矿区顶部钻注液孔，将草酸液注入，让它在整个风化壳层中浸泡渗

① 陈建国、李志萌：《稀土矿矿山环境治理与土地复垦——以赣南“龙南模式”为例》，《2010中国环境科学学会学术年会论文集》（第四卷），2010年。

流，萃取稀土氧化物，萃取液顺半风化层（较薄）上部向下方渗流。在下方萃取液流出处设集液池承接草酸稀土，加碳酸氢铵使之沉淀，得到氧化稀土成品。

不是任何稀土矿山都能采用原地浸取法，此方法严格受地形地质条件限制：不允许有顺坡面节理或微断层面存在，否则矿液下渗时很容易引发滑坡、崩塌等地质灾害；而花岗岩中的断裂也会漏失矿液，这样不仅损失资源，更污染环境。所以断裂发育矿区不能采用原地浸取法。

（2）注液孔的合理密度及分布

要根据勘探结果确定。一般认为，其密度以超过求 C 级储量钻孔密度为宜。注液孔基本应均匀分布，孔径及孔深则要根据经验而定。

（3）集液池的修建技术

位置高低务必适当，高了矿液下漏，低了返回废液时增加水泵负担。容积大小适当，各壁面防渗措施有效，避免废液外泄造成污染。其外形各异，受矿体形状限制。

（4）废液完全循环使用

这是保证环境不受污染的重要措施。从集液池到液泵，从液泵的出液口再到返回废液的管道全程，直到山顶浸矿液注入孔，要求绝对密封，滴液不漏，即保证实现废液全循环。原地浸取法采矿结束后仍然需要强化环境治理，因为注液孔、浸矿液也会带来一定的环境问题。见图 8—2。

2. 采空矿山的复垦技术

龙南县实施矿山土地复垦总体技术路线是：采取地形测量、专项环境地质测量、山地工程、岩土物理性质及水化学性质测试等手段，进行矿山地质环境综合勘察工作；运用环境地质学、环境工程学、岩土工程学、园林学等有关理论进行分析，对尾砂堆和露采场采取阶梯放坡、拦挡、植被恢复，设立拦挡坝、截水沟等综合处理措施，消除崩塌、滑坡、泥沙流地质灾害的发生机制；对矿区固定后的尾砂地实行修平整理、覆土保护和综合利用。

（1）矿山环境地质综合勘察

测绘比例尺，1∶500—1∶1000，面积包括采空矿山水土流失区域。专项环境地质调查，矿区周边 1 千米范围，比例尺 1∶10000；环境破坏区按 1∶2000 进行，调查破坏历史和现状，绘制精确图件，作为工程措施设

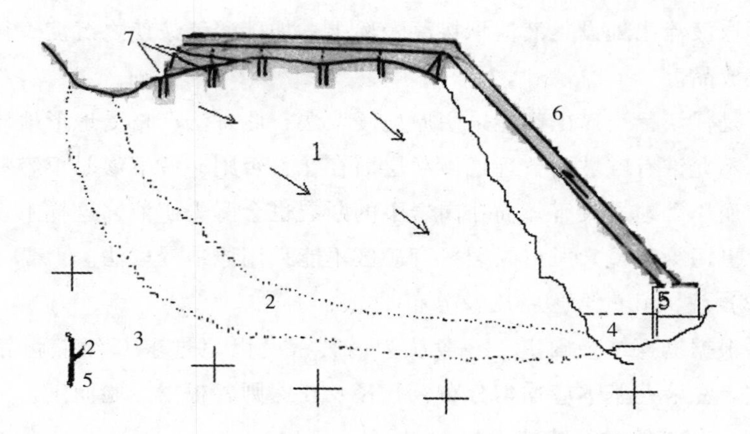

1. 风化壳；2. 半风化壳；3. 原岩（花岗岩）；4. 集液池；5. 液泵；6. 废液上行管道；7. 山顶注液孔。

箭头指示萃取液流动方向

图 8—2　废液循环示意图

计施工依据，采取包括布置探槽、浅井，甚至个别浅钻的措施。

（2）岩土工程勘察

在地面和浅部地下调查基础上，进行工程力学试验。了解堆集物、风化壳和岩石的力学稳定性，对水样、土样进行物理化学性质测试，为总体设计提供依据。

（3）新建拦砂坝和加固、加高旧坝

任何拦砂坝都有使用年限问题。一旦库容已满，坝体不是被超越，就是被冲垮，造成新的环境灾难。这时需要按不同情况采取不同应对措施：若剩余矿量不多，尾砂也不会太多者，上游建设新坝，或旧坝加高、加固；若剩余可采矿量较多，可能产生较多尾砂时，应另寻堆放场所，另筑坝拦挡。当然，采用新的“原地浸取法”采矿，是减少水土流失的根本措施。但对旧采矿方法造成的破坏，则应优先解决。

（4）推行“原地浸取法”技术

山头长期被采矿液浸泡，结构变得疏松，暴雨季节极容易产生崩塌、滑坡等地质灾害。浸矿液造成化学污染的问题并没有解决。所以在采用新技术的同时，龙南县又采取了更为严格的措施：

①强化源头管理，“一矿一方案”签订环境责任状，规定奖惩措施。

②对可能受污染农田实行改水工程。

③规范矿山环保措施，坚持沉淀池清液必须返回浸矿，废渣必须深埋，或送专门的处理厂处理。实行“原地浸取法”以后，前面提出的工程措施也丝毫不能松懈。

（5）土地复垦的前提条件

工程措施坚强有力，是土地复垦的前提之一。生物措施如果见了成效，对于拦砂工程也起保护作用。如果坝体质量较差，一遇洪水，在垮坝的同时，矿区覆盖的植被也会同时遭殃。

值得注意的是，计划要复垦处及其上游应再没有可采之矿，要求复垦不压矿。否则一旦开采，前功尽弃。

在完全确定停采的矿山及不再利用的尾砂存放地，即可放心进行土地复垦，而且必须及时进行土地复垦。

（6）土地复垦的准备工作

平复整理需要复垦的尾砂地，依地形采取人造小平原，或人造梯田的方式。对于平整好的土地先施基肥，再上盖10厘米左右黄土，在上面种草植树，同时地面布置排水沟。对于被流砂压埋的农田，要先清理淤砂，使农田尽量恢复原貌。这种方法原则上也适用于原地浸取采矿终止以后的矿山。

（7）土地复垦的生物物种选择

龙南稀土矿区复垦土地采用多种生物物种。如足洞矿区，建设了象草、经济林、蚕桑3个种植基地，整体布局是“山顶栽松，坡面布草，台地种桑，沟谷植竹”。龙南县水保局实施，由江西农业大学主持的试验项目，投资150万元，在尾砂地上种植百喜草、狗尾草等草本植物，主要作用是固砂、培育土壤和增加有机质；之后种植经济作物，有桑、松、杉、杨梅、梨、桃、板栗等。复垦区竹林一般长得相当好，因为花岗岩是富硅岩石，利于竹子生长。有的地方还种蔬菜，效果也不错。

多样性的生物群落有利生态平衡和防治病虫害，其经济收益能调动当地百姓和矿工家属绿化矿区的积极性。

（8）整顿矿山秩序，加强综合管理

矿区土地复垦是综合性工作，比如植物生长需要良好的水环境，龙南在矿区下游设立总污水处理厂，使污水处理达标后排放。计划建立稀土尾砂陶瓷厂，“吃掉”那些尾砂。但是，稀土矿开采毕竟点多线长，投资建矿者的成分较杂，管理有一定难度。针对这种情况，龙南县规定：A 严格控制生产规模，每年下达限产计划；B 取缔非法灼烧稀土窑，改进工艺，减少灼烧废气污染；C 建立填报《环境影响报告书》制度；D 矿山法人代表在签订《矿山环境责任状》同时，缴交一定量环境治理保证金。

龙南县专门成立“稀土生产经营领导管理小组”，每年组织 1—2 次矿山秩序、环境大检查，发现问题及时处理。从每吨稀土产品中提取的环境治理费用 3000—6000 元，专款专用。对于违反有关规定的行为严查严办。

3. 环境、社会、经济效益

早年因缺乏有效管理，矿山秩序混乱，各矿竞相压价，氧化稀土最低跌至 280 元/吨度；加强管理以后，上升至 520 元/吨度。管理前后差价 240 元/吨度，接近一倍。30 多年来，矿山共生产稀土 24000 吨，完成工业产值 10.4 亿，实现利税 3.12 亿元。这样推算，至少有 3 亿—4 亿元产值是因为加强管理而产生的。

近年来“龙南模式”知名度渐高，舆论对于政府的监督作用，上级领导对于龙南关注程度也在提高。这种社会影响力，也促使矿山经营者和管理者，更自觉地保护和治理矿区环境。

虽然受某些条件限制，龙南矿区环境的治理还不尽如人意，但与其他未能及时治理的稀土矿区相比，效果还是明显的。

4. 对于东江源区生态建设的借鉴意义

对于东江源区三县，“龙南模式”，包括曾经走过的弯路，都有警示和借鉴作用。龙南的做法，如先敷设基肥、黄土，后种植物；先种草后种树；多种类植物共生；先靠工程措施保证，后用生物措施彻底治理；严格组织管理等措施，这样一些基本经验对东江源生态建设都具有借鉴意义。

根据江西省矿产资源总体规划，东江源区所在的寻乌县、安远县、定南县分别编制了矿产资源总体规划。划定了安远三百山、定南云台山、寻乌青龙山 3 个矿产资源禁采区，禁采区内禁止一切采矿活动；规划了定南县南丰云台山稀土矿区、安远县牛皮寨涂屋稀土矿区、寻乌县河岭稀土矿区等有资源，但开采技术、综合利用条件不成熟的矿区以及开采过程对环境破坏大、恢复治理困难的矿区为限制开采区，规定在限制开采区内不扩大产能，不设立新的矿山企业；将寻乌南桥稀土矿区、定南沙头稀土矿区划定为保护区，关停区内稀土开采矿点。对东江源区非法采矿活动进行了坚决整治，关闭稀土矿开采点近400个，使源区矿业秩序得到好转。规划要求：推广新工艺，提高矿山环境保护水平。1994年，原地浸取法开采稀土矿取得成功后，在东江源区的定南、安远、寻乌3个县8个稀土矿区推广使用。新工艺的推广运用，使离子型稀土资源开采和生态环境保护有了质的飞跃，资源总回收率由原来的50%—60%，提高到85%以上。尾砂治理工作及治理成本大大降低，水土流失危害大为减轻，生态效益和社会效益明显。

在实践"龙南模式"过程中，江西省、赣州市矿山环境管理部门和源区三县都做了大量工作。2005年，赣州市在全省率先建立了矿山环境治理保证金制度。东江源区的定南、安远等县开始征收矿山生态环境治理恢复保证金，专项用于稀土矿山生态环境恢复治理。

稀土资源应用范围十分广泛，开采稀土矿的不合理开采造成了一系列环境问题。但开采后，经过科学的治理、复垦，山头上植被逐渐繁茂起来。实践证明，稀土矿环境治理和复垦投入资金和研究力量是必要的、值得的。但治理稀土矿山环境、复垦采空矿山需要相当资金投入，而东江源区三县中有两个（寻乌、安远）是国家级贫困县，定南是省级贫困县，存在大量环境欠账。人口的压力和强烈的经济发展需求以及东江上下游居民收入反差巨大、地区差距、城乡差别使保护区面临严峻挑战，如何处理好当前的环境保护与经济社会发展矛盾，实现体制机制创新、修复技术的创新及建立公平可持续发展的生态补偿机制迫在眉睫。

第四节　稀土产业发展转型与矿山修复的对策建议①

一　整合稀土矿资源，打造国家级的稀土技术研发平台

国家每年下达的南方离子型稀土矿产品生产指令性计划中，江西省均占50%以上，离子型稀土冶炼分离规模约占全国的60%，稀土金属生产

① 李志萌、何雄伟：《赣南稀土产业转型发展与生态修复问题研究》，《2012年中国生态经济学会学术年会论文集》，2012年。

能力约占全国的60%。2011年国土资源部公布划定的11个稀土国家规划矿区，集中分布的江西省赣州市，其中包括龙南重稀土规划矿区、寻乌轻稀土规划矿区、赣县（北）中稀土规划矿区，将有效保护、整合、利用稀土资源。要按照矿产资源自然赋存状况、地质条件及产业布局，合理进行矿业权设置，重新划分矿区范围，确定开采规模。鼓励有实力的投资者整合现有矿山企业，组成新的矿业集团；通过整合，使矿产资源向高开发水平利用、安全生产条件好和矿区环境得到有效保护的优势企业集聚，使稀土资源向龙头（优势）企业集聚，走资源型企业发展之路，实施资源优化配置。目前赣南稀土产业规模以上企业有65家，初步形成了上下游配套的产业链，但是，现有开采、应用工艺技术依然简单，资源浪费严重。围绕把赣南建设成具有较强国际竞争力的稀土、钨稀有金属产业基地。围绕把赣南建设成具有较强国际竞争力的稀土、钨稀有金属产业基地，提升稀土开采、冶炼和应用技术水平。

二　加强环境保护，实现稀土矿资源开采的循环利用

完善稀土矿开采的环境保护法规，减少稀土开采对环境的破坏。淘汰搬山式采矿和池浸式提取稀土的落后开采工艺，一律采用原地浸矿工艺进行开采。凡开采离子型稀土矿的企业法人要保证矿山的资源利用率（回采率与回收率的乘积）大于75%；不得破坏植被和环境，不得造成水土流失和对农田造成污染，法规中应对水土流失、对农田造成污染程度等规定具体的量化指标。

矿山废石应按照固体废物“减量化、资源化、无害化”处理处置原则。剥离废石不得随意堆放，污染地下水。营运期南采场产生的废石及时运往废石场有序地进行堆放，北采场产生的废石集中到南采场的采坑中集中堆存。废石堆放场要严格按照《一般工业固体废物贮存处置场污染控制标准》（GB18599—2001）的要求进行建设和管理，加强采场及废石场稳定性监控，完善采场上游及废石场的截排洪工程，防止暴雨洪水产生的地表径流汇入采场及废石场内；要做好废石场的生态恢复工作，坚持边堆边恢复植被。矿山企业应结合矿山实际情况，综合采场废石、矿山废弃物、尾矿的资源化利用，实现资源循环经济的发展。

三　建立和完善矿山生态环境恢复补偿制度

要按照稀土资源分类、分级管理的要求，进一步深化稀土资源有偿使用制度改革。使资源型地区的环境治理成本得以补偿。资源开发不可避免地使当地环境遭到破坏，对此的治理需要花费一定的成本。矿产资源作为不可再生资源终会枯竭，这使得资源型地区的产业转型和职工安置也不可回避的。由此要进一步探索建立矿山生态环境恢复补偿制度，加大当地矿区生态环境进行监督管理，按照“谁破坏、谁恢复”的原则，明确治理责任，保证治理资金和各项工作落实到位。新建和已投产生产矿山企业要制订矿山生态环境保护与综合治理方案，报经有关主管部门审批后实施。对废弃矿山和老矿山的生态环境恢复与治理，按照“谁投资、谁受益”的原则，积极探索通过市场机制多渠道融资方式，加快治理与恢复的进程。

四　提高综合利用效率，实现稀土矿产资源节约利用

矿产资源开发利用程度是一个国家经济发展水平和总体实力的重要体现。矿山废渣综合治理利用是一项综合技术，是一项跨行业跨部门的系统工程，往往需要和矿山资源综合利用与矿山的可持续发展统筹考虑。一是要加强对共伴生矿产综合利用，推动矿业循环经济发展，对提高矿产资源的保证程度具有重要的现实意义。要加强矿产资源综合利用研究，充分挖掘资源潜力，提高矿产资源综合开发利用水平，是节约资源、遏制浪费、减轻环境压力、提高资源保障能力的最有效途径。二是积极开展尾砂和废石的综合利用。建议政府采取资金扶助和税收优惠等政策，鼓励相关企业运用已有科技成果，建立稀土二次资源综合利用的产业化示范工程，形成区域性、规模化的再生利用循环经济的样板工程，对稀土生产和应用中的“三废”物质进行专业化的综合利用，将取得极为显著的经济、社会和环境效益。

五　实行稀土资源战略储备，提升国际市场自主权

由于多年来的过度粗放开采，低价出口，稀土资源结构性短缺的问题已经显现出来。按照现在速度开采下去，一些重要稀土元素的全面紧缺以

致资源枯竭，将是不久将来需要面对的现实问题。要把矿产资源的开采利用与国家未来经济社会发展协调和统一起来，保持长期优势。对稀土矿产资源进行储备。建立多层次的矿产资源储备体系。推行国家储备与民间储备相结合，以国家储备为主，将民间储备作为政府储备的重要补充，运用财政、金融手段，鼓励企业储备，尽快建立多层次的储备体系。建立和完善矿产资源储备补偿机制。建立补偿机制应兼顾法制化、规范化与差异化。既要规范补偿机制，又要依据矿业对不同地区的贡献度大小，客观地、有区别地进行梯度和差异补偿。多渠道筹措保证储备资金，与储备体系相适应，储备的资金来源应以政府为主，多渠道筹集。可以发行债券、证券，征收储备基金和消费税，成立专项储备勘查基金或启动资金。根据保护环境和国家安全等因素，限量稀土出口。按照世贸组织的规则，扩大国内外的科技交流与合作，加强矿产资源规划，管理，调查评价，勘查，开发利用与保护，确保“稀”水长流，提升我国稀土在国际市场定价权、话语权和自主权。

六　延伸稀土产业链，提升产业竞争力

按目前的稀土应用领域看，稀土产业链发展方向可分为稀土磁性材料产业链、发光材料产业链、结构陶瓷产业链、储氢材料产业链、稀土中间合金（添加剂、变质剂、球化剂等）产业链。根据构成关系，可确定以下产业链，进而形成五类产业集群：一是以稀土永磁材料和各种机电应用产业为核心的产业集群；二是以稀土发光材料、新型光源及应用元器件生产为核心的产业集群；三是以稀土储氢材料及各种动力电池、储氢系统等应用产业为核心的产业集群；四是以稀土功能陶瓷、催化等新材料及稀土在建材、化工领域应用为核心的产业集群；五是以稀土——有色金属材料深加工及其元器件生产为核心的产业集群。通过深度加工，稀土产业链加快向磁性材料、荧光材料、功能性材料及其应用产品延伸。建成国家稀土产业重要战略基地，成为引领国家级矿产产业高端化发展样板区建设的主导产业。

第九章　东江源区经济发展转型与产业结构调整

加快转变经济发展方式关键是要实现产业生态化，发展生态产业，达到充分利用资源，生态环境损害最小的目的，促进产业系统与自然环境的相互作用和协调，实现经济社会持续发展。东江源作为国家重点生态功能保护区，承担着珠江东支东江源头水源涵养责任，为化解资源耗竭与环境恶化的压力，必须合理调整产业结构，实现源区经济转型发展。东江源区是指地区，包括江西省的寻乌、安远、定南三县境内相邻连片的集水区域，流域面积3524平方公里，该区域列入的范围，本文所叙述的经济社会发展转型和产业结构调整延伸到三县管辖的行政区域，三县的县域面积为6003平方公里[①]。

第一节　东江源区经济发展转型的理论依据和基础

一　转型发展的理论依据与方向[②]

实现产业生态化，就是要依据生态经济学原理，运用生态、经济规律和系统工程的方法来经营和管理传统产业，发展生态产业，以实现其经济、社会效益最大，充分利用资源，生态环境损害最小和废弃物多层次利用的目的。发展生态产业必须以生态平衡为前提，以和谐共生为基础，以可持续发展为目标，促进物质流、信息流、能量流和价值流的运转，确保生态系统稳定、有序、协调发展，通过生态和经济的渗透与融合形成生态

① 杨志诚：《东江源区经济发展转型与产业结构调整》，《科技广场》2012年第8期。

② 李志萌：《以产业生态化推进经济发展方式转变》，《江西日报》2011年2月14日。

与经济的一体化和复合化，实现生态和经济融合、经济发展和生态保护“双赢”①。

生态保护优先，是实现东江源区可持续发展的前提，但单从保护生态环境的角度去管理或单从发展经济的角度去谈发展，最终都将无法实现预定目标。因此，应培育环境友好型的生态产业，通过发展生态产业，形成产业群和产业链，推进生态产业向规模化发展，为实现区域可持续发展提供有力的经济支撑。主要包括②：

发展生态农业。关键要将标准化贯穿到生态农业的生产、加工、贮运、消费整个行业链中，促进农产品、食品生态安全、资源安全，提高农业综合效益。就是把东江源区变为生态农业基地、绿色食品和有机食品生产基地。

发展生态工业。以生态经济原理和系统工程方式组织工业企业生产，使上游企业排放的废弃物成为下游企业所需的生产原料，通过物质循环和能量转换形成相互依存的生态产业系统。积极推行清洁生产，加快稀土、钨等相关产业生态化改造及产业的技术改造升级。

发展生态旅游业。以保护生态环境为前提，把环境教育和自然、人文知识普及作为核心内容的旅游活动。东江源区在发展旅游业的过程中，应进一步挖掘和整合生态旅游资源，规划、设计并推出一批生态旅游产品，坚持旅游开发与生态环境建设、历史文化遗产保护同步规划、同步实施，把生态观念和生态文化融入旅游的各个环节。

新型生态环保产业。以防治环境污染、改善生态环境、保护自然资源为目的所进行的技术开发、产品生产、商业流通、资源利用、信息服务、工程承包、自然保护开发等③。目前要着力发展水污染防治、矿山修复治理、以循环经济为特征的固体废弃物处理和资源综合利用、生态保护和生态功能修复相关工程及产业，提高环境规划、评估、监测等技术。创新东江源区环保污染治理产业投融资体制机制，推进污染治理市场化进程，充

① 江西省社科院课题组：《鄱阳湖生态经济区建设——欠发达地区经济生态化与生态经济化模式的探索》，《江西社会科学》2008 年第 8 期。

② 李志萌：《以生态产业支撑可持续发展》，《江西日报》2009 年 1 月 12 日。

③ 江西省社科院课题组：《鄱阳湖生态经济区建设——欠发达地区经济生态化与生态经济化模式的探索》，《江西社会科学》2008 年第 8 期。

分发挥市场机制在发展环保产业中的作用。

二　转型发展的背景[①]

1. 东江源区已列入国家级生态功能保护区

东江是珠江三大支流之一，是广东省东部和香港用水的水源地，为了确保粤、港用水的水质安全，国家于“十五”期间将东江源列为15个生态功能保护区之一，实施重点保护、建设和管理。先后在三县安排了小流域治理，水土保持和水源污染防治试点项目。江西省在“十一五”规划中对东江源三县实施9大生态环境保护和建设工程，计划投入14亿元。国家明确提出建立跨省区上下游的生态补偿机制，由广东省每年从东江源供水工程费用中安排1.5亿元用于东江源区生态保护。国家重点生态功能区在国土空间功能定位中属限制开发区，必须坚持保护优先、限制开发、点状发展的原则，加强生态功能保护和恢复，引导资源环境可承载的特色产业发展，限制损害主导生态功能的产业扩张，走生态经济型的发展道路[②]。

把东江源区列为国家级生态功能保护区，将会加大对生态保护、建设和发展生态产业的支持力度。生态补偿力度也会随着国家经济实力的增强而加大，特别是粤港发达地区对上游源区的补偿力度将不断加大。同时在产业政策的引导下，外地企业到东江源区投资优势生态资源性产业的机会增多，对促进源区经济发展有重要作用。

国家于2012年3月出台的关于加强中央苏区连片贫困地区的扶贫开发政策，在这之前，中央已经作了《关于中央苏区振兴规划纲要》和省委作了《关于支持赣南革命老区振兴发展的若干意见》，使东江源三县有可能争取国家更多的资金投入和项目支持。目前江西省和赣州市都在制定规划，把中央苏区的扶贫开发上升为国家战略规划。

2. 东江源区产业生态化转型基础条件

森林资源丰富。东江源三县森林面积54.4万公顷，森林覆盖率79%，比全省高出24.6个百分点，生物多样性明显。是东江源区的生态

---

① 杨志诚：《东江源区经济发展转型与产业结构调整》，《科技广场》2012年第8期。

② 国家环境保护总局：《关于印发〈国家重点生态功能保护区规划纲要〉的通知》，http：//www.zhb.gov.cn/gkml/zj/wj/200910/t20091022_172483.htm，2007-10-31.

屏障，也是发展生态产业的资源基础。生态旅游资源丰富。国家把东江源区列入国家级重点生态功能保护区以来，生态环境不断改善，不断向好的方向发展，根据规划要求，东江源头的核心地区，水质要达到Ⅰ级标准，出省水质达到Ⅱ级标准，东江源区的三百山是国家重点风景名胜区和森林公园，保存了独特的原始森林景观，是发展生态旅游的宝贵资源。东江源区又是在中央苏区范围内，寻乌县是中央苏区的中心县委所在地，毛泽东等老一辈革命家在此留下了许多的革命足迹，红色旅游资源非常丰富。东江源区又是客家人的聚集区，安远县的镇岗乡老围屋建于 1842 年，已有 160 年历史，面积 1 万多平方米，是赣南最大的客家围屋，是客家文化的发祥地之一。

生态农业特色明显。果业、生猪、蔬菜、森林食品是当地的特色农产品，在全省有重要地位，在省外有广阔市场，具有很大的发展潜力。良好的生态资源环境为东江源区生态产业的发展奠定了基础。商贸物流业有一定发展。东江源三县的商贸物流业主要是围绕本地特产开展促销和运输，如脐橙、生猪、蔬菜主要运往珠三角和港澳地区，脐橙、柑桔在北方占有一定的市场份额，他们在我国南北几十个主要城市建立了脐橙等主要特产的批发和销售网点。

3. 国家新政出台为东江源区的发展注入新动力

进入 21 世纪以来，国家对生态环境保护和建设、“三农”工作的政策支持力度、社会主义新农村建设、对矿山资源开采和管理，特别是作为战略性资源的稀土、钨等有色金属矿的开发、管理政策，出台了许多新的政策，为东江源区今后的经济社会发展带来了新的机遇，注入了新的动力。

(1) 服务“三农”的政策支持力度加大

农业补贴政策的实施。从 2004 年起，国家先后实施了粮食直补、农作物良种补贴、农业生产资料综合补贴、农业机械购置补贴四项直补政策，这些补贴每年随着国家经济的发展而增加，到 2010 年止，前三项按每亩播种面积的直补数额，增加到 160 元，此外对种粮大户另行增加每亩 16 元补贴；涉农企业税收优惠政策等。对从事农、林、牧、渔业生产的企业，可以免征、减征企业所得税，免征的范围主要有粮食、蔬菜、棉麻、油料、水果、林木培育、畜禽饲养、水产养殖以及为发展这些产业服务的服务业项目。减半征收企业所得税的范围主要有花卉、茶叶、香料等经济作物；服务“三农”的金融保险支持政策。金融机构根据国家政策的要求，加大了对“三农”的金融、保险支持，主要有重要农产品生产和储备贷款支持、购销和调拨贷款支持、农业基本建设和技术开发贷款支持、粮食风险基金贷款支持。保险机构还逐年扩大农业保险的范围，目前江西已开展了包括水稻、棉花、油料、柑桔、林业、能繁母猪、奶牛、生猪8个品种的政策性保险，政府对纳入试点的保险品种，给予30%—80%的保费补贴。

（2）国家对生态环境建设的支持政策

随着国家经济实力的增强，对生态恢复、环境治理、发展生态农业和绿色食品生产、清洁生产都有明确的支持和资金补贴。如对造林绿化进行补贴，甚至免费提供苗木，对退耕还林进行生态林建设的每亩补助20元，补助期限为16年。前8年还补助粮食210元，后8年生活补助费105元，退耕还经济林的补助10年。国家对农村实施沼气国债项目补贴，江西省规定，2009年开始，对农户建沼气池补助1500元，在养殖区建大中型沼气工程项目，年出栏生猪3000头以上的补助资金最多可达到150万元，比照西部政策的贫困县最多可达到200万元。

（3）国家对扶贫开发的政策扶持

国家在2011年11月29日大幅度上调了贫困标准线，由原来每年人均纯收入1274元，上升至2300元，上升幅度为80.5%，已接近联合国规定的国际贫困线标准，全国贫困人口的数量由2010年的2688万人增加到1.28亿人，贫困人口的覆盖面比原来增加3.76倍，占全国总人口的9.5%。国家于2012年3月出台的关于加强中央苏区连片贫困地区的扶贫开发政策，在这之前，中央已经作了《关于中央苏区振兴规划纲要》和省委作了《关于支持赣南革命老区振兴发展的若干意见》，目前江西省和赣州市都在制定规划，把中央苏区的扶贫开发上升为国家战略规划。东江源三县按原标准（1274元）统计的贫困人口为5.69万人，占三县总人口的6.5%，高于全省贫困人口占总人口3%的比例，按新标准的贫困人口初步测算为27万人，占总人口的30%，东江源三县可以争取到更多的扶贫开发资金和开发项目。

（4）国家对稀土、钨等矿产资源开发政策的调整

稀土和钨是东江源三县的主要和具有重要战略意义的矿产资源，多年

来进行掠夺式开发，对生态环境的破坏极其严重，已经到了触目惊心的地步。对外出口又各自为政，互相压价，形成了恶性竞争，宝贵的战略资源只卖了个“白菜价”，经济损失巨大。为了扭转这种混乱局面，保护国家资源，保护生态环境，早在“十五”期间国家就下决心整治矿山开采秩序，江西省根据国家要求和有关政策，出台了《江西省保护性开采特定矿种管理条例》（将稀土、钨矿列入特定矿种），“十一五”期间又出台了《江西省稀土产业发展指导意见》和发展规划，提出了高效利用、合理利用和永续利用稀土资源的目标。2012 年 4 月国家成立稀土产业协会，对其加强行业管理，实施出口配额，减少资源流失，限制初级产品出口，关闭和淘汰落后产能等保护性开采措施。这些措施为东江源区的矿业高效开发和可持续利用带来了新的机遇。

（5）国家实施社会主义新农村建设规划

根据中央提出的推进社会主义新农村建设的要求，江西省将按照“生产发展、生活宽裕、乡风文明、村容整洁、管理民主”的要求进行社会主义新农村建设，这对进一步解决“三农”问题，缩小城乡差别，实现全面小康目标有重要意义，江西将通过 10—15 年努力，每年选择 1000 个扶贫自然村开展新农村建设。东江源区可以根据有关政策和程序申报进行新农村建设试点。

上述政策对东江源区的经济社会发展关系非常密切，除此以外，国家在近几年出台了许多支持农民就业创业政策，农村教育、医疗保障政策、繁荣和发展文化产业的政策、社会保障和救济救灾政策等，由于它们具有全民普惠性质，不在此列举。

三　东江源区转变经济发展方式的思路

作为欠发达地区，传统的经济发展战略是以加快工业化为核心，以增加经济总量为主要目标，在处理发展经济与保护生态环境的关系时，往往把重点放在经济发展目标上，在主体功能规划上是作为重点开发区，是发展主导型的战略思路[①]。但作为国家重点生态功能保护区，是限制开发

① 郭杰忠：《鄱阳湖生态经济区建设的目标指向与战略任务》，《江西日报》2010 年 2 月 22 日。

区，限制开发区不是限制发展，而是为了更好的保护这类区域的农业生产力和生态产品生产力，实现科学发展。因此根据《全国主体功能区规划》的基本精神，结合东江源区的实际情况，东江源区发展定位是：在科学发展观指导下，按照国家主体功能区的划分，在保障该区域生态安全、增强生态服务功能的同时，通过发展不影响生态功能的适宜产业，使区域内经济得到更好更快的发展，城乡居民收入增加，基本摆脱绝对贫困，建成人与自然和谐相处的示范区，实现科学发展绿色崛起目标。

（一）东江源区产业发展方向

1. 国家在东江源区设立重点生态功能保护区的目的，主要是保护东江水源，确保供粤、港用水水质，因此，作为水源涵养型的生态功能保护区，主要是提供优质水源，要求源头水质达到Ⅰ级标准，出省水质达到Ⅱ级标准，县域空气质量达到一级标准。

2. 通过产业结构调整，优化空间布局，形成环境友好型的产业体系，重点发展生态林业、生态旅游业、生态农业和绿色采矿业，发展农产品和稀土、钨精深加工业，提高资源产品效益。

3. 优化土地利用结构，保持林业、农业、水面、湿地、草地等绿色用地空间的扩大，东江源流域内建设用地不得突破土地利用总体规划的控制指标。

4. 东江源区流域核心区内人口总量有所下降，通过城镇化和生态移民等途径有序转移。

5. 公共服务水平明显提高，教育、卫生设施不断改善，社会保障水平不断提高，公共服务供给水平不低于赣州市平均水平。居民收入水平不低于赣州市平均水平，2020 年基本消除绝对贫困。

（二）产业转型的原则

1. 坚持生态保护优先的原则。在经济发展和资源开发利用中保持生态系统的稳定性和完整性，不断增强生态服务功能。

2. 坚持保护性开发原则。所谓保护性开发，其要求：一是严格控制开发强度，对稀土、钨等矿产资源，产量不得突破上级政府下达的配额，森林资源不得突破规定的采伐量；二是对开发项目的具体规模、场地、生产工艺等要经过环境影响评估，取得环评许可后才能开发；三是在开发过程中要同步进行生态环境修复；四是矿产品加工企业要放在东江源流域核心区外，防止水质受到污染。

3. 坚持合理布局，集约开发、集中建设原则。县城和中心镇规模要适度，限制大规模、高强度的工业化、城镇化开发。

4. 坚持以人为本，不断提高当地人民幸福感的原则。东江源区虽然是限制开发区，但不等于限制经济社会发展和人民生活水平的提高，要通过生态县、乡和生态社区建设，提高公共服务的供给能力。

第二节　东江源区适宜产业发展的重点领域①

适宜于限制开发区的产业主要是有利于增强生态服务功能，保持生态系统稳定，提高固碳能力，使空气保持净化的产业。或者虽然有一定污染，但在可控可治理的范围内，对国家有重要战略意义的特定矿产资源的开采。在东江源区前者主要是指林业、生态农业、生态旅游业，后者是指稀土、钨等战略性矿产资源的开发利用。

一　林业资源的培育和综合利用

东江源三县的森林面积2010年达到54.4万公顷，占三县国土面积的近90%，因此进一步扩大森林面积的潜力已经不大了，但由于林分质量不高，森林蓄积量低，林业生产能力低，通过资源培育，增加森林蓄量，提高林业生产能力尚有很大潜力，至于提高林业的综合利用水平，潜力就更大了。森林资源根据其功能不同有两种类型：一种是以取得生态效益为主的公益性林业；另一种是以取得经济效益为主的商品林业。但两种属性具有交叉和重叠，如商品林业中也有生态效益，公益性林业中也有经济效益，应以其主导功能进行分类。东江源区的林业也有这两种类型，其主导功能定位，我们认为：东江源区流域内（即3524平方公里内）林业应以发展公益林业为主，东江源区流域外应以发展商品林业为主，但开发强度不宜过大。

1. 森林生态效益的综合利用

东江源区的生态林业应以发展水源涵养林、水土保持林为主，有利于

① 杨志诚：《东江源区经济发展转型与产业结构调整》，《科技广场》2012年第8期。

保持东江源区丰沛的水资源，据科研部门测定，每公顷阔叶林可以蓄水300立方米，具有强大的蓄水保水功能，因此在源头地区要积极营造以阔叶林为主的生态林业。生态林业对农田也具有很强的保护功能，对增加农田肥力，降低自然灾害具有显著效果。生态林业还为人类创造良好的生活环境，据科研部门测定，每公顷阔叶林一天内可吸收1吨二氧化碳，释放730公斤氧气，对有害气体特别是对工业排放的“三废”具有很强的吸收能力。

2. 森林资源的综合利用（商品林业）

东江源区的森林资源丰富，应从以下几方面加强资源的综合利用，以增加农民收入：

（1）发展木材加工业。主要产品是木材和竹材，是作为建筑材料用的产品。

（2）林业化学工业。有的树木中或根茎叶等部位，含有许多经济价值很高的树液，如松脂、橡胶、单宁、油料、香料等，可以作为发展林业化学工业的原料，在这方面东江源区的林业化学工业远未得到发展。

（3）林业“三剩物”综合利用。所谓“三剩物”是指森林资源采伐后剩余物或初次加工后的剩余物以及造林后剩余物，通过物理、化学方法，加工成各种人造板、活性炭、纸浆、纸板等产品，使林业资源得到充分利用。

（4）林副产品利用。所谓林业副产品就是除木材、竹材以外的森林生态系统内的产出物，其中有些是名贵的土特产，如森林食品和药材等名贵产品。东江源区的林副产品主要有油茶、油桐籽、五倍子、松脂、棕片、竹笋干等。产量不高，年际波动大，主要是缺乏专业的生产经营管理，因为林副特产品生产经营技术性强，如经营得好，是拓宽农民增收的重要渠道。

二　发展生态旅游业

发展生态旅游业不仅可以保护生态环境，增强人们的生态意识，而且也是发展区域经济，增加群众收入的重要途径。东江源区森林资源丰富，名山大川、奇花异木、珍禽稀兽，飞瀑清泉众多，是我国中亚热带向南亚热带过渡的原生态常绿阔叶林带，有丰富的生物多样性。境内的三百山是香港同胞饮用水源地，是国家重点风景名胜区和国家级森林公园，有独特的原始森林景观，三百山由 300 多座山峰构成，方圆数十里无人定居，山高林密，自然环境古朴、清寂，森林覆盖率 98%，景区古树参天，溪泉潺潺，气候宜人。清澈秀丽的东江源头，壮观众多的飞瀑深潭，保存完好的常绿阔叶林带和高品质的生态环境，堪称三百山“四绝”，极具生态旅游开发价值。东江源区又是中央苏区的重要组成部分，红色文化资源丰富。东江源区又是客家人聚居地，客家文化和广东岭南文化在此交相辉映，民俗娱乐文化丰富，安远县的镇岗围屋建筑是客家文化的集中体现，占地面积 10391 平方米，围屋内有房间 229 间，18 个厅堂，是赣南最大的围屋之一。从资源和现有基础出发，可以开发的旅游精品路线主要有：

1. 寻踪探源游

包括四个景区：即东风湖景区、九曲溪景区、福鳌塘景区、温泉度假区。

东风湖景区有高峡飞虹、三仙庙、情侣树等景点。九曲溪景区有双乳峰、师椅飞泉、铁板岩、龙潭、神鳄游潭等景点。福鳌塘景区有知音泉、金龟饮泉、观音瀑、东江第一瀑、福鳌塘、天印奇松、三百山林海等景点。温泉度假区有温泉、休闲养生等。福鳌塘瀑布落差百米，气势磅礴，为东江第一瀑，从九曲十八滩至三叠瑶池 10 公里长度即有大小瀑和跌水 50 余处，深潭百个，蔚为壮观。

2. 生态农业观光游

主要景点有：仙人峰万亩果园观光基地——山川潭脐橙生产基地——风山乡食用菌种植基地——三排无公害爪果种植基地——天华菌业生产示范基地——春妮农家乐现代农庄——云岭农家乐农业合作社。

3. 客家风情游

中国最大客家方圈东生圈——赣南采茶戏发源地九龙山——宋代千年古塔无为寺塔——道教圣地龙泉山——中国佛教协会百大名寺之一东源寺——新“廊桥遗梦”新龙永镇廊桥——中国最小寺庙永清岩观音。

4. 乡村精品游

三百山镇（虎岗村、梅屋村）——镇岗乡（罗山村大埔）——风山乡（龙屋、杨屋坑）——欣山镇（碛角村）——东山镇（下坝）——版石镇（安信村）。

5. 九曲度假村

是国家4A旅游景区，粤港澳地区的休闲“后花园”。

6. 云台山景区

森林茂密，景色秀丽，有“天然氧库”之称，是休闲度假疗养胜地。

目前东江源区的生态旅游业处于发展初期，要进一步发挥生态旅游资源丰富的优势，一要加强宣传推介力度，提高东江源区的知名度；二要加强旅游项目的招商引资，加强景区基础设施建设；三要加强景区景点的文化资源发掘工作；四要加强旅游机构建设和人才队伍培训工作，是开创旅游业新局面的关键。

三　发展生态农业①

实践证明，发展生态农业是保护生态环境，保持农业生产力可持续发展、确保农产品食品安全的有效途径，也是我省建设富裕和谐秀美江西战略思想的重要内容。绿色食品是我省战略性新兴产业，对支持东江源区发展生态农业提供了良好的环境和政策支持。东江源区的生态农业已经有较好的基础，目前比较普遍的生态农业模式主要有以下几种：

1. 山地丘陵立体型生态农业模式

东江源区以山地丘陵为主，山顶主要发展林业，以人工栽培针、阔混交林为主，如杉、松、油桐、板栗等，山腰开辟果园，寻乌、安远农民多在山坡地开辟梯田、实行等高种植蜜桔、脐橙。山脚以农作物为主，如粮、菜、烟叶、畜牧业以养猪和家禽为主，如有水塘可发展养鱼。

2. 平地低洼地基塘种养型生态农业

东江源区三县没有大片的平原，但山谷间的小块平地低洼地很多，且有水塘，多采用基塘式种养，一般以粮、菜、畜、鱼立体种养模式。如以旅游观光形式的生态农业，则多种植花卉苗木，饲养珍禽鸟兽作观赏以吸引游客。

3. 间、套、混作型生态农业

在幼龄果园实行间作套种方式，一般以间套蔬菜、红薯、旱粮、绿肥和饲料作物为主，间套作物对增加土壤有机质，减少果园化肥施用，对提

① 杨志诚：《东江源区经济发展转型与产业结构调整》，《科技广场》2012年第8期。

高水果的品质有重要作用，也是赣南普遍的耕作习惯。

由于生态农业发展的历史较长，推广比较普遍，形式多种多样，但无论哪种形式，许多农户都建立户用沼气池，作为生态农业物质能量循环的一个环节，主要形式有猪—沼—果、猪—沼—菜、猪—沼—粮（或花卉苗木），沼气池的作用，主要用于解决农户的生活用能，如照明和煮饭，根据东江源三县农民的经验，建一个6—10立方米的沼气池，平均每天可产沼气2立方米，年产沼气730—750立方米，每立方米沼气的热量值约5200—6600大卡，相当于3公斤薪柴或1.5公斤标准煤。此外沼液还可以替代部分肥料、饲料，建一个户用沼气池的经济效益2000元以上，相当于农民人均收入的1/3以上。

四 稀土、钨资源保护性开发和可持续利用

（一）稀土产业的保护性发展

赣州市稀土资源主要分布在东江源区，其中寻乌县稀土资源占全市一半以上，安远县还有一定的重稀土资源，具有轻重稀土配分全，埋藏浅，放射性低，易采选等特点。由于保护资源过程中发展替代产业缓慢，出现地方严重依赖该资源发展地方经济的情况。矿山的开采造成生态环境破坏严重，面临矿区复垦、塌陷区治理，尾矿处理，环境修复任务重，投入大的问题，环境治理投入超出地方经济承受能力。根据国家稀土产业发展规划纲要精神和赣州稀土产业发展的实际情况，赣州市提出打造成全国稀土资源型可持续发展示范城市，实施稀土资源保护性开采，产业链延伸，做强做精稀土产业，完善矿业权市场，规范矿政管理，实现稀土产业可持续发展[①]，主要目标和措施是：

1. 实施矿产资源整合，加强资源储量动态监督，坚决贯彻国家把稀土列入保护性开采的特定矿种，实施生产总量调控制度，稀土采矿权数量控制在42宗以内，稀土氧化物年开采量控制在2万吨以内，推广先进采矿工艺，提高矿产资源综合回收水平，回收率达到70%以上。加强矿产资源勘探投入，力争新增资源储量30万吨以上。

2. 延伸稀土产业链，做强稀土产业集群，大力发展精深加工，建设

---

① 杨志诚：《东江源区经济发展转型与产业结构调整》，《科技广场》2012年第8期。

世界知名的稀土磁性材料和永磁电机产业基地，稀土发光材料及新型光源产业基地，稀土资源二次利用产业基地，使高附加值产品在销售收入中比重达到70%以上，资源利用水平明显提高。

3. 加强生态环境保护和治理。矿产资源开采与生态环境保护建设规划同步实施，矿山“三废”排放达标率达到100%，矿山土地复垦率达到70%以上，固体废物利用率达到30%以上，矿山地质环境治理率达到50%以上，建立稀土矿资源有偿使用制度和投资补偿机制，使环境治理成本得到补偿。

4. 加强矿政管理。充分发挥市场机制作用，完善矿产资源有偿取得和有偿使用制度，取缔无证开采，越界开采，超量开采等违法行为，完善矿产开采计划审查，备案制度，建立矿山管理信息系统，使规划管理更加科学化、规范化、高效化。

（二）钨矿资源保护性利用

钨是包括东江源区在内的赣州市另一个具有重要战略性矿产资源，和稀土同样列入国家保护性开发的特定矿种。定南县是重要的钨产业基地之一，钨矿资源丰富，锰、钛、石墨、膨润土等配套资源较好，加工业有一定基础，该县规划在“十二五”期间，钨产业规模达到20亿元，形成以钨合金和钨粉为主要产品的产业板块①。

我国钨产业的发展有百年历史，新中国成立后在“一五”期间，就形成了比较完整的工业体系，赣州四大钨矿列为“一五”重点项目。但由于后续投资技改跟不上，产品单一，以出口钨精矿为主，精深加工产品很少，企业规模小，集中度低，过度开采，竞争力弱。目前赣州市的钨资源保有储量45.96万吨，占全省的41.8%，由于过度开采，资源流失比较严重，迫切需要创新钨产业的发展思路，实施保护性开发②：

1. 总体思路上，要按照“整合资源，总量控制，科学规划，合理布局，深度加工，形成集群”的思路，把赣州建成钨工业精深加工制品及新材料基地，定南县将是这一基地的重要组成部分。

2. 在产业布局上，以赣州为中心，形成地质勘探、采矿、选矿、冶

---

① 杨志诚：《东江源区经济发展转型与产业结构调整》，《科技广场》2012年第8期。

② 同上。

炼到精深加工及应用产品开发的钨产业集群，定南是这一产业群的重要组成部分。以南昌为中心，形成以新产品开发为主导，建成以超细粉体材料、硬质合金材料和应用工具为基础的新材料基地，加强钨产品在钢铁冶炼中的应用，开发高强度特钢材料，满足国防和工业现代化的需要。

3. 在贸易政策上，鉴于当前国内对钨矿资源需求的快速增长，对钨矿资源要实施限制输出，鼓励进口，全面取消钨矿资源出口退税政策，打击非法开采，超量开采，防止钨矿资源进一步流失。

4. 积极引进国外钨矿资源精深加工龙头企业，实现钨矿资源的集约高效利用。

五　大力发展食品工业[①]

在国家对稀土、钨等有色金属资源实行保护性开发的背景下，发展食品工业是东江源区最适宜的替代产业之一，根据东江源区的农业资源特点，应重点发展以下产业：

1. 果蔬加工业：东江源区是脐橙和蜜桔主产县，由于成熟期集中，采收后往往出现卖难问题，且价格下跌，影响果农收入，为了提高水果生产的经济效益，增加果农收入，应发展果汁饮料加工业。东江源蔬菜生产也有一定的规模，是粤港无公害鲜菜的供应基地，但蔬菜产后处理率低，加工技术落后，应引进知名企业，提高蔬菜保鲜、脱水、干制、湿制等高附加值加工深度。

2. 畜禽加工业：定南县是江西省生猪生产和调出大县，人均每年调出三头生猪，商品率高，特别是近两年生猪价格大幅上升，是农民增收的重要渠道，要引进知名肉类加工龙头企业，重点发展畜禽屠宰加工，冷藏、配送、营销产业环节，完善生猪产业链，开发方便、营养、安全的畜产品，满足粤港澳市场的需要。

3. 油茶生产加工：油茶是优质木本油料，有“东方橄榄油”之称，被联合国粮农组织列为健康型食用油，江西对发展油茶产业极为重视，已成立专门机构，推进油茶产业大发展。东江源油茶资源丰富，又有大片低产林地，可改造成连片集中的油茶林，省、市、县应安排专项基金，扶持

① 杨志诚：《东江源区经济发展转型与产业结构调整》，《科技广场》2012 年第 8 期。

油茶生产，也是农民增收的重要渠道。

4. 森林食品加工：森林食品是指生长在森林生态系统中可供直接或间接食用的动植物、菌类及它们的制成品，范围广泛，种类繁多，发展潜力大。但由于传统的林业经营方式只注重木质资源的开发利用，作为非木质资源的森林食品，没有得到应有的重视，缺乏统一规划和资金、劳动力的投入。森林食品由于符合绿色食品生产的环境，在发展绿色食品、有机食品方面具有不可替代的作用。根据东江源三县森林资源特点，应重点发展食用菌、竹笋罐头、板栗、山野蔬菜、南酸枣、银杏系列产品、中药材产品。要做好规划，增加投入，制定标准化的产品生产，加强市场推介，森林食品的开发潜力很大。

第三节　脐橙产业发展与生态修复保护

赣南脐橙产业已经成为加快赣南农村经济发展，增加农民收入的支柱产业。赣南脐橙的种植2011年面积达到174万亩，产量为133万吨，两个数字在国内各脐橙产区中均居第一位。近年来，为避免或减轻脐橙产业发展带来的水土流失、土壤退化、农药残留，以及其他有害物质污染的风险，赣州市正在努力壮大脐橙产业的同时，注意保护生态环境，确保果品安全，追求发展经济与保护环境的双重目标。东江源区三县是赣南脐橙产业发展的重点县，寻乌、安远先后荣获“中国脐橙之乡”、“中国脐橙出口基地县”称号的脐橙生产大县，东江源区三县也是赣州市脐橙产业生态修复的重点示范县。

一　产业发展与防止水土流失

赣南属多山和多丘陵地区，全市95%的脐橙种在坡地上。建园过程中的水土开挖可能造成大量水土流失，果园建成后的中耕、施肥和除草等栽培管理，对果园表层土壤和地表植被可能造成大的破坏。因此，规范果园建设，加强果园水土保持是果园建设中的关键问题。

1. 修筑等高梯田

赣州规定，坡度大的山地必须修筑等高梯田，按等高差或行距，依0.2%—2.3%的比降测出等高线，采用壕沟式开垦法，每行梯田必须保持等高水平。整修水平带宽5米以上，内侧开挖竹节沟，每5—6米留一土节，沟宽40厘米，深30厘米，起排水蓄水作用。水平带里外高差25厘米左右，成一段斜面，外梯壁上加筑土埂20厘米，宽30厘米，起挡水作用。梯壁栽种百喜草护壁。坡度超过20°的果园必须在坡顶保留或种植涵养林，当地称之为“山顶戴帽”。

2. 提倡人工灌溉

赣南是赣江源头地区和珠江源头之一，但由于果园基础设施落后，山洪和干旱现象并存，大部分果园依靠自然降水，拥有灌溉系统的果园不到1/5，抗旱能力薄弱。赣州市要求每30亩果园建有一个50立方米蓄水池，每3—5亩设置一个3m×3m×1.2m的池，中间隔开分别用作沤肥池和喷药池。因为传统的浇灌耗水量较大，如果不及时松土，会导致严重的土壤板结，通气性下降。因此，赣州鼓励果园发展果园滴灌。滴灌属于管道输水和局部微量灌溉，水缓慢均匀地渗入土壤，对土壤结构起到保护作用，形成适宜的土壤、水环境。同时，灌溉还可把施肥同灌溉水结合在一起，保持较均匀的土壤湿度，提高肥料的利用率。同时又因为微量灌溉，水肥渗漏较少，故可减少肥料使用量，减少污染，灌溉系统仅仅通过阀门人工或自动控制，节省劳力，降低生产成本。

3. 建设生态防护林

在果园主干道两旁种树绿化，在支道两旁种植防护篱，建立一个适合丘陵山区的防护林系统。这个系统有利于生态的平衡和自然生态的协调，也有利于降低风速，减少水分蒸发，提高空气湿度，改善土壤水分状况，有效调节气温，减少病虫害。除了在果园内营造生态防护林之外，在整个果园外围还要营造防护林，以抵御冻害和风害的威胁。防护林带树木的间距取决于树种。树种应当是适宜当地气候、土壤条件的树种，主根发达，水平根少，寿命长，与脐橙没有共生性病虫害，如杉树、松树、女贞、桉树、马甲子等。

二　产业生态化与减少农药使用

脐橙的病虫害威胁较大。溃疡病、黄龙病，红蜘蛛、粉虱虫在全国几个主要脐橙产区都不同程度存在。为了控制脐橙病虫害威胁，同时保障脐橙果品质量安全，赣州积极提倡“预防为主，综合防治”的方针。首先是推广脱毒苗木。同时，利用耕作和栽培等措施来防治病虫害，应用光、电、微波、超声波、辐射等物理措施来控制病虫害，应用生物技术和基因技术防止有害生物，从而减少农药的使用，为减少乃至消除农药残留创造条件①。

1. 推广脱毒苗木

带病毒苗木是产生脐橙病虫害的一个重要原因。脐橙是常绿果树，病虫害种类繁多，发生和危害时间比较长，造成落叶落果、枯枝甚至死树。化学防治见效快，但同时会杀死大量天敌，并使害虫抗药性增强，不得不增大用药量，破坏果园生态平衡。为了减少因病苗木产生的病虫害，赣州市对苗木生产和流通实行严格管理，实行苗木繁育准入制度，实行生产许可证、经营许可证和质量检验管理，取缔无证育苗，严禁从柑橘疫区调入苗木。同时，鼓励并扶持所有果农通过果业协会和果茶站到赣南柑橘无病毒良种繁育场购买无病毒苗木。

赣南柑桔良繁场是农业部批复的农业基本建设项目，是我国湘南、赣南、桂北柑桔产业带脐橙优势产业首个国家扶持项目。项目前期投资 642 万元，其中中央资金 300 万元，地方财政配套 300 万元，其余由建设单位自筹。项目设计生产能力为年产 800 万脱毒芽、270 万株脱毒苗，在全国率先实现了现代脐橙无病毒苗木工厂化繁育，每年出圃苗木 300 万株。赣州市和所属各县政府对购买脱毒苗木的果农实施补贴。

2. 加强果园管理

提倡适度稀植，山地园行距 4 米 ×5 米，株距 3.5 米 ×4 米，每亩栽种 40 株左右。新种植的果树实行高位定干，苗木定干高度 60—70 厘米，主干高度保证 50 厘米。选留 3 个生长势较强，分布均匀的新梢作为主枝培养，以保证果园有较好的采光、通风条件。每年冬、春两季全面清理果园，剪除虫枝、虫叶和枯枝，并将其集中烧毁，最大限度减少虫源，从而减少用药量。对于先期密植（2 米 ×1.5 米，每亩种植 220 株）的果园，在第四年冬季间隔移去一株，变成 3 米 ×2 米，第六年冬季及时再间伐一株，变成 4 米 ×3 米，为果树的成长提供更多的空间，减少滋生虫害的风险。

---

① 尹小健：《赣南脐橙产业现代化路径分析》，《企业经济》2012 年第 7 期。

3. 综合防治病虫害

防治脐橙的病虫害，应当以农业防治、物理机械防治、生物防治为主，合理使用高效、低毒、低残留的化学农药，实施脐橙病虫害的综合防治技术。做好病虫害监测预报，掌握各种病虫害的发生规律，将病虫害控制在初发期，在加强栽培管理的前提下，做好生物、物理防治。江西省脐橙工程技术研究中心开展了生物防治技术研究，特别是针对赣南脐橙的主要害虫红蜘蛛的综防技术研究，研究出巴氏钝绥螨控制柑橘全爪螨的以虫治虫生态防控技术。并且，通过释放捕食螨、挂杀虫灯和挂黄板一年可以减少喷药9次。

三 脐橙种植与测土配方施肥

果农在果茶站技术推广员的帮助下，了解自己果园土壤的营养成分极其结构，掌握脐橙在生长发育、开花结果各个时期对各种营养元素需要的特点，坚持以施用有机肥为主，合理使用无机肥，各种有机肥应当占到总施肥量的70%。

1. 正确选择肥料种类

严格按照绿色食品肥料使用准则中的规定，严禁使用硝态氮肥。提倡使用的肥料包括有机肥和微生物肥。有机肥包括堆肥、厩肥、沼气肥、饼肥、绿肥、作物秸秆等。微生物肥料如根瘤菌、固氮菌、复合菌等。凡是堆肥，都需经过50℃以上发酵5—7天，以便杀死病菌、虫卵和杂草种子，削除有害气体和有机酸，并且必须经过充分腐熟后才能使用。

2. 限制使用化学肥料

提倡科学、合理地使用化肥。化学肥料如矿物钾肥、矿物磷肥（磷矿粉）、钙镁磷肥、石灰等要与有机肥料、微生物肥料配合使用。对于投放市场的新型化肥，赣州农资经营单位和农资经营管理部门必须确保，这些新兴化肥获得了国家有关部门的生产许可证，防止无证化肥进入农业生产资料经营市场和果园。

3. 合理掌握施肥时机和方法

对于已经挂果的脐橙园，一年施肥3—4次，催芽肥以氮、磷肥为主，壮果促梢肥以钾肥为主，适当配以氮、磷肥，采果肥以有机肥为主，采果前施，稳果肥以根外追肥为主。全年施用氮、磷、钾、钙、镁的比例应当为 1∶0.6∶0.8—1∶0.45∶0.15。

施肥要区分浅施、深施、环状施、条沟施。浅根浅施，根深深施，春夏季节浅施，秋季深施，有机肥深施，化肥浅施，无机氮肥浅施，磷肥和钾肥深施肥。

四 充分利用果园相关资源

大部分脐橙树在生长的第 3 年才开始挂果，但挂果不多，俗称试挂果，每株挂果 10 斤左右，第 4 年能有 20 斤左右，第 5 年能达到 40 斤左右，第 6 年单株有 60 斤左右，第 8 年以后每株产量稳定在 120—150 斤左右。因此，在头两年，果农没有果品收入，加上前期建园投入，果农经济负担较重。所以，开辟果品之外的收入来源就是广大果农积极探索的一个重要问题。除了外出打工之外，果农充分利用果园的土地、空间和光能种植经济作物、养猪、种草，增加收入，减少果园经营成本。

1. 套种低杆经济作物

在赣州，比较多的果农在脐橙园套种西瓜、花生。同时，脐橙幼树可以吸收套种作物的肥料，瓜蔓和花生苗沤作基肥，幼树前两年投入少，并且有套种作物收入，果农的经济负担减轻了。适宜在脐橙园套种的作物除了西瓜、花生外，还有大豆、蚕豆、绿豆、豌豆、肥田萝卜、紫云英等。不宜在脐橙园套种的作物有烟叶、甘蔗、高粱、玉米、红薯等，这些作物会与脐橙争光、争肥。

2. 推广猪沼果循环模式

赣州向果农建议，每 50 亩果园建一个沼气池，以猪粪为原料，发展沼气生产。沼液用来浇灌果树，这种生态循环模式，为果农提供了清洁能源，减少了果农肥料方面的投入。但随着赣南地区生猪养殖规模的迅速扩大，家庭小规模的生猪养殖不断萎缩，这一开始于 20 世纪的生态循环模式面临考验。赣南地区的大型养猪场有不少是从浙江和广东迁移过来的，现有的果园和沼气池无法承受大型养猪场生猪大量的排泄物。因此，探索用工业化的方式处理大型养猪场的排泄物是摆在赣南脐橙产业发展面前的一项重要课题。

3. 种植良性杂草

春夏季节让果园的株行间生长浅根性良草，如蒲公英、狗尾草、百喜草等，改善果园微环境，造成良好的天敌生长繁衍环境，当果园杂草生长到一定高度时，要适时割草，将割下的草翻埋于土壤中或覆盖于树盘，这样既能改善土壤结构，提高土壤有机质，又能改善果园生态环境。

五　消除工业化城镇化的负面影响

脐橙果品安全既受农业生产活动的影响，也受城市扩张和工业活动的影响。因此，在严格控制脐橙生产过程中农药使用造成的潜在威胁的同时，必须防止或减少城市和工业“三废”带来的负面影响[①]。虽然，赣南脐橙产区的工业化程度不高，人口规模不大，但随着工业园区和城市化的快速推进，开始出现废水废渣和废气“三废”处理问题。能否及时有效地处理“三废”问题，不仅涉及保护良好的脐橙生产环境，也直接影响脐橙果品安全。

1. 建立城乡垃圾处理系统

赣州开始着手建立脐橙产区的垃圾处理系统。从村、乡、县到市，构建一个完整的垃圾收集、转运和填埋系统，雇用专门的人员，配备专门的设备，建设垃圾处理场。在城市市区，尝试按工业垃圾、商业垃圾和生活垃圾分类收集，充分发掘垃圾的再生资源废物利用，提高垃圾处理的效率。赣州明确指出，果农应当慎用城市垃圾，城市垃圾需经过无害化处理达标后方可使用。靠近水源的地方，对垃圾处理厂应当进行特殊处理，包括防渗透处理[②]。赣州要求建设脐橙园时至少距离工矿、医院等污染源3公里以上。

2. 建立城乡污水处理系统

逐步做到杜绝城市大量的生产和商业污水直接排入脐橙产区极其周边的河流湖泊，城市和工业废水必须经过污水处理厂处理之后才能排出。在设计污水处理厂时，要求做到雨水和污水分开，工业废水和生活废水分流，废水处理厂和废水管网规划、设计和建设同步，政府应当确保废水处理厂和废水管网建设的投入。对于生产和商业废水排放大户或工业园区，

---

① 尹小健：《赣南脐橙产业现代化路径分析》，《企业经济》2012年第7期。

② 龚建文、尹小健：《低碳经济助鄱阳湖生态经济区绿色崛起》，《江西日报》2010年3月15日。

要求收取排污费，以补充废水处理厂和废水管网的运营和维护预算 。

第四节　支持转型发展的政策措施[①]

一　加大对东江源区的投入

东江源区生态功能保护的主体是群众，主导管理是当地县级政府，而群众参与保护环境的积极性，除自身生态环境意识的增强外，最主要的影响因素是利益得失的权衡，如果保护环境能为当地群众带来实惠，至少是不影响群众生活水平的提高，那么群众参与保护的积极性自然很高，反之群众的积极性就低，甚至抵制。因此，国家和下游受惠的发达地区，要提高对上游的生态补偿力度，提高财政转移支付的力度，使当地群众的生活质量与周边地区同步提高，生态补偿费用主要用于环境保护和污染治理，财政转移支付主要用改善民生，提高公共支出水平。可以用预算内人均财政支出这一指标，考核公共财政支出水平，要求源区三县人均财政支出不低于赣州地区平均水平。

二　整合资金，集中使用，突出重点，提高效率

东江源区有多种扶持政策，资金来源渠道多，目前有“东江源头县”、“国家扶贫开发重点县”、“赣南原中央苏区县”三项重大政策出台。第一种是根据《国家生态主体功能区规划》《十二五规划》对保护东江源水资源的生态补偿；第二种是根据国家2012年初出台的全国592个国家级扶贫开发重点县，东江源的寻乌、安远两县列入重点扶贫开发县；第三种是国家支持赣南原中央苏区振兴发展规划，东江源区三县均列入原中央苏区范围内。三项重大支持政策从不同的角度出发，但目标相同，就是帮助这些地区摆脱贫困，发展经济社会生态，实现全面小康目标。因此要把中央的三项重大政策作为系统工程统一到同一个目标上来，实行统一规划，分块实施，协同推进的格局，对国家各部门和地方政府投入的资金，集中使用，对相同或同类项目进行整合，突出重点，以取得事半功倍的效果。

---

① 杨志诚：《东江源区经济发展转型与产业结构调整》，《科技广场》2012年第8期。

三　控制开发强度，真正把保护放在优先位置

国家主体功能区规划纲要指出：在限制开发区“要严格控开发强度，形成点上开发，面上保护的空间结构”。而东江源的发展又离不开工业化和城市化，这是经济规律所决定的，所以这里的关键是要把开发控制在合理的范围内，而不能和重点开发区那样追求做大做强。控制开发强度实际上是控制工业化城市化规模和速度，原则上是在现有城镇布局的基础上进一步集约开发，集中建设，重点是建设好3个县城，2020年前县城规模应控制在8万人左右为宜，建制镇规模在流域范围内以控制在1万人左右为宜。总之城镇化规模不要过大，以免形成过大的环境压力。工业布局应重点放在流域外的乡镇，以减少对水质的污染。

四　核心保护区要实施生态保护工程

核心区的生态保护是关系到东江源水质能否达到国家Ⅰ级标准的关键，为此要通过科学规划，统筹协调，群众参与的生态保护工程，保护和提高生态环境质量，生态保护工程的主要内容：一是搞好生态公益林的规划和建设，先要保护好天然林，发展以阔叶林为主的水源涵养林，动员全民开展植树造林，积极参与珠江防护林体系建设，按国家有关政策实施好退耕还林工程。二是开展以小流域为单元的水土流失综合治理，尤其要限期治理好重度流失区。三是在全面调查和科学评估核心区的经济活动强度的基础上，合理调整生产力布局，提出核心区内发展适宜的替代产业规划。四是做好核心区内人口布局规划，通过生态移民，逐步减少核心区人口，减轻人口压力，在此基础上做好社会发展规划，提高核心区人口生活质量。五是做好核心区内面源污染治理规划，矿区生态修复规划，把矿产资源开发减少到最低限度，并且在开发的同时做好生态修复。

五　在加大招商引资力度的同时，实行更加严格的产业准入环境标准

目前沿海发达地区实施产业结构调整和升级，大批企业向内地转移，为中西部地区带来发展机遇，作为经济发展严重滞后的东江源区要抓住这一发展机遇期加快发展。但在环境保护方面要实行更加严格的准入标准，对技术层次低污染严重的企业要禁止进入，而对符合条件进入的企业，要

在财政、税收、金融保险、土地、工商等方面给予更多的优惠政策，才能有更大的吸引力引进更多的项目和企业进入。

六　建立完善的考核评估机制

在地方和企业之间过度竞争的氛围中，传统的以单纯追求GDP增长为目标的发展观容易形成过度竞争的环境，这使国家生态保护政策能否真正落实面临的最大挑战。关键是要使上级政府转变对这些地区的考核评估标准，转变政绩观念，并建立与其他地区有区别的考核指标。完善的考核评估机制可以使不符合生态保护的行为得到及时纠正，使其沿着正确的发展道路前进。

第十章　东江源区生态移民研究

江河源头地区由于其特殊的生态功能及受生态环境约束，往往是我国经济社会发展最为滞后的地区之一。在我国，学界和政府都认为生态移民是反贫困的一大重要举措，它是通过生存空间的转换，突破贫困人口的环境制约因素，从而改变贫困人口生存状态[①]。20世纪后半期，人类生存发展需要与生态环境承载能力之间相互冲突已成为全人类共同面临的重大命题[②]，实践证明，科学的生态移民对于摆脱因环境压力造成的基础性贫困具有重要意义。本章对东江源区生态移民的基本情况、动因及基本特点进行一个概括总结，分析东江源区生态移民实施政策及其效果，进而提出促进东江源区生态移民的政策建议。

第一节　关于生态移民的几个基本问题

一　生态移民的界定

“生态移民”最早由美国科学家考尔斯于20世纪初提出的。在我国最早是由任耀武、袁国宝和季凤瑚等学者于1993年正式提出“生态移民”概念的[③]，指为了保护生态环境而实施大规模人口迁移。科学合理地界定生态移民的概念，学术层面上，有利于理清生态移民这一现象；政策制定层面上，有利于政府在实施生态移民政策过程中瞄准生态移民

① 蒋培：《关于我国生态移民研究的几个问题》，《西部学刊》2014年第7期。

② 张志辽：《生态移民的缔约分析》，《重庆大学学报》（自然科学版）2005年第8期。

③ 任耀武、袁国宝、季凤瑚：《试论三峡库区生态移民》，《农业现代化研究》1993年第1期。

对象[①]。关于如何界定生态移民，国内学者研究角度和着眼点是不同的，就目前来看，主要集中于几种观点：第一种观点，强调生态移民是由于生态环境恶化导致的一种自发性的迁移行为，如葛根高娃、乌云巴图（2003）认为："生态移民是指由生态环境恶化导致人们生产生活环境受到严重破坏而威胁到其生存发展，从而迫使人们发生迁移行为。"[②] 第二种观点，强调生态移民是出于保护生态环境和注重经济发展的双重目标，通过政策引导，强制性地将生态环境恶化地区或生态功能区的人口迁移出来并集中在生态环境承载能力较好的地区的一种政府主导性行为，如刘学敏（2002）[③]。第三种观点，强调生态移民在保护迁出地生态环境的同时要考虑不破坏迁入地生态环境，另外还要在考虑移民在迁入地致富的同时不损害迁入地原居民利益，具有多重目标性，如方兵和彭志光（2002）[④]；第四种观点，强调生态移民不仅有保护和改善生态环境的作用，而且还具有减少贫困和增加移民收入进而发展经济的作用，如国家发改委国土开发与地区经济研究所课题组（2004）。[⑤] 本研究认为，界定生态移民应以与生态环境相关的迁移活动为基本原则。根据这一原则，生态移民是因为生态环境恶化或为了改善和保护生态环境所发生的迁移活动，以及由此活动而产生的迁移人口[⑥]。由此可见，只要与生态环境直接相关的迁移活动都可称之为生态移民。在大多数情况下，生态环境恶化地区也是贫困人口集中地区，解决生态环境恶化问题与解决贫困人口问题往往是重叠在一起的[⑦]。就目前实践来看，移民经济收入的提高和生活环境的改善是大多数生态移民工程的主要目的，因而将生态移民工程与扶贫移民工程相结合在

---

① 包智明：《关于生态移民的定义、分类及若干问题》，《中央民族大学学报》2006 年第 1 期。

② 葛根高娃、乌云巴图：《内蒙古牧区生态移民的概念、问题与对策》，《内蒙古社会科学》2003 年第 2 期。

③ 刘学敏：《西北地区生态移民的效果与问题探讨》，《中国农村经济》2002 年第 4 期。

④ 方兵、彭志光：《生态移民：西部脱贫与生态环境保护新思路》，广西人民出版社 2002 年版。

⑤ 国家发改委国土开发与地区经济研究所：《中国生态移民的起源与发展》，内部资料，2004 年。

⑥ 蒋培：《关于我国生态移民研究的几个问题》，《西部学刊》2014 年第 7 期。

⑦ 包智明：《关于生态移民的定义、分类及若干问题》，《中央民族大学学报》2006 年第 1 期。

一起实施也就不奇怪，东江源区实施生态移民也不例外。

二 生态移民的类型

国内外学者从不同角度对生态移民类型进行了大致的分类，本研究综合相关文献并对其进行如下分类：

1. 根据是否有政府主导，可划分为自发性生态移民与政府主导性生态移民。自发性生态移民是一种由于原住地生态环境恶化造成生产生活困难而迁往别处去的自发性活动。政府主导性生态移民是一种以保护生态环境和减少贫困人口为目的，由政府组织将生态环境恶化地区或生态功能保护区的人口迁移到生态承载能力相对较好地区的活动。

2. 根据是否有迁移的决定权，可划分为自愿性生态移民与非自愿性生态移民。自愿性生态移民是一种由于生态环境恶化造成生产生活困难而迁移到别处去的资源性活动，并且移民在这种迁移活动中有选择或决定是否迁移的主动权，否则就是非自愿性生态移民。

3. 根据是否整体搬迁，可划分为整体迁移生态移民与部分迁移生态移民。整体迁移生态移民是指原居住地全部人口整体迁移到新的居住地，部分迁移生态移民是指原居住地只有一部分人口迁移出来。整体迁移生态移民因其可以保留原有社会关系、文化的优点而使得移民更容易接受并适应新的生产生活环境，同时可以更为彻底地对迁出地生态环境进行恢复和保护。从我国整体迁移生态移民的实践来看，这种生态移民类型大多发生在生态功能保护区，需要政府组织，因而也属于非自愿性生态移民。

4. 根据迁移距离的远近，可划分为就地迁移生态移民和异地迁移生态移民。[①] 就地迁移生态移民是一种以保护生态环境和摆脱贫困为目的并且不离开本乡本土的迁移活动，而异地迁移生态移民则是离开本乡本土，定居到其他地方。目前，我国生态移民实践过程中既有采用就地迁移生态移民，也有采用异地迁移生态移民，因为两者各有千秋，如果从搬迁成本和社会文化适应角度来看，就地迁移生态移民要优于异地迁移生态移民，但从恢复和保护生态环境角度来看，异地迁移生态移民就要优于就地迁移生态移民。

---

① 许德祥：《水库移民系统与行政管理》，新华出版社 1998 年版。

总之，对生态移民类型进行总结，一方面可以了解清楚我国生态移民的主要实践情况，另一方面可为本文奠定一个研究基础。

三　生态移民的安置模式

根据我国生态移民实践，将我国生态移民的安置模式总结为以下两种：

1. 农业安置模式。这种安置模式是针对部分移民仍然想从事农业生产的，由政府主导，在土地容量较大，水利、交通等基础设施较好的地区进行有土安置。一是通过建设农村新居民点或插花式安置移民，给予其不低于迁入地人均耕地面积的农业生产用地并长期拥有土地承包经营权；二是通过在面积较大的农林牧场及农垦系统企业给予其一定的土地承包经营权；三是国家对龙头企业给予一定的政策和资金支持建设生产基地，条件是该生产基地要对生态移民进行安置。

2. 城镇安置模式。这种安置模式主要是针对那些有意愿从事非农产业并且希望在城镇定居的生态移民，这部分移民要具备一定的经济基础、文化程度、市场经济意识和劳动谋生技能等条件，国家通过给予其户籍、社会保障等相关优惠政策，结合相关职业和技能培训工程，将其安排在城镇生产生活，以推进城镇化建设进程。

第二节　东江源区生态移民的基本情况、动因及基本特点

一　东江源区生态移民基本情况

安远和寻乌都是较早实施生态移民工程，只有定南县于2011年才开始实施。2008—2012年，东江源区共实施生态移民人数达21131人，其中：集中安置15675人，分散安置5456人，集中安置率达74.18%，共建集中安置点124个。2008—2010年移民补偿金额为3500元/人，省级以上补助金额为3000元/人，市县配套为500元/人；2011年开始，东江源区生态移民补偿金额增加到4000元，其中3500元直接发放给移民户用于建设房屋。2008—2012年，东江源区生态移民补偿总金额达到7836.42万元，其中：省级以上补偿金额为6605.05万元，市县配套1231.37万元

(详见表10—1、表10—2)。

表10—1　　东江源区生态移民基本情况表

年份	移民数（人）		集中安置点（个）	移民补偿金额（万元）	
	集中安置	分散安置		省级以上补偿金额	市县配套金额
2008	3293	725	35	1156	180
2009	2451	595	26	867.6	326.69
2010	2035	493	12	758.4	157.18
2011	3323	989	24	1293.6	218.07
2012	4573	2654	27	2529.45	349.43
总计	15675	5456	124	6605.05	1231.37

注：数据来源于东江源三县2008—2012年生态移民工作年度总结计算整理而得。

表10—2　　东江源三县生态移民具体情况表

	年份	2008	2009	2010	2011	2012
安远	移民数（人）	3000	1973	1352	2336	2738
	其中：集中安置（人）	2562	1819	1264	2055	1500
	分散安置（人）	438	154	88	281	1238
	集中安置点（个）	31	20	9	14	8
	移民补偿金额（万元）	1020	813.42	492.22	817.6	1095.2
	其中：省级以上资金（万元）	900	545.7	405.6	700.8	958.3
	市县级配套资金（万元）	120	267.72	86.62	116.8	136.9
寻乌	年份	2008	2009	2010	2011	2012
	移民数（人）	1000	1073	1176	1130	1508
	其中：集中安置（人）	731	632	771	800	922
	分散安置（人）	287	441	405	330	586
	集中安置点（个）	4	6	3	3	3
	移民补偿金额（万元）	316	380.87	423.36	397.97	591.28
	其中：省级以上资金（万元）	256	321.9	352.8	339	527.8
	市县级配套资金（万元）	60	58.97	70.56	58.97	63.48

续表

	年份	2008	2009	2010	2011	2012
定南	移民数（人）	—	—	—	846	2981
	其中：集中安置（人）	—	—	—	468	2151
	分散安置（人）	—	—	—	378	830
	集中安置点（个）	—	—	—	7	16
	移民补偿金额（万元）	—	—	—	296.1	1192.4
	其中：省级以上资金（万元）	—	—	—	253.8	1043.35
	市县级配套资金（万元）	—	—	—	42.3	149.05

注：数据来源于东江源三县2008—2012年生态移民工作年度总结，定南县由于于2011年开始生态移民工作，故2008—2010年数据缺失。

二　东江源区实施生态移民的动因

张小明、赵常兴（2008）认为："人口的超载引起生态环境的恶化，生态环境的恶化加深了贫困，贫困进一步导致对劳力的渴望——进一步人口超载，进一步对生态资源的进一步掠夺，形成贫困陷阱怪圈，政府通过诱导，实施生态移民可以打破这个怪圈，解决生态和贫困问题"①，如图10—1所示。

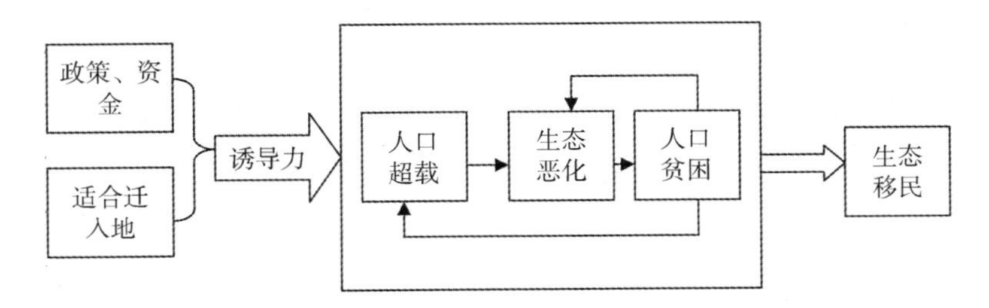

图10—1　生态移民解决生态与贫困问题示意图

同样，保护源区生态安全和减少贫困是东江源区实施生态移民的两大动因。

① 张小明、赵常兴：《诱导式生态移民的决策过程和决策因素分析》，《环境科学与管理》2008年第5期。

1. 减少源区贫困人口是生态移民的重要动因

东江源区经济发展水平非常低下。2012 年三县 GDP 为 124.72 亿元人民币，约占全省的 0.96%，源区地方财政总收入仅为 16 亿元。同年，源区人均 GDP 仅 14113 元，为江西省的 48.9%，全国平均水平的 36.75%，广东省平均水平的 26.1%。加之，安远、寻乌两县为国家级贫困县，定南为省级贫困县，贫困发生率约达 40%。为此，政府对东江源区实施一系列的扶贫政策，但由于对源区贫困的扶持中改水、改路、改电的基础投入巨大、效率低，从而对其实施生态移民扶贫，以减少贫困人口。

2. 保护源区生态安全是实施生态移民的主要动因

东江源区稀土矿、钨矿、金矿等资源富集，据 2007 年遥感数据显示，东江源区矿区面积达到 2115.2km^2，采矿经济效益显著，俨然成为东江源区的主要支柱产业。自改革开放以来，由于稀土、钨等矿产资源的无序开采和冶炼，废弃矿区面积达到 1755km^2，占总矿区面积的 83%，急需垦复的矿区面积达到 46.21km^2，废石存放累计达到 2.04 亿吨，尾砂排放累计达 4.15 亿吨，矿区生态环境急剧恶化趋势非常明显。东江源区三县果业和养殖业产值比重较高，农业化学化趋势明显，农村面源污染较为严重，据东江源区三县统计年鉴计算得出，2011 年三县农药施用量达 55.7kg/km^2，化肥施用量（折纯）达 763.85kg/km^2，畜禽养殖粪便年产生量 100 万吨以上。东江源区果业和稀土矿开发引发的水土流失面积约占国土面积的 1/3。此外，东江源区还出现了不同程度土地酸化现象，以土地酸化的定南县为例，土地酸化面积达到了县域总面积的 78.14%①。上述种种问题都说明了，东江源区生态环境遭受到了不同程度的破坏，生态环境功能面临下降的趋势。而东江水系是香港特别行政区及珠三角城市居民的主要饮用水水源，良好水质的东江流域直接关系着珠三角以及香港地区的繁荣稳定。因此，东江源区肩负着生态环境的保护与建设的责任，而实施生态移民恰好是一条有效路径。

三　东江源区生态移民的基本特点

1. 政府主导性。东江源区地处偏僻，信息闭塞，生产方式落后，

---

① 黄毓哲：《江西东江源生态补偿机制的思考》，《江西农业大学学报》（社会科学版）2008 年第 4 期。

生存环境恶劣，教育、医疗等资源匮乏，源区内居民自身具有改善落后生产生活方式而实施移民搬迁的动力，只是苦于自身能力不足，加之对生态移民搬迁后的生产生活状况的预期不足，而无法实施自愿性生态移民。因此，政府实施东江源区生态移民工程，给予其优惠的移民搬迁政策，从而达到保护生态环境和减少贫困的双重目的，便是很好的证明。可见，东江源区生态移民具有政府主导性特征，自发性特征不明显。

2. 非自愿性。从东江源区生态移民实践来看，东江源区的生态移民，也有因生态脆弱而自愿进行的生态移民。但多为非自愿生态移民。东江源区的生态移民，从理论上讲，不应该是强制性的，而应是非强制性的。但是，由于生产生活在生态脆弱区和敏感区的移民，真正能自发移民的人很少，他们中一部分人认为，如果他们居住的地方要发生滑坡坍塌等地质灾害，政府应该帮助他们迁移，也有一部分不愿意离开故土。[①]

3. 扶贫性。安远县在东江源区三县中是最早实施生态移民的，实施生态移民的2003年，农民人均纯收入仅为1485元，仅为赣州市、江西省平均水平的58%、50%，源区移民生活水平非常低下。虽然经过近10年的生态移民，安远县2012年，农民人均纯收入达4386元，仅为赣州市、江西省平均水平的83%、56%，生态移民扶贫取得一定的成效，但安远县仍然是国家贫困县。寻乌县和定南县也不例外，寻乌县目前仍然是国家贫困县，定南县仍是省级贫困县。因此，扶贫效果也是生态移民不可偏离的核心目标。

4. 安置集中性。从东江源区生态移民实践来看，集中性安置受到了多数移民的欢迎，移民们总是希望建制不变，亲友不散，习惯不改。分散性安置只适宜已经富起来或文化知识较高的移民。

5. 发展性。一方面，东江源区移民经济基础薄弱，发展的客观条件比较差，大多数家庭长期处于封闭的小农经济环境中，移民的生产技术比较单一；另一方面，生态移民实现了移民系统的重建与恢复，在安置地建设过程中可以发挥后发优势。因此，生态移民给移民带来了发展经济、建设新居住地的契机，有利于安置区人口、资源、环境和社会、经济可持续

---

① 谭国太：《三峡库区生态移民的理论与实践》，《重庆行政（公共论坛）》2010年第2期。

协调发展。[①]

第三节 东江源区生态移民的实施及其效果

东江源区生态移民具有政府主导性、非自愿性等特征，这也说明了政府采取了一系列政策措施来推进这项工作。因此，有必要厘清支持东江源区实施生态移民的主要政策并分析其效果及其实施过程中存在怎样的问题。

一 支持东江源区生态移民的主要政策

为了支持东江源区生态移民，保护江河源头水源保护区，一方面东江源区积极争取国家有关部门的支持，已经与江西省发展与改革委员会协商，积极申报国家易地扶贫和生态移民搬迁项目；另一方面在全省每年5万人的扶贫移民搬迁中，将东江源区作为生态移民的重点地区予以重点支持。具体来讲，主要有以下政策：

1. 明确了东江源区生态移民对象的条件。按照现行政策，整个东江源区都在江西省生态移民范围内，生态移民的对象应当符合以下条件之一：(1)生存条件恶劣，经常性发生山体滑坡、泥石流、水旱自然灾害等严重威胁群众生命财产安全的地区（以专业部门认定为准）；(2)至今未通路、未通电、未通邮、未通广播电视，教育、医疗等基础实施条件差的地区；(3)居住分散、人口密度较低、行政管理成本较高的地区；(4)信息闭塞、土地资源有限、贫瘠、缺乏脱贫致富基本条件的地区；(5)扶贫开发的投入成本高、致富潜力难以发挥的地区；(6)生产和生活条件非常艰苦的少数民族聚居区。对符合上述移民搬迁条件的地区，以居住点或自然村为单位，按照“先易后难、先远后近”的原则，实行整体搬迁，因为这类人群相对文化素质较高、心理素质较好，适应能力强，以此以点带面，起到积极的示范作用。

2. 明确了东江源区生态移民安置方式。采取集中安置与分散安置相

① 周建、施国庆、李菁怡：《生态移民政策与效果探析——以新疆塔里木河流域轮台县生态移民为例》，《水利经济》2009年第27（5）期。

结合，以集中安置为主，集中安置又分为有土安置和无土安置。有土安置就是既帮助建房，又调剂生产生活用地，每个移民的生产生活用地不少于0.5亩；无土安置就是只帮助建房，无调剂生产生活用地，无土安置移民要实现每户至少有1人就业，以解决移民的生活问题。①

3. 明确了东江源区生态移民集中安置点建设方式。在东江源区生态移民集中安置点的建设方面，政府相关部门要按照规定，规范建设各个安置点的水、电、路等基础设施；对于纳入到新农村建设示范点范围的东江源区生态移民集中安置点，应整合新农村建设点和扶贫开发整村推进项目建设资金（共计50万元），加快其整治改造到位；同时，应结合小城镇建设、工业基础园区建设、社区建设等，整合各种资源，推进东江源区生态移民集中安置点建设。②

4. 明确了东江源区生态移民补偿政策。对东江源区生态移民户给予一次性资金补助，标准为每人4000元，作为移民建房专项补助资金。补助资金必须全部用于移民对象，除扣除少量用于公共事业的费用外，直接发放给生态移民户的建房补助资金原则上不少于每人3500元，由各地根据实际情况，以县为单位统一额度，并在本县范围内公示公告。同时，2009年，江西省环保厅联合省财政厅制定了《江西省“五河”和东江源头保护区生态环境保护奖励资金管理办法》，根据源头保护区面积和水质情况确定源头保护区奖励资金的分配。根据这一方案，2008年江西省财政安排5000万元，2009年8000万元，2010年10400万元，2011年13520万元，2012年17520万元，用于江西省“五河”和东江源头保护区生态环境保护奖励③。

5. 东江源区生态移民其他政策。东江源区生态移民工程有关优惠政策适用《江西省人民政府办公厅印发〈江西省库区深山区移民扶贫试点若干政策规定〉的通知》（赣府厅发〔2003〕16号）。东江源区生态移民工程实行零税费管理制度，在法律、政策允许的范围内尽可能减轻移民负担。土地、林业、市政、建设、房管、规划设计、税务、水务、公安等部

---

① 刘建明：《新华网专访江西省扶贫和移民办公室主任章康华》，中国江西网，http://www.jdzol.com/2012/0830/44713.html.

② 同上。

③ 刘萍：《东江流域水源保护区生态补偿机制研究》，山东大学硕士论文，2013年。

门应对生态移民搬迁中所有相关费用实行减免或优惠。生态移民建房免交耕地占用税、防洪保安资金、土地使用税、房产税、建筑安装营业税，占用林地免收林木林地补偿费和森林植被恢复费，自采沙石免收有关规费，免收建房设计图纸费和建筑行业上级管理费、市政配套费，免收水、电增容费、开户费，使用自用材采伐指标的免收各种税费，办理迁移户口手续、房产证、土地使用证只缴纳办证工本费。此外，通过“雨露计划”对生态移民户的劳动力进行培训转移就业，通过产业扶贫带动移民的产业开发。从而实现东江源区移民的“搬得出、稳得住、富得起”的目标[①]。

二　东江源区生态移民的实施效果

自 2003 年以来，东江源区三县先后实施生态移民工程，安远县最早，从 2003 年开始实施，寻乌县随后，于 2004 年开始实施，定南县最晚，于 2011 年开始实施。东江源三县按照“政府引导，群众自愿”的原则，通过“集中安置与分散安置，有土安置与无土安置”相结合的方式，实施生态移民搬迁工程。截至 2012 年底，东江源区共实施生态移民人数达 21131 人，其中：集中安置 15675 人，分散安置 5456 人，集中安置率达 74.18%，共建集中安置点 124 个。生态移民取得了极大的经济、社会、生态效益，主要表现在以下几个方面：

1. 促进了移民户生产生活条件的改善。移民户原先居住的深山区山高路远，气候异常，信息闭塞，生产生活条件十分落后。搬迁后，三县 124 个集中安置点都建设在交通方便的地方，大部分安置点修建了水泥公路，许多移民户安装了自来水，实现了安置点内的水、电、路“三通”，移民的居住环境得到了改善。

2. 促进了主导产业的发展。东江源三县始终将生态移民工程与产业开发相结合，围绕脐橙、生猪、食用菌、西瓜等主导产业，引导生态移民发展脱贫产业，确保移民“稳得住，富得起”。如，安远县车头镇跃进安置点移民结合果业安置，由政府出资规划果园山场，修通果园道路等基础设施，提供苗木补贴和技术保障，该点 80% 以上的移民都有了自己的果

---

① 刘建明：《新华网专访江西省扶贫和移民办公室主任章康华》，中国江西网，http://www.jdzol.com/2012/0830/44713.html.

园，户均增收 1 万元以上。

3. 促进了新农村建设。注重与新农村的结合，提高移民户的生活质量，把移民户安置到新农村点是提高移民户生活质量的一个重要路径。如：安远县将各移民安置点建设始终按照新农村建设的要求规划、建设，实行“统一规划、统一征地、统一施工、统一基础设施建设”四统一，将 20 户以上移民集中安置点全部列入新农村建设示范点；定南县 16 个集中安置点有 3 个属于土坯房改造集中建设点，13 个属新农村点或将在 2013 年列为新农村点。大部分移民户不仅可享受移民政策，也可以享受新农村建设的优惠政策，同时新农村点完善的基础设施、优美的生活环境，可以大大提高移民户的生活质量。

4. 促进了当地圩镇建设规模的不断拓宽。东江源三县在实施移民扶贫搬迁过程中，从实际出发，因地制宜，科学指导，坚持扶贫移民与小城镇建设相结合，充分发挥城镇建设对统筹城乡经济社会均衡发展的推动作用，把扶贫移民纳入城镇建设的总体规划，用生态扶贫移民聚集人口，实现小城镇的规模扩张，推动城镇化建设进程①。并对在圩镇规划区内建房的移民户实行了一系列优惠政策，在征地、水电安装、户口迁移、公共设施配套等方面都给予特殊照顾。

5. 促进了群众的综合素质和生活水平的提高。一些移民户原先文化素质低，思想保守，创收能力差，搬迁后群众积极参与社会事务管理，参与市场竞争，开拓了眼界，增长了见识，综合素质逐步得到提高。如搬迁到鹤子镇龙岗的 15 户移民户，有 12 户种植了脐橙，并且加入了当地的果业协会，掌握了脐橙“高杆定植”“果实套袋”等实用技术，对脐橙进行无公害管理。群众面貌的改变非常明显，搬迁后群众的综合素质和生活水平得到了快速提高，全县移民户人均增收 300 元以上，逐步实现了“搬得出，稳得住，富得起”的目标。

6. 促进了迁出点的生态环境进一步优化。在移民工作中，始终做到移民与生态建设相结合，围绕东江源头生态建设，在确定搬迁范围上首先选择居住分散、对生态资源消耗较大的地方，帮助移民改变原有生活方

① 温会礼：《移民扶贫是科学发展的重要民生工程——对江西赣州市移民扶贫工作的调研》，《老区建设》2009 年第 9 期。

式，引导利用太阳能、沼气等环保型能源。同时将移民与退耕还林和就近避灾安置相结合，实施生态移民，保护赣江、东江源头的生态环境。

三　生态移民实施过程中存在的问题

1. 深山区群众思想观念陈旧，发展意识不强。久居在深山区和地质灾害区难于搬迁的群众绝大多数是贫困户，这些群众思想观念陈旧，综合素质偏低，一直以来自身形成的“靠山吃山”“自给自足”的小农意识难于改变，对搬迁后能否维持生计的思想顾虑较重，要其在思想上、行动上主动参与移民搬迁，迈出跨越性一步有一定的难度[①]。在鹤子镇的大斜村调查发现，居住在本村的40岁以上的农民占到61%，这些农民绝大部分都在家务农，思想意识过于保守。

2. 深山区群众经济条件较差，搬迁成本较大。深山区群众家庭收入的主要来源是农业和务工收入，由于山区农业基础差、群众务工技能低、青壮年劳力少，大部分家庭都是低收入户。一部分先富裕起来的群众靠自身的能力早已搬迁他乡，剩下的这部分难于搬迁的群众家庭都是困难对象。同时，在搬迁过程中产生的购地、建房、办证、搬迁等支出费用太大。目前，在农村新建一栋房屋成本在10万元左右，在圩镇建房费用在10万到15万元以上，移民搬迁的成本太大。

3. 国家补助标准低，资金缺口较大。从东江源三县现实生态移民资金投入现状来看，主要以国家专项资金投入为主体，以地方配套资金和群众自筹为辅。2010年（包括）以前，国家对移民的补助标准是人均3000元，2011年才提高到人均3500元。一般情况下每户移民的人口在5人左右，按2011年的标准，每户能平均补助17500元。这与每户搬迁成本10万元相比，资金缺口仍在8万多元，国家投入明显严重不足。随着原材料、生产资料等价格的上涨，工程造价不断提高，贫困农户要靠倾其所有和借款才能完成筹资任务，在工程实施中甚至出现了移民“因迁致贫”的现象。

4. 生态移民实施协调不力，安置土地调整困难。生态移民工程涉及生产生活条件、社会事业、生态环境等多个行业工程建设，政策涉及面

---

① 王玉倩：《山区移民搬迁扶贫开发模式研究》，河北农业大学硕士论文，2012年。

广，协调成本高[①]。由于政府职能部门存在条块分割，时常发生相互推诿扯皮现象，大量的时间、精力耗费在政府部门之间的协调上，致使生态移民实施协调不力。由于政府资金投入不足，生态移民形成了较大的资金缺口，移民户自身就必须承担较大的费用，导致生态移民对象发生错位，使那些生活在生存环境恶劣、生态环境脆弱地区的急需移民的贫困人口未发生迁移，而使生活在同一区域的、经济条件较好的移民先搬迁出来，这在一定程度上违背了生态移民的初衷。另外，生态移民项目需要大量的住房及相关基础设施建设用地，随着经济社会的不断发展，城镇土地价格不断攀升，生态移民项目实施所需土地的调整难度越来越大。

5. 移民谋生能力较弱，发展阻力较大。移民搬迁到新的居住地后，由于生活环境变化，各方面能力较差，素质较低，负债重，生产生活基本上从零起步，短时期内所要承受的家庭压力较大。由于东江源区基本以无土安置为主，移民迁出后的收入大部分来自外出务工，比如安远县的天心镇禾上塘安置点现已迁出120户，基本上每户都有1人以上外出务工，基本没有经营农田，镇岗乡高峰村的则以每亩5000元由政府统一流转后招商办厂了，没流转的也极少去经管了，谋生途径比较单一，这给移民今后的脱贫发展带来重重阻力[②]。

第四节　进一步促进东江源区生态移民的政策建议

要实现东江源区生态移民“迁得出，稳得住，富得起”的目标，政府应以制度保障为主，建立长效机制，采取一系列措施支持移民发展。

一　创新生态移民安置机制

目前东江源区主要采用集中安置、圩镇无土安置、产业安置等方式为主，这些安置方式都有一定的局限性，就目前的效果来讲，不是很理想。笔者认为，可以借鉴修水、龙南、于都、遂川四县生态移民进城进园的做

① 王永平、陈勇：《贵州生态移民实践：成效、问题与对策思考》，《贵州民族研究》2012年第5期。

② 孙家雨：《关于深山区移民的调研——江西省安远县深山区移民的生活现状与对策》，《老区建设》2009年第10期。

法，将东江源区群众大规模搬迁到环境相对更好的城镇和园区。这将有利于增加东江源区农民收入，快速高效减少贫困人口，解决移民子孙后代贫困的问题；同时，与推进现代农业相结合，探索符合东江源区的城乡发展一体化的新路径；更为重要的是将有利于东江源头生态环境的保护，以保证下游供港水质。一要坚持规划先行，因地制宜，量力而行，适度推进。东江源区三县分别制定其经济社会发展规划，明确其人口的空间布局以及中长期发展目标。在此基础上，制定其生态移民搬迁以及进城进园规划。然后，根据农民意愿，县城、乡镇、重点村的承载能力，以及其县财政的承受能力，科学确定进城进园的规模和进度，循序渐进地开展东江源区三县生态移民搬迁进城进园工作。二要以县城为龙头，县乡村三级联动，统筹城乡协调发展。要顺应目前城镇化发展的历史潮流，在东江源区三县县城承载能力许可的前提下，以生态移民搬迁进县城和工业园区为主，对没有劳动能力，或有意向在乡村发展的部分生态移民户，采取乡、村梯度安置。三要坚持整体搬迁，梯度安置，差别化扶持。为实现东江源区整体搬迁，可采取梯度安置，将大部分有劳动能力和发展潜力的农民安置到县城、工业园区，通过就业、创业使他们脱贫致富。对具备安置条件的乡镇、中心村，可安置一部分有意向在农村创业、就业的农民。对无劳动能力的农民、鳏寡孤独、痴呆傻，以及“五保户”等，则就近安置在中心村或敬老院。对于具备劳动能力又想进城进园，只是面临资金困难的贫困户，要采取多种方法帮助，首先要采取政策整合，努力降低建房成本，其次采取差别化扶持，享受政策措施叠加扶持，还可以动员社会力量扶持，千方百计将贫困户从东江源区搬迁出来。

二　开展生态补偿试点，推动建立东江源生态补偿机制

十八大报告在论述生态文明建设时特别提出“深化资源性产品价格和税费改革，建立反映市场供求和资源稀缺程度、体现生态价值和代际补偿的资源有偿使用制度和生态补偿制度”，这就为东江源区生态环境保护和建设所需大量资金来源寻求制度保障奠定了政策基础，对推动建立东江源生态补偿机制（确切地说是东江流域生态环境利益共享机制）具有十分重要的指导意义。很显然，东江源区生态环境保护和建设所需大量资金，仅靠当地政府的资金投入和少量国家财政补贴是远远不够的，只有通

过采取生态效益补偿等措施以获取更多的资金支持才是源区生态保护工作持续性的重要保障。

东江源生态补偿试点已列入《国务院关于支持赣南等原中央苏区振兴发展若干意见》，建议由国家相关部委牵头成立东江源生态补偿试点领导小组，与“江西东江源国家级生态功能保护区建设试点领导小组”一道，协调解决东江源区行政区域管理与流域机构管理不一致的问题，具体组织开展东江源区生态补偿试点工作，为建立东江源生态补偿机制做好充分准备。

建议东江源生态补偿试点可参照新安江流域生态补偿模式，并结合东江源区实际，实施先恢复后考核的方式。前十年为生态恢复期，主要任务是开展环境治理逐步恢复生态，渐进式地开展考核工作，十年后全面进入考核年度，由中央财政和广东、江西两省共同设立东江源区水环境补偿基金，资金额度为每年度6亿元（中央财政投入3亿元，广东出资2亿元，江西出资1亿元），中央财政每年划拨江西3亿元，用于东江源区生态环境治理。江西配套资金1亿元用于东江源区生态补偿。在监测年度内，以两省交界处水量、水质为考核，上游江西供水达到考核标准，由下游广东对江西补偿2亿元；达不到考核标准，江西则对广东反向补偿1亿元。[①]

三　建立多元化、多渠道的资金投入机制

生态移民搬迁是一种政府组织的扶贫性措施，要建立多元化、多渠道的资金投入机制。一是适当提高补助标准。目前人均3500元的补助标准较低，刺激不了东江源区群众搬迁和安置地村民接收的积极性。建议适当提高建房补助标准，将移民建房补助标准由原来的人均3500元提高到人均6000—8000元。二是结合减灾安居、农房改造工程，对困难户给予更大支持。东江源区许多深山区移民户同时也是地质灾害户、低保户等特困群体，基于这种情况，建议凡符合减灾安居条件的移民对象在享受移民搬迁补助的基础上，同时享受减灾安居工程补助，对贫困

① 李志萌：《流域生态补偿：实现地区发展公平、协调与共赢》，《鄱阳湖学刊》2013年第1期。

户、低保户列入移民搬迁的，同时享受1万—1.5万元不等的农房改造补助。对特困移民户，应由乡（镇）提出申请，将其纳入低保补助对象。对这一类搬迁对象的安置建房问题，应实行由乡（镇）统一勘察、规划、设计，选择相对安全、生产生活条件较好的地方建立移民集中安置点，统一安置。

四 发展和培育移民后续产业，建立长效增收机制

发展和培育移民后续产业是保护和改善东江源区生态环境的关键所在，也是移民增收的重要手段。[①]

一是大力发展生态农业。江西省十三届党代会提出了建设和谐秀美江西的重大发展战略，绿色食品又是江西省战略性新兴产业，这为东江源区发展生态农业提供了良好的环境和政策支持。实践证明，发展生态农业是保护生态环境、保持农业可持续发展、确保农产品食品安全的有效途径[②]，东江源区应充分利用江西省良好的政策环境，结合自身良好的农业基础优势，大力发展生态农业。

二是保护性和可持续性开发利用稀土、钨等矿产资源。赣州市素有“稀土王国”之称，而东江源区三县稀土储量占赣州市的90%以上，钨矿资源丰富，是东江源区三县重要支柱产业，但是其开发利用水平低，产业链短，高附加值产品少等问题较为突出。因此，东江源区应根据国家对稀土、钨等矿产产业发展定位和赣州市打造全国稀土资源可持续发展示范城市与钨工业精深加工制品及新材料基地的战略目标，保护性开采稀土、钨等矿产资源，积极引进国外稀土、钨等矿产资源精深加工龙头企业，延伸其产业链，实现稀土、钨等资源性产业可持续发展。

三是大力发展农产品食品加工业。在国家对稀土、钨等矿产资源保护性开发的背景下，大力发展农产品食品加工业是一条重要的可替代产业。根据东江源区资源特点，应重点发展果业、畜禽、油茶、食用菌、中药材等食品加工业。

---

① 杨志诚：《东江源区经济发展转型与产业结构调整》，《科技广场》2012年第8期。

② 马玉成：《“三江源”生态移民后续产业发展的对策措施》，《农业经济》2007年第12期。

四是大力发展生态旅游业。东江源区原生态景观资源丰富且优，红色文化、客家文化和岭南文化相互交织、相互辉映，民俗娱乐文化丰富等，具有发展生态旅游的基础和潜力，开发价值也非常高，应充分利用这些旅游资源，大力发展生态旅游业。这不仅有利于改善和保护东江源区生态环境，还可以促进东江区域经济快速发展和移民增收。

五　结合新农村建设，完善安置点的基础设施

为促进移民集中安置点建设，吸引更多移民入住，建议移民集中安置点建设要结合新农村建设活动，争取更多的新农村建设挂点扶持资金，整合各部门资源，发挥部门优势，共同完善集中安置点的水、电、路“三通”和其他配套设施。对规划合理、建设标准起点高、安置规模大的安置点，将其列入新农村建设精品示范点，整合项目资金，完善移民集中安置点基础设施，将移民集中安置点做美做靓。同时，要落实移民安置建房用地，建议县、乡两级在规划建房用地时，优先考虑移民的建房用地，并确保每人达到25平方米的建房用地。

六　建立和完善移民后期帮扶机制

一是结合“三送”活动，结对帮扶移民困难户解决实际困难。为解决个别移民搬迁难题，建议采取乡（镇）党员干部包干服务的方式，实行一个党员干部包干一户移民户，由党员干部协助移民困难户办理购建房屋的各种手续，帮助协调建房过程中的有关事宜。基层领导干部要结合“321”领导干部结对帮扶活动，帮助做通移民困难户的思想工作，协调解决矛盾问题，解决资金困难。

二是开展企业“帮村带户”活动，引导当地企业帮扶。应积极引导当地企业扶持移民新村建设，带动移民户发展。第一，动员企业对帮扶村所在的移民安置点提供资金扶持。帮助完善便民配套设施，建立农业产业实用技术培训中心，提供启动资金开展技术培训。第二，为移民户提供就业岗位，优先吸纳移民困难户在企业就业。第三，为移民户解决资金、技术、信息难题，优先收购移民困难户农产品，为移民困难户解决农产品销售难题。

三是加强社会扶持，动员社会各界帮扶。应积极动员社会各界力量参

与移民搬迁扶贫工作，及时发布贫困对象信息，引导民间公益组织参与，加强境外社团参与扶贫协作，组织社会各界群团、爱心人士关心支持移民困难户，支持社会事业发展，开展走访慰问、结对救助等活动，帮助解决移民户的实际困难。

第十一章　东江源区实施生态功能保护建设的绩效及支持政策

东江发源于江西省的寻乌、安远、定南三县，经广东流入香港，是流域内4000多万居民生产生活的主要水源，香港每年所需淡水80%来自东江，东江水是香港同胞的“生命之水”。作为水源涵养的东江源头区域的生态环境状况直接关系到东江水质，中央、广东省及江西省各级政府都一直对东江源区的生态保护给予了高度关注，出台了一系列的法规、政策，加大投入，着力保护东江源区的生态环境。如何进一步加强生态功能区生态修复和功能保护，对协调流域生态保护与经济社会发展的关系起到重要的作用。

第一节　东江源区实施生态功能保护的依据

东江是珠江的三大水系之一，东江发源于江西省的寻乌、安远、定南三县，正常年份三县地表径流量为29.27亿立方米，占东江流域地表径流量的10.4%，是香港和广东珠江三角洲的主要饮用水源。香港是中国的领土，香港同胞也是中华民族的一部分，早在香港回归前的1963年，周恩来总理就指示国家计委批准兴建东江——深圳的供水工程，把东江水引入深圳水库，再通过管道输送到香港，该工程先后经过三期扩建后，于1994年供水量达到11亿立方米，为香港的繁荣和稳定作出了重要贡献。那时由于经济总量小，工业化水平低，环境污染并不突出，水质能确保优良、安全、稳定。随着改革开放，经济迅速发展，到20世纪末期，生态环境成为越来越突出的问题，为确保国家和重要地区的生态环境安全，2000年11月，国务院颁发了《全国生态环境保护纲要》（国发〔2000〕

38号文件），提出对江河源区、重要水源涵养区、水土保持重点预防保护区和重点监督区、江河洪水调蓄区、防风固沙区以及重要渔业水域等实施严格的生态保护措施，使这些地区的生态系统功能得到保护和恢复。2001年全国相应的建立了25个国家级生态功能保护区，其中江西建了两个国家级生态功能保护区，即鄱阳湖生态功能保护区和东江源生态功能保护区。

根据国家规划要求，江西省进一步作了具体规划，江西省发改委、赣州市政府制定了《东江源区生态功能保护和建设十一五规划》，进一步明确东江源生态功能保护区的定位是以涵养水源为重点的保护区。建设目标是使东江源区水资源总量基本稳定，保持历史平均水平，源区地表水水质达到国家Ⅱ类标准；规划提出的入具体途径是通过调整产业结构、土地利用结构和人口密度，通过生态保护和建设工程，实现经济社会和生态环境的协调发展，使源区人民的收入和生活水平不因生态保护而降低。为实现上述目标，生态保护和建设的重点工程主要有生态林业建设工程、水土保持工程、矿山开采区复垦工程、城镇污水治理工程、生态移民工程、东江源区生态功能保护区管理和可持续能力建设工程等。这些工程建设的实施情况和效果成为绩效评估的主要内容。

第二节　东江源区生态功能保护和建设工程实施情况

一　出台了相关法规和政策，为源区生态功能保护提供了保障

根据国家和江西省关于建立东江源生态功能保护区的有关法规和政策，赣州市和寻乌、安远、定南三县以大局为重，积极策应，认真贯彻实施。2004年赣州市制定了《赣州市加强东江源区生态环境保护和建设实施方案》，东江源三县也先后制定了可操作性更强的规划方案，出台了相关的文件，而且还制定了一些专项规划，如安远县首先启动东江源区生态环境保护和建设规划，国家、省、市各级投入预计将达到14.2亿元，其中第一期投入达3.9亿元，进行8项生态工程建设，此外还进行了若干专项规划，如安远县三百山国家湿地公园建设规划面积达2675.7公顷，总投资达6099.9万元，湿地公园的建设，将有助于增强水污染的降解和自净能力，有助于源头水资源的保护。寻乌县为保护

源头水源，出台了矿山整治规划细则，对关闭企业作了明确的安排，定南县针对县城工业和居民生活污水排放严重的情况，进行了污水治理规划。

二　开展生态环境保护和建设工程，源区生态环境有所改善

东江源区属于水源涵养型生态功能区，其主要目标是涵养水源，保持稳定的水量（用江河径流量表示）和优良水质，送粤、港一江清水。而要实现这一目标，必须有良好的生态环境为基础，因此源区三县开展了扎实而有成效的生态环境保护和建设工作，主要生态建设工程有：

1. 生态林建设工程

森林具有涵养水源的生态效益，源区的生态林建设以封山育林、退耕还林、珠江防护林建设、广泛开展造林绿化工作，三县每年造林面积保持15万—20万亩，实施全面封山育林，严禁砍伐天然林，在核心保护区取消了商品林采伐任务，封育面积达173.7万亩，退耕还林24万亩，关闭了20多家林业资源消耗大的木材加工厂，同时加强各类自然保护区建设，以保护森林资源和物种多样性，使森林面积明显增加，覆盖率有所提高，林分质量明显改善，阔叶林比重提高，森林蓄积量明显增加，提高了涵养水源的能力。

2. 水土保持工程

水土流失是造成生态环境恶化、群众贫困的重要根源，因为水和土都是发展经济的重要资源，要发展经济，摆脱贫困，就必须保持水土，把治山治水和治穷结合起来。

项目启动以来，三县在治理水土流失方面取得显著成效。首先是将核心区的三百山风景名胜区列为重点保护区，实施范围达到200km^2。把工业园区、圩镇建设区、公路建设区列为重点监督区，首批将33个小流域列为综合治理试点，通过营造水土保持林、种草和退果还林、封山育林、修建谷坊、拦河坝、修筑水平梯田等生物措施与工程措施相结合，取得了较好的治理效果，使源区水土流失明显减轻。

3. 矿山生态恢复工程

东江源区三县稀土、钨矿资源丰富，采矿业发达，但由于无序开采，滥采乱挖，导致土壤植被破坏严重，产生的废石、废渣、尾矿堆积达800

万吨，夏天“三废”地表温度达70℃，寸草不生，“三废”污染，尤其是重金属残留在土壤中，对农作物安全构成严重威胁。项目启动后对矿山生态恢复作为环境治理工作的重点，对矿山废弃地，进行较大规模的修复治理，到“十二五”初期就已经基本得到复垦，植被基本恢复，对源区的生态功能修复起到良好的效果。目前对老矿的复垦已经基本完成的情况下，要着力预防新矿开采对生态环境的破坏。

4. 防洪饮水工程

项目启动后，对东江源区三县的水利设施进行了全面排查，对所有病险水库进行除险加固，严格涉水项目的审批制度，避免新上项目的失误，同时对原有水库进行改造配套，提高蓄水防洪能力，确保上下游用水量的合理配置。另外源区群众饮用水的安全问题尚未解决，项目启动后将饮用水安全列为重要的民生问题优先解决，加大了农村饮用水工程建设，对存在饮水困难的农村，实现机井抽水或管网化引水。

5. 农业农村面源污染综合防治工程

农业生产因超量使用农药、化肥、农机等化学用品，畜禽养殖粪便大量排放带来严重的农业农村面源污染。项目启动后，通过推广生态农业，减少化学品用量，村镇生活垃圾无害化处理，城镇和工业园区建设污水处理厂，实现污水达标排放，大大减轻了对水资源的污染。

6. 生态移民工程

人口的生活和生产都会造成对生态环境的破坏，在东江源区，生态环境极其脆弱，对人口的承载能力不强。为了保护源区的生态环境，源区人民以大局为重，舍小家顾大家，离开了祖辈生活居住的地方，来到条件较好的地方安居乐业，项目启动到“十二五”初期，先后有5万人口，实行了生态移民，对减轻源区人口，生态压力，起到至关重要的作用，移出人口基本上实现了异地脱贫，达到迁得出，稳得住的要求。

7. 生态环境监测与信息管理体系建设工程

生态环境监测和信息综合管理是科学决策的依据，针对东江源区环境监管机构不健全，法规体系不完善，监管技术和手段落后的情况，项目启动后拨出专项资金，建立专门机构，统一技术标准，购置了先进设备，已基本建立了省、市、县三级监管机构，功能比较完善的生态环境、资源、灾害综合信息网络管理体系，省山江湖办还利用遥感调查资料对源区27

个乡镇的水环境质量进行了评估。

三　转变发展方式，调整和优化产业结构初见成效

加快转变经济发展方式是党的十八大重要的发展战略思想。东江源区属于限制开发强度的生态功能保护区，应当率先实现发展方式的转变，在调整和优化产业结构方面迈出更大的步伐，尽快改变以消耗资源，牺牲环境为代价的传统发展老路，形成以发展生态产业为重点的新格局。

1. 林业发展生态化转变

传统林业是以经济效益为中心的商品型林业，其特征是大量消耗林业资源，不利于保护生态环境。东江源区从保护生态环境的大局出发，发展以生态效益为中心的生态型林业，核心保护区全面取消砍伐商品林的指标和任务，非核心保护区则大幅调减森林砍伐任务，关闭了20多家木材加工企业。

2. 大力发展生态农业

东江源区的生态农业以“猪—沼—果”模式最为普通，普及率超过农户的50%以上，这种模式的形成和发展已经有30多年的历史，沼液可以替代化肥，大大减少了化肥的用量，又以沼气作为农村生活能源，节省了薪柴对森林资源的消耗，不仅有利于保护生态环境，还促进了果业、蔬菜、生猪产业的发展，寻乌县成为江西第二果业生产大县，定南县成为江西十大生猪调出县之一，三县生产的蔬菜成为珠三角地区的主要蔬菜来源之一，而且这些农产品基本符合国家标准的无公害绿色农产品。

3. 走出一条发展绿色矿业的新路子

东江源生态保护建设项目实施以来，源区三县以国家大局为重，牺牲了局部经济发展为代价，不仅严格控制了有资金来源有市场需求的矿山开采新项目，而且还关闭了一批资源消耗高、工艺落后、污染严重的小矿山、小冶炼企业，三县先后关停200多家，有效地保护了资源和生态环境。

稀土是重要的国际性战略资源，也是东江源区的优势资源，但存在破坏性开采，稀土出口走私猖獗，互相压价，如此宝贵的战略资源只在国际市场上卖了“白菜价”，而且因工艺落后，回收率低，资源浪费很

大，环境污染严重。“十一五”末期，国家对世界稀土市场审时度势，果断对稀土产业政策实行重大调整，实施保护性开采，即在开采时保护资源，保护生态环境，通过对稀土开采总量控制，合理布点，严格划分矿区范围。通过大力整治，东江源三县采矿权点压缩到42个，稀土氧化物年开采量控制在2万吨以内。而且在项目建设和实施过程中，必须依法进行生态环境影响评估，地质灾害危险性评估和水资源保护论证，严格执行环保“三同时”和水保“三同时”制度，做到程序合法、决策科学。推行清洁生产、发展循环经济，提高资源精深加工度，发展科技含量高，产品附加价值高的稀土和钨制品，走出一条绿色矿业发展的新路子。

4. 生态旅游业发展势头强劲

由于生态旅游是在保护生态环境的同时，创造了经济发展的机会，使当地居民增加了收入，是源区保护和发展“双赢”的产业，由于源区的旅游资源丰富，自然资源景色优美，红色资源厚重，客家文化博大精深，旅游产业的发展潜力很大。目前已经成为源区发展区域经济，增加居民收入的主攻方向。经过10多年的开发，源区已形成了四条旅游精品路线，特别是三百山、云台山、九曲河旅游区已有一定的规模，每年到东江源头作探源游的人数超过100万人次，年收入已由初期的几十万元发展到2010年超过5000万元。

四 推进生态文明建设，增强了生态保护意识并转化为实际行动

党中央、国务院关于大力推进生态文明建设的战略决策，需要动员全社会的力量，人人参与，全民行动，通过加强生态文明建设的宣传教育，增强了广大群众的生态意识，环保意识，东江源区人民对国家建立生态功能保护区的决策表示坚决拥护，并以实际行动投入到生态保护和建设中，地方政府开始淡化对GDP指标的考核，加强保护资源、保护生态环境指标的考核，建立了相关的奖惩和激励机制。处在下游的广东省和香港民众也开始认识到是源头地区的民众牺牲了局部利益，悉心呵护了东江源的生态环境，才有一江清水，他们多次组团到东江源地区开展“饮水思源”、“情系东江源、保护母亲河”的系列活动，并为源头地区的生态保护和建设事业募集捐款。更为可贵的是经济较发达的下游地区，开始关注上游贫

困地区的经济发展，许多香港和广东企业家，纷纷到源头地区投资兴业，源头三县的招商引资项目，绝大部分来自香港和珠三角地区，为促进源头地区的经济发展起了重要的作用。

第三节　东江源区实施生态功能保护和建设的绩效评估

我们从项目实施情况中，选择能够量化而且对生态保护区功能定位和目标密切相关的指标进行考核评估，从国家和省有关规划中可知，东江源区生态功能保护区的功能定位是水源涵养区，目标是要保持相对稳定的水资源量和优质水源，根据这一功能定位和目标并考虑到资料的可获得性，经过选择后，确定用水质、水量、水土流失治理面积、森林覆盖率、森林蓄积量、采矿区废弃地面积、矿山数量变化、自然保护区个数（面积）、人工湿地个数（或面积）、农村户用沼气池个数十项指标来评估生态保护和建设的绩效，评估方法是先建立评分标准进行打分，然后进行指数化处理得出增长率或递减率。现将各项评价指标说明如下：

一　水质状况有所改善

水质状况的评价资料来源于环保部门对相关断面的监测结果，东江源头有两条支流：一是寻乌水；二是定南水。据历史监测资料记载，寻乌水在20世纪80年代初曾达到Ⅰ类水（优质水），随着采矿业的发展，到90年代下降为Ⅱ类水（次优质水），2004年进行了6次监测，总体结果为Ⅱ—Ⅲ类水，而寻乌水支流马蹄河水质为Ⅲ—Ⅳ类水。定南水水质较差，总体是Ⅲ—Ⅳ类水（Ⅲ类是良好水质，Ⅳ是轻度污染），定南水支流新城河流经县城，水质较差为Ⅴ—劣Ⅴ（Ⅴ为中度污染，劣Ⅴ为重度污染）。

2010年江西环境年鉴资料显示，由于东江源生态功能保护区项目的实施，出省水质未达到要求Ⅱ类标准目标，但水质有所改善，寻乌水出省水质达到Ⅲ类水标准。定南水的出省水质改善略明显但总体也是达到Ⅲ类水标准，但个别时间局部地段出现Ⅳ类水、甚至更差。近年来源区各县加大了治理的力度，水资源质量逐渐好转，2013年监测评价东江源区 3 个县水功能区 13 个，水质达标水功能区 10 个，达标率 76.9%。

二　水量减少的势头得到遏制

水量以地表径流量表示，径流量大小，主要决定降水量和森林涵养水源的能力，东江源区森林覆盖率高，但林分结构差，蓄积量少，针叶林占 80%，涵养水源的能力差，加之降水偏少，20 世纪 90 年代地表径流量呈减少趋势，据寻乌县斗晏水库资料显示，1990 年前多年平均径流量为 15.12 亿立方米，2000 年径流量减少到 13.2 亿立方米，减少 12.6%，目前基本保持 2000 年径流量，虽然尚未恢复到历史平均径流量，但径流量减少的势头有所遏制。

三　水土流失治理取得明显成效

在项目启动前，东江源区的水土流失比较严重，据 2000 年遥感调查资料，东江源区三县的水土流失面积 853.7km^2，占总面积的 14.2%，其中强度流失面积占 21.5%，造成生态脆弱，生物多样性破坏。项目启动后，三县共同协力对水土流失面积进行了全面治理，治理面积达到近 800km^2，其中强度流失的面积已基本得到治理，但治理效果仍需进一步巩固，同时在新的开矿点和果园开发区、工业园区出现新的水土流失，从总体看水土流失并未完全根治，但流失强度大大减轻。

四　森林覆盖率提高，蓄积量增加

由于森林具有涵养水源的功能，所以森林覆盖率越高，林木蓄积量越多，涵养水源的能力越强，从总体评价，东江源三县的森林资源丰富，森林覆盖率高，据江西省“十一五”期间森林资源二类调查资料显示，三县林地面积 43.41 万公顷，活立木总蓄积 1503.4 万立方米，三县平均森林覆盖率 79%，但林分质量较差，针叶林占 80%，涵养水源能力强的阔叶林占 20%，单位面积的蓄积量只有 34.6m^3/nm^2，低于全省平均值 42.1m^3/nm^2。所以涵养水源的功能不强。项目启动后，由于大力推进生态林业建设，“十二五”初期据林业部门的资料显示，三县森林覆盖已提高到 85%，其中东江源头核心区森林覆盖率提高到 95% 以上。蓄积量增加到2100万立方米，阔叶林面积比重大大提高。

五　采矿区废弃地复垦取得明显进展

由于三县的矿业发达，矿区废弃地面积较大，据2002年卫片调查资料，三县矿山废弃地达到1755公顷，到“十二五”初期，矿山废弃地已经基本得到复垦。主要措施是进行生态修复，恢复植被，对尾矿和堆积的余土进行处理，建设拦沙坝，防止新的水土流失，治理取得了初步的效果。

六　通过矿山整治，大大减少了采矿点

矿山开采对矿山周围的环境会产生重大影响，如产生水土流失、泥石流、滑坡、塌陷等次生地质灾害，采矿点越多，造成生态环境的破坏越大，由于地方利益的驱动，项目启动前，存在严重的滥采乱挖，采矿点最多的1995年达到580多处，以后经过逐步整治后，关闭了许多无证非法采矿点，2003年便压缩到184个采矿点，到2011年，随着国家对稀土产业政策的调整，对稀土产业实施保护性开采，采矿权点进一步压缩到42个，对改善生态环境起了至关重要的作用。

七　自然保护区个数和面积有所增加

自然保护区是国家和地方政府依法设立的禁止开发的区域，受法律保护，自然保护区面积越大，意味着生态保护的力度也越大。该区域的生态系统越稳定。项目启动前（以2000年为界），东江源区的自然保护区有4个，其中安远县3个，定南县1个，总面积4.42万公顷，此项目启动后，在寻乌县增设4个，面积2.34万公顷，加上原有面积达到6.76万公顷，占三县行政区域面积16.3%，占东江源流域面积的19.2%，这些自然保护区一般都设在东江源核心区，对生态保护起着重要作用。

八　湿地和森林公园数增加

湿地和森林公园具有涵养水源、降解污染、净化环境、保护生物多样性的作用，项目启动前东江源区设有2个省级森林公园，面积5.54公顷，没有湿地。项目启动后，建设人工湿地5个，面积约10000公顷，在寻乌

县的东江源核心区设有一个国家级森林公园，面积 4.47 公顷。

九　生态移民减轻核心区生态保护压力

项目启动后先后有 5 万群众从东江源核心区迁移出去，大大减轻了核心区保护生态环境压力。

十　农户沼气池增加林业资源得到保护

农村户用沼气池的推广，有利于减少薪柴，保护林业资源，减少化肥用量，减轻对土壤的污染，据 2004 年统计，东江源三县有户用沼气池 6.23 万个，东江源区生态保护和建设“十一五”规划把猪—沼—果生态农业模式的推广作为一项重要举措，到 2010 年农村户用沼气池数增加到 9.10 万户，农户普及率达到 50% 以上。

十一　污水处理厂建设从无到有

随着工业化水平提高，工业污染增加，污水处理是迫切需要解决的问题，目前三县县城均建有污水处理厂一座，对减轻污染起重要作用，该项业绩反映在水质上，所以不另外评分。

表 11—1　　东江源区生态功能保护建设绩效评估

序号	指　标	项目启动前	项目实施后	换算值	权重	加权后数值
1	水质	Ⅱ—Ⅲ—Ⅳ	Ⅱ—Ⅲ	133.3	0.2	26.7
2	地表水径流量	存在下降趋势	下降趋势减缓	125.0	0.1	12.5
3	水土流失面积占比（%）	14.2	8.2	173.2	0.1	17.3
4	森林覆盖率（%）	79	85	107.6	0.1	10.7
5	活立木蓄积量（万立方米）	1503.4	2100	139.7	0.1	13.9
6	矿山废弃地面积（公顷）	1755	700	250.1	0.05	12.5
7	采矿权个数	182	42	433.3	0.05	21.7
8	自然保护区面积（万公顷）	4.42	6.76	152.9	0.1	15.3

续表

序号	指　标	项目启动前	项目实施后	换算值	权重	加权后数值
9	农村户用沼气池数（万个）	6.2	9.1	146.8	0.1	14.7
10	生态移民数（万人）	2	3	150	0.1	15
		100				160.3

说明：1. 评价资料来源：

（1）2010 年《江西环境年鉴》。

（2）刘良源、李志萌等：《东江源区生态资源评价与环境保护研究》，江西科技出版社 2006 年出版。

（3）赣州市统计年鉴。

（4）江西省发改委、赣州市人民政府《东江源区生态功能区保护和建设十一五规划》。

2. 评价方法说明：

（1）我们把项目启动前（一般指 2000 年前后收集的资料）的数值作为 100 看待，然后与项目实施后（一般指“十一五”末期或“十二五”初期）的数值进行指数化处理，对每个指标的权重由课题组成员集体确定（采用特尔菲法），加权后的换算值即为项目实施后与实施前相比较的生态环境改善程度。

（2）第 1、2 项需要进行打分后才能进行指数化处理

（3）水质评分：设Ⅰ类水 10 分；Ⅱ类水 8 分；Ⅲ类水 6 分；Ⅳ类水 4 分；Ⅴ类水 2 分；劣Ⅴ为 0 分，则项目启动前水质平均 6 分，项目实施后出省水质达到Ⅱ—Ⅲ级应为 7 分。

（4）地表水径流量在 20 世纪年均下降 4.9%，评为 4 分，21 世纪头 10 年下降趋势减缓，基本稳定，可评为 5 分。

第四节　东江源区生态保护存在问题

一　经济社会发展与生态环境保护的矛盾依然突出

由于生态功能区属于限制开发的地区，投资项目对生态环境的要求更高，许多经济效益好但对生态环境有负面影响的项目被拒之门外，而区内的原有资源型产业又被压缩规模甚至退出，影响了经济增长速度。目前源区的经济社会发展水平仍然较低，人均 GDP 只有江西省人均 GDP 的 1/2

左右，导致东江源区群众生活长期处于贫困状态（三县中有两个是国家贫困县，一个是省级贫困县），而项目启动以来，生态保护区群众与非生态保护区群众的收入差距进一步扩大，例如2003年东江源区三县农民人均年纯收入相当于江西省农民人均纯收入的62.3%，到2011年，下降到55.2%，而且收入差距有进一步扩大的趋势，如果今后不出台更加优惠的政策和更大的财政转移支付力度，以补偿保护生态环境所付出的代价，可以预言，东江源区的生态功能保护就缺乏可持续性。

二 流域上下游生态补偿机制尚未进入可操作实施阶段

为保护东江下游地区优良的水质和充足的水量，促进经济繁荣、稳定和发展，上游地区的人民和政府为保护东江源作出了重要贡献，牺牲了局部的利益，根据“谁受益，谁补偿”的原则，下游对上游地区必须进行合理的补偿，这是公平公正的体现，这一原则已经取得各方的认同，并在国家相关的法律和政策多次作出明确的阐述和规定，但是由于国家层面缺乏可操作的实施细则和相应的责任机构，使上下游的生态补偿制度至今仍没有贯彻实施。由于东江流域的上下游生态补偿跨越两省一区，建议由中央政府的相应机构具体负责实施，以进一步明确补偿数额、补偿对象、补偿方式、补偿时间、明确两省一区的责任分工，使这一体现公平公正、利国利民的制度能真正得到实施。

三 生态环境监测体系有待进一步加强和完善

东江源国家级生态功能保护项目启动以来，源区监测网点虽然已基本建立，但监测水平有待进一步提高，信息获取的系统性、准确性、时效性和综合分析研究能力必须进一步加强。一方面，由于机构建设、队伍建设滞后，对生态环境保护的执行力和监管能力仍然较弱；另一方面，部分乡村，由于群众收入水平低，对生态保护的积极性主动性不高，甚至出于生计所迫，出现边治理边破坏的现象。因此极大加强政策引导，完善管理体制，创新管理方式，最重要的是做到不因保护生态而降低群众的生活水平，才能让保护生态成为群众的自觉行为。

从上述分析评估中可以看出：国家实施东江源区生态功能保护和建设项目以来，由于江西省各级地方政府和源区群众，从大局和长远利益出发，坚定不移地执行了国家建设生态文明的战略决策，制定了切实可行的生态保护建设规划，并出台了一系列的地方性法规和政策，使保护建设工作扎实推进，源区生态保护和发展方式的转变取得明显进展，生态环境质量明显提高，出省水质基本达到优Ⅱ类水质要求，水源涵养能力基本稳定，经过各项指标的指数评估，如以项目启动前或初期的生态环境为100，则项目实施后到“十一五”末期，生态环境指数提高到160.3，但由于国家的支持力度不大，上下游的生态补偿还未实施，源区群众的贫困问题没有根本解决，生态功能保护区与非保护区群众收入差距呈不断扩大的趋势，保护生态环境缺乏可持续性，生态环境的下行压力仍然存在。

第五节　建立和完善东江源区生态环境支持政策

一　设立“东江源区生态安全保障基金”

保障国家生态安全战略是国家现代化建设和可持续发展的重大战略。胡鞍钢（2008）认为：“设立国家生态安全保障基金，列支中央财政支出项目，对国家重大生态安全工程进行长远投资。这一制度设计既是基于公共经济学的理论基础，也是基于中国特定的基本国情，更是依照激励机制（如生态立区）最大化、治理成本最小化的原则来扩大国家生态服务功能的。从中国的基本国情和国家核心利益来看，中国最稀缺的国家财富正是严重不足、日益流失的国家生态资本，需要用国家财政来购买”①。建议以东江源区为国家生态保护试验区，参照三江源保护的方式，设立国家生态安全保障基金，每年3亿元，以10年为期，以置换当地农民经济活动的机会成本为依据，进行国家生态安全投资（或购买）试点，增强东江源生态功能。通过设立国家生态安全保障基金来购买东江源区的生态安全，是一个“激励相容”的多赢机制。

建立生态专项资金，用于支持污染防治、生态保护、生态恢复和生态环境质量监控等项目建设，以及鼓励生态市、县（市、区）和生态乡镇创建工作资金。生态专项资金的安排范围。一是用于重要生态功能区（水

---

① 胡鞍钢：《关于设立国家生态安全保障基金的建议——以青海三江源地区为例》，《攀登》2010年第1期。

系源头保护区、重要湿地保护区、饮用水源保护区）的规划编制、抢救性保护措施与建设工程项目，以及与重要生态功能保护区有关的生态破坏严重地区的生态恢复示范工程等。二是用于国家级和省级自然保护区的科研、保护和监管能力建设及生物多样性保护项目。三是用于农村环境综合整治中生活污水处理设施建设工程；以循环经济为主要内容的农业固体废弃物污染防治及综合利用示范工程项目。四是用于生态环境管理系统工程项目（包括全国环境优美乡镇等生态示范建设项目及省级生态乡镇建设示范项目）。五是重点流域、区域的生态环境监测监控能力建设项目及其他生态环境保护与建设重点项目。

二　加大生态公益林与水土保持的支持力度

加大生态公益林补贴力度。为保证源区可持续发展，建议中央可将东江源区国家级生态公益林全部列入中央森林生态效益补偿基金补助范围，并按西部政策 100% 进行补助；东江源区内国家水土保持重点建设项目同样享受西部补助政策[①]。同时，基于生态系统服务价值评估的标准、基于保护成本的标准、基于保护损失的标准，提高生态公益林补偿标准。建议国家制定东江源区生态公益林补偿标准时可参照广州对生态公益林补偿标准，至少提高至 15—20 元/亩，多则建议 30—50 元/亩。同时，建议协调江西、广东和香港两省一区，建立跨省流域下游补上游流域治理补偿机制，促进生态林保护和造林绿化工程建设。

持续退耕还林补偿政策。自 1999 年启动以来，退耕还林工程取得了显著的生态效益和社会经济效益，已成为最大的惠农举措之一，按原定的补贴期已到，但因种植的生态林、经济林大部分未进入收益期，特别是源区限制开发区域还承担着重大生态功能，必须继续维持 10—15 年的退耕还林补偿政策，以维护退耕户的心态稳定，巩固多年来的生态建设成果，这对于生态修复将起到长效的作用。不仅如此，中央财政应对本区域生态修复以后的维护设立专门资金；出台政策，建立发达地区向东江源区的环境补偿办法。

① 财政部财政科学研究所课题组，贾康：《用好用足中央支持原中央苏区和海峡西岸政策，促进龙岩又好又快可持续发展》，《经济研究参考》2010 年第 34 期。

加大水土保持力度，设立水土流失治理专项经费。源区寻乌、安远、定南三县均为南方红壤地区，水土流失严重，源区三县又是江西省及赣州经济条件最差的，依靠自身财力完成治理几乎不可能。建议中央财政和两省一区财政按一定比例共同出资，设立水土流失治理专项资金，主要用于东江源区水土流失的后期治理和长期监测的维护费用。

三　加大对生态修复工程的引导支持

生态环境退化已对全人类生存和社会经济可持续发展构成严重威胁，经济迅速发展中的中国更不例外。源区作为以山区面积广的地区，很多地方的发展是“靠山吃山、靠水吃水”，也使生态恢复任务重而且困难重重。生态修复工程要依靠自然力与生态系统的自组织能力，并辅以必要的人工措施，使退化生态系统向有序的方向进行演替，使受损生态系统逐步恢复，也实现可持续发展目标以及改善人与自然关系的重要战略举措。建议环境保护部、财政部及农业、林业、水利等各部委和两省一区联合设立东江源区生态修复专项资金用于生态修复。

一是将源区的水源涵养地、河流湿地、重点矿区作为国家生态修复工程试点，并开展生态修复的各种试验。加大政策支持力度，大胆先行先试，尽快总结出一套可复制、可推广的生态修复模式和经验，并将其打造成全国乃至世界级生态修复工程品牌，进而创造出一种新型技术输出产业，生态效益、社会效益、经济效益都将非常可观。

二是加大生态修复技术的支持力度。可借鉴北京门头沟区生态修复的经验，设计一整套适合我国南方生态功能退化山区的生态修复技术标准体系。引进国内外生态修复先进技术，充分发挥科技对生态修复的引领示范作用。通过生态修复和建设，大力推广生态修复技术，积极做大做强生态产业，引导当地居民向农牧林果一体化、高端旅游业、服务业等后续产业要收入，实现源区部分山区逐步由“矿区”“水土流失区”向“生态涵养区”和“生态服务区”转变。

三是加强土地修复后产权和使用权改革的政策支持力度。明确破坏者的土地修复责任及修复投资者对土地修复后的土地产权、使用权性质。另外，政府要实现生态修复机器产业化发展，就需综合性的、跨区域性的、持续性的、带有倾斜性的政策支持体系。

四是改革创新投融资机制。大力引导社会资本进入，形成多元化投融资渠道，改变现行政府出资的单一投融资模式，突破东江源区生态修复所需的资金瓶颈。

四 加大土地的政策支持

东江源区作为国家重要的生态功能区，在国家主体功能区划分中属于限制开发区和禁止开发区，土地用途管制严格，严禁生态用地改变用途，严格控制土地开发强度。由此，要有维持土地管理工具运行的政策：

一是加大财政转移支付力度，建立完善生态补偿支付制度。中央和省两级财政专门设立生态保护基金，作为区域耕地保护、生态环境保护政策投入；积极运用税收优惠政策，支持生态环境建设，改善城乡居民的居住条件和居住环境，实现区域协调发展。

二是加大林权、草场权属改革。转变林草发展思路，向生态保护要效益，构建在保护中增进福利的制度体系安排，增大当地人口从林业、草业中的获利。一是以提高林业解决效益为目的进行森林采伐制度改革，同时对林地权属进行确权，逐步实现林地权属的长期化，承包权与农村土地一样，保持70年不变；二是运用科学技术合理地界定草场产权，进而解决草场的“公地悲剧”问题。

三是对特色产业发展予以土地支持。按照《国家主体功能区规划》要求，东江源区在生态环境承载力范围内是允许适度发展生态产业和特色产业。产业发展需要土地支持，而东江源区土地用途管制严格，建议对东江源区内发展生态产业和特色产业要给予一定的土地指标，以促进源区经济进一步发展。

四是增加政策性移民安置土地指标。在生态脆弱地区，有序推进政策性移民，降低限制开发区的承载人口的压力。国家应与优化开发区域及重点开发区域协同，做好政策性移民工作，让当地人口分享工业化和城镇化的好处，尤其是分享土地级差收益带来的好处。由禁止开发区域政府与优化和重点开发区域政府联手，建立政策性移民专区，输入区和输出区政府联合组织管理区，在土地、就业、教育、社会政策等方面形成特殊政策，推动移民长期安置；输入区和输出区建立建设用地指标交易平台，输入区给予输出区土地收益补偿。

五 加大生态移民支持政策

移民政策方面，在尊重群众意愿的基础上，加大生态移民力度，保护生态环境，促进人与自然的和谐发展。政策保持连续性，依靠政策拉力减少矛盾。

一是增加国家目前投入的生态环境建设资金，增加的部分用于生态移民。每年按国家生态环境建设投入比例实现生态移民资金的递增，在实施生态移民过程中，要与生态环境建设相结合，考虑退耕还林还草、生态环境建设；在进行退耕还林还草、生态环境建设的同时，又考虑移民搬迁，使两者之间有机统一起来，相互促进、相互协调。天然林因为资源保护工程和退耕还林还草工程的核心区、严重水土流失地区、自然灾害频发地区、不具备基本生存条件的先天恶劣地区作为优先移民的范围。同时按照生态环境保护和建设的要求，对移民后的原有承包的耕地、牧草地和林地进行功能调整、生态环境建设和保护。

二是对移民的生产发展项目提供小额信贷和政策上的支持。生态移民只有与农牧民脱贫致富相结合，才能真正移得下、稳得住。在实施生态移民工程中，既要考虑到当前搬迁户的生产、生活问题，也要考虑到长远的产业培育和致富问题。在进行异地致富工程规划时，应与当地支柱产业发展规划有机衔接，实现生态移民与农牧民脱贫致富相结合。

三是以政策优惠鼓励已从事非农业产业活动的农牧民在小城镇定居。在推进生态移民过程中，通过相对集中移民点，靠近小城镇建设移民新村，使之与城镇化建设相结合。生态移民与城镇化建设相结合。

六 加大水源保护与流域污染治理力度

实施水源地环境治理与保护工程，提升江河源头生态环境质量。建议国家设立重大生态工程资金，用于生态工程建设。

一是畜禽养殖综合治理工程。将源区水源保护区范围内的养殖场全部实施关停搬迁；对水源控制范围边界线以外的养殖场进行综合治理，使其达标排放。工程实施中按照“先易后难，先大户后散户，先生态敏感区和建设区后其他区域”的方法实施，水源重点保护区，河边水库、水源涵养区及其他生态敏感区先行整治。

二是农业清洁生产推广工程。实施农业面源污染防治工程，推进测土配方施肥，减少化肥农药使用量。其一是以农业面源污染治理为切入点，进一步扩大生物物理防治技术的应用范围，推广应用性诱剂杀虫灯、防虫网、生物农药等，从源头上加强农业面源污染治理，切实减少农药用量。其二是实施白色污染防治，在规划区域全面使用可降解农用薄膜，加快农用薄膜回收率，严格防止流域受到白色污染的影响。其三是积极推广农村沼气工程，加快有机废弃物的资源化处理，推广畜禽养殖业粪便综合利用和处理技术，推广生态养殖，积极控制水产养殖污染。其四是建立农业环境自净体系，扩大绿色植被覆盖面积，推广无公害农产品基地建设，发展规模化设施农业。

三是湿地保护与恢复工程。根据源区水源地分布特征和水质状况，做好东江源区国家及省级湿地保护。同时，构建完整的湿地生态滤场体系。主要在居民点比较集中区域的汇水区、污水排放段和农业生态用水排水处等地段以及溪流、沟渠等汇水节点处建湿地生态滤场，提高源区水源湿地面积和恢复湿地涵养水源、净化污染的能力，维持和保护源区水源流域生物多样性和生态完整性；建立一套相对完善的科研监测体系和宣教体系，提高项目区的科研、监测、宣教和信息管理能力。

四是森林生态系统保护与恢复工程。随着经济快速增长，资源环境压力不断增大，水源涵养林面积大幅缩小，特别是源头地区阔叶林面积连续减少，致使复合生态系统的基础调控作用有明显的减弱，涵养水源的能力呈下降趋势；源区部分河段出现了较为严重的污染。为此，必须提升源区生态环境质量，实施水源地环境治理与保护工程，积极推进以提升森林质量为重点的造林绿化工程。

五是企业关停并转及矿区环境综合治理工程。源区有丰富的矿产资源，稀土、钨等储量丰富。但由于粗放的开采、利用方式，造成了资源破坏和环境的污染，使该区域的地物、地貌、水系等生态环境遭到不同程度破坏，形成大面积的废料堆放区、山体裸露区、污水沉淀区，严重影响了生态环境，沿江河流水质受到影响。因此，必须对这类企业采取整改对废弃矿区实施生态修复。同时在源区的工业园区实施污水处理设施建设工程；推进生态工业园区建设，开展循环经济试点，鼓励资源综合利用。

六是污水处理和垃圾收集处理工程。在农村开展新农村建设中，开展

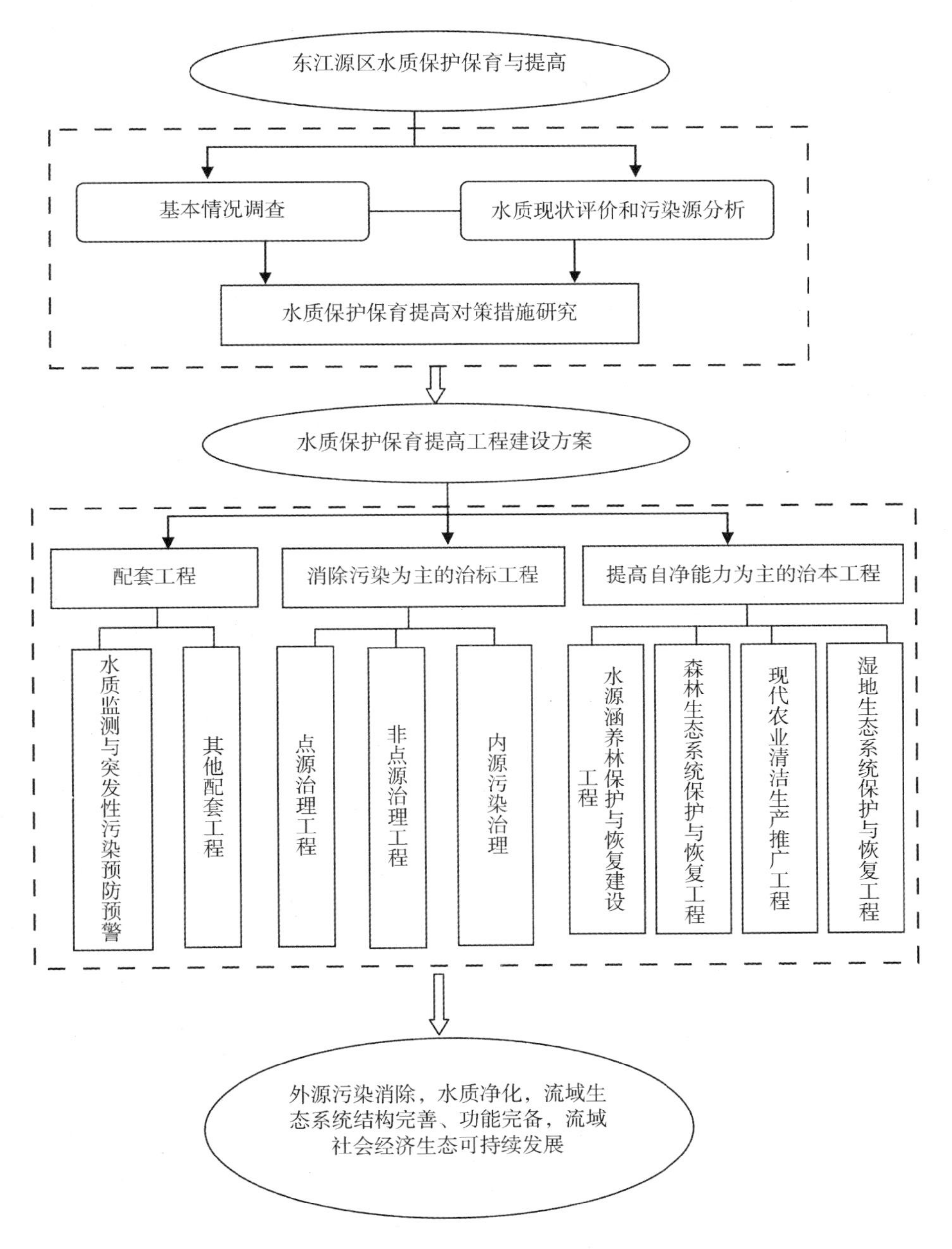

图 11—1　东江源区水质保护保育与提高路线图

清洁工程，加大水源流域集镇、村庄的生活垃圾的无害化处理，采取“村组收集、乡镇转运、县区处理”的模式，实行统一收集、集中处置。

鉴于保护区内乡镇污水具有涉及面广、分布比较分散、水量相对较大的特点，如果通过管网引入城市污水处理系统进行统一处理，其管网建设和维护成本将非常之高。因此，项目可借鉴北京密云水库水源保护区乡镇生活污水处理办法，采用各乡镇独立建立污水处理厂的模式建污水厂以保生态安全。

七　实现源区管理体制的改革与创新

我国的自然保护区是在强大的人口资源压力和抢救保护政策下建立起来的，管理体制内的责任未能理顺和与经济发展脱节成为进一步发展的障碍。我国自然保护区实行分级管理，根据自然保护区的重要程度分为国家级和地方级，地方级又分为省、市、县级。按照这一概念，国家级自然保护区应当隶属中央政府管理。但实际上我国的绝大多数国家级自然保护区是由所在当地政府管理，其中许多由市、县、乡级政府管理。重要的是中央政府在把责任委托给地方政府时，没有委以相应的权利，主要是没有足够的经费投入。而同样的没有经费投入的责任委托又相继发生在各地方政府的上下级之间，这就出现了级别与管理责任的错位。多数地方政府不能保证对自然保护区最基本的投入，许多地处贫困边远地区的自然保护区处境更是困难。据估算，近年来各级政府对自然保护区每年总的投入约为 2 亿元，其中包括工资、福利、运行和基建费用，平均到每个保护区为 3236 万元，平均到保护区职工人均仅为 11754. 33 元。另据调查，一个保护区一般需要长达 10 年左右或更长的时间才能完成最起码的基本建设。

目前，保护区体制不顺、管理不力、经费不足等矛盾突出：一是部分自然保护区工作运转困难。表现在资金缺口大，谋求发展的途径少，管理能力缺乏，与此相适应的保护、科研、宣传力度有限。自然保护区疲于应付日常事务，寻求正常支出资金。因此，自然保护区职责难以履行，社会效益与经济效益难以统一。二是自然保护区与地方经济发展的矛盾。由于保护区的管理要求严格，一些地方认为捆住了手脚，就把保护与发展对立起来，存在建立自然保护区会阻碍地方经济发展的误区，对自然保护区的建设和管理存在畏难和消极抵触情绪。在这样的情况下，自然保护区难以真正发挥职能，解决目前的问题需要配套的政策改革。

由此，理顺管理体制。要按照大部门体制改革的方向，深化生态保护区管理体制改革，逐步改变目前多部门管理的模式，对自然保护区实行统一管理。通过深化改革，达到职能统一、管理统一、政策统一、目标统一，提高生态功能保护区的管理水平，为保护区的生态改善与环境建设提供好的制度环境。一是提升生态保护区的级别。将关系重大生态安全的省级保护区上升为国家级、县级上升为省级，提升生态保护区科学管理的层次和水平。二是将源区自然保护区的发展建设纳入中央的社会与经济发展计划，加强投入并由中央政府直接管理，包括定编定额，任命和考核干部，以从根本上理顺国家对保护区的管理责任，使保护区的经费得到基本保证，真正集中保护管理。三是处理好共同推进和事权划分的关系。对生态保护区实行统一管理，解决部门分割问题。生态保护区建设要坚持事权划分原则，分层推动，分级负责管理。根据生态保护区实际特点和建设需求，保护区建设应建立“国家、地方、部门齐抓共建”的投入机制。

八　建立和健全流域生态补偿机制

基于国家主体功能区的划分，为促进区域协调发展，应对源区大量的限制和禁止开发区域，除了已经实行的财政转移支付和退耕还林、还草政策外，还应在财政上专辟生态和环境保护基金，给予补偿；除了中央财政渠道外，还应探索区域之间发展权机会损失补偿机制，即由优化和重点开发区域获得了发展权的区域向被限制和禁止发展区域进行发展权补偿。

一是流域生态补偿。明确源区水权和水价权，下游受益区要给予上游一定的补偿，实行保护与利益挂钩；将上下游地区的生存发展权利、资源开发权利和享有清洁河流、生态安全保障的权利综合起来，重新配置界定，由上下游地区结成利益共同体，共享良好环境，共担生态建设成本。要加快水资源管理体制改革和机制创新，尽快建立从中央到地方权威、高效的水资源统筹管理领导体制和办事协调机制，加快水资源管理一体化进程，明确管理责任，形成协调机制。

二是引导建立区际生态补偿专项基金模式的横向生态补偿机制。可借鉴德国等以州际财政平衡基金的模式实现横向转移的方法，在我国经济生态关系密切的同级政府间建立区际生态转移支付基金，通过地方政府间的相互协作，实现生态成本在区域间的有效交换与分担。区际生态转移支付基金由特定区域内生态环境收益区和提供区政府间的财政资金拨付形成，拨付比例应在综合考虑人口规模、财力状况、GDP 总值和生态效益外溢程度等因素的基础上来确定。

三是建立面向社会的保护区生态补偿专项基金。只要是自然保护区生态补偿政策框架内获得的其他社会资金，包括国际组织、外国政府、国内机构、团体或个人基于生态保护建设的义务捐资或各种援助，可以建立自然保护区生态补偿专项基金，并依法纳入规范化监督管理的范畴进行有效运作使用。

四是完善政绩评价考核机制。在主体功能区的建设框架下，对重点开发区、限制开发区域、禁止开发区设置分类考核指标，源区要偏重于生态环境的改善，重视生态指标评价；在实行生态保护方面，应该以中央财政支持为主。同时，政府可以出台相关政策，鼓励企业、个人对限制开发区域的环境进行承包性保护，中央财政对禁止开发区域的保护行为要予以支持。要逐步明确各类自然保护区的性质与功能，采取积极有效的管理与保护政策，由于区域内经济活动较少，经济来源有限，难以依赖区域内部的经济发展支持保护生态与禁止开发的各类支出，需要中央政府给予大力支持。

第十二章　东江源区环境经济社会和谐共生支持体系①

建设生态文明，实现环境经济社会和谐共生，必须建立系统完整的价值理念政策制度支持体系。以完善的制度保障生态功能保护区，修复完善生态功能，是建设“美丽中国”，促进地区生态保护与经济社会协调发展基础。构建包括文化、环境、经济、社会、政策制度等生态文明转型为一体的支持体系②，完善包括生态文明制度体系在内的决策制度、评价制度、管理制度、考核制度等，必将有效地保障东江源生态功能保护区环境经济社会和谐共生发展。

第一节　构建以人与自然共生为核心的生态伦理价值体系

一　人的价值观念决定人的决策行为方式

人们生态意识的淡薄、生态价值观的缺失、人与自然关系的错位，是生态危机产生的根源。建设生态文化就是要以生态文明的理念，用人与自然协调发展的观点去思考问题。③ 科学认识生态价值，重塑人与自然和谐

---

① 李志萌：《生态保护区环保与经济和谐共生发展研究——以东江源区为例》，《江西社会科学》2006 年第 1 期；李志萌：《构建环境经济社会和谐共生支持体系——基于生态功能保护区建设的思考》，《江西社会科学》2008 年第 6 期；李志萌：《生态经济区保护与发展互动协调研究——以鄱阳湖生态经济区为例》，《鄱阳湖学刊》2009 年第 7 期；李志萌：《推进鄱阳湖生态经济区五大体系建设》，《江西日报》2010 年 2 月 1 日。

② 关于印发《国家重点生态功能保护区规划纲要》的通知，http：//blog. tianya. cn/blogger/post_ read. asp？ blogid = 1317119&postid = 11717511.

③ 欧阳志远：《关于生态文明的定位问题》，《光明日报》2008 年 1 月 29 日。

的生态价值观、伦理道德和行为规范，是破解生态危机的基础和前提。生态文化是人们对自然生态系统的本质规律的反映，是人们根据生态关系的需要和可能，最优化地解决人与自然关系问题所反映出来的思想、观念、意识的总和。① 生态文化还包括人类为了解决所面临的种种生态环境问题，为了更好地适应环境、改造环境、保持生态平衡、与自然和谐相处，求得人类更好地生存与发展所采取的种种手段以及保证这些手段顺利实施的战略、制度。它是对传统工业文明的反思和超越，是在更高层次上对自然法则的尊重与回归，致力于可持续发展。②

人类是自然生命系统的一部分，人类与自然界的其他生命形式相互依存、相互制约、不可分离；人与自然的关系制约着人与人的关系，调整好人与自然的关系，便是协调人类的社会关系，便是追求人类社会的文明与进步，否则就会导致环境的退化和文明的衰亡。历史上有许多文明社会的崩溃，如苏美尔文明、玛雅文明等早期文明的消失，其主要原因就是它们赖以生存的环境资源的破坏。③ 可见，人类对自然资源的开发必须与对环境的修复相平衡。中国古代的“天地与我并生，而万物与我为一”④ “能尽物之性，则可以赞天地之化育”⑤ 等天人合一人与自然和谐相处、福泽后世的思想，以及民间“风水林”培护、粮草轮作保持地力等就是传统哲学文化生态观的具体反映。作为资源消耗的主体，人类有义务承担起更大的环境责任，必须遵从自然法则，受自然法则的约束。20 世纪以来，世界环保主义对传统工业文明的发展方式进行了有力的挑战。生态文化的理念开始成为人类共识，即人类对环境的权利与义务必须统一，有享受物质生活、追求自由与幸福的权利，但这种权利必须限制在环境承载能力许可的范围之内，不对后代人的生存和发展构成威胁。⑥

---

① 章汝先：《论生态文化　生态文明》，http：//archives. hainan. gov. cn，2009 - 08 - 17.

② 潘岳：《环境文化与民族复兴》，《管理世界》2004 年第 1 期。

③ ［美］加雷德·达尔蒙：《环境的崩溃与文明的终结（上）》，《国外社会科学文摘》2003 年第 10 期。

④ 《庄子·齐物论》。

⑤ 《中庸·尽性章》。

⑥ 潘岳：《建设环境文化倡导生态文明》，《求是》2004 年第 2 期。

二　生态文明是对以往不同阶段文明的扬弃、反思和超越

纵观生态伦理和生态文化的形成和发展，是与人类发展不同文明阶段密切相关。根据生产力及科技发展水平，人类文明可分为农业文明、工业文明和生态文明。每个阶段表现为不同的特征，人与自然的关系也经历了人对自然的敬畏和顺从，对自然的利用、改造和回归自然、尊重自然的过程。生态文明是人类发展必然和趋势，是对以往不同阶段的扬弃、反思和超越。目前，经济落后导致发展的渴望与生态功能保护矛盾，是生态脆弱敏感地区发展面临的最大压力。如东江源区经济增长方式存在的问题表现为：脐橙等果业面积的扩大、稀土、钨矿开采等工业快速发展及城镇外延式扩张趋势明显，经济在粗放的轨道上运行，表现为土地、矿产资源的高消耗、高投入，低产出。粗放的经济增长给环境造成了两方面的破坏：一方面，浪费了宝贵的资源，加速了资源的耗竭；另一方面，向环境排放出了过多的污染物质，增加了环境的负担。

在实际工作中，由于人们自身认识局限或其他原因，往往只重视经济数字增长情况，而忽视环境等其他社会综合因子变化情况，也就是“唯GDP论”。以传统GDP为主要指标的国民经济核算体系，是以市场化的产出来衡量经济增长和进步程度的。在这样的体系中，自然资源和生态环境都是“免费商品”，自然资源的耗减和环境质量的下降不但不会减少GDP，反而治理污染的经济活动所产生的收益还将计入GDP，即污染也成为GDP的增长点，造成GDP的虚增。在GDP核算存在种种缺陷的情况下，容易导致一些地方不惜代价片面追求增长速度，忽视结构、质量、效益，忽视生态建设和环境保护。

“先污染、后治理”，国内外许多沉痛教训已经告诉我们，此路是行不通的；当今，生态安全已成为人们第一位的现实需要，要满足这一需求，就需要人们作多方面的改变，让自然生态系统保护平衡和良性循环。由此需要生态文化的引导，需求科学技术的生态转向和生产生活方式的低碳与生态化转变，引导绿色消费。生态行为文明要求人类对环境的权利与义务必须统一，对自然资源的开发必须与对环境的修复相平衡。作为资源消耗的主体，人类有义务承担起更大的环境责任，必须遵从自然法则，受自然法则的约束，从而朝着人与自然的互惠共生，协同

进化的方向发展，逐步实现科技观的生态转向，认识到生态圈自我调节的不可替代性，科技开发要符合生态发展，实现由传统的征服自然的价值观到人与自然协同进化的转变。通过生态文化引导与公众参与管理的需求。明确地以道德规范的形式把环境作为人类的保护对象，形成人与自然协同进化的伦理道德要求，即保护环境、生态公正。尊重生命、善待自然、适度消费，以此作为处理人与自然环境关系中的道德标准，进行环境道德评价。

三　促进东江源可持续发展的生态文化价值理念

东源区作为珠江流域和香港的源头活水，必须按国家重点功能区的功能定位，通过理念、制度和机制的创新促进经济发展方式转变，促进经济环境的协调发展。第一，树立人与自然和谐共生的观念，培养善待生命、尊重自然的伦理观。充分发掘、整理、保护和利用我国传统哲学文化中的生态思想，吸取其生态文化的精华，借鉴国内外先进的生态环保理念，运用到现代生态建设中。第二，建立环境经济社会相协调、可持续的发展观。当地经济社会发展决策，要树立生态环境是资源、是资本、是资产的价值观，确立保护生态环境就是保护生产力，改善生态环境就是发展生产力的发展观。以生态文化促进生态文明，促进人与自然的和谐共生，实现经济社会的可持续发展。第三，树立为子孙后代留有空间的代际公平责任意识。倡导节约资源、文明健康的生活方式。积极倡导适度、节俭绿色消费方式，形成保护生态环境光荣、破坏生态环境可耻的道德意识，每个人都有维护生态平衡、维护他人生存权利的义务，担当起保护生态环境的重要职责。企业要增强社会责任感，把节能环保当作增强核心竞争力和提升企业社会形象的大事要事，积极推动运用环保技术。强化公众参与制度，构建全民参与环保的治理结构。以生态文化教育引导公民参与生态文明建设。广泛持久地开展生态建设宣传，普及可持续发展知识，宣传国家有关可持续发展的方针政策、法律法规和标准规范。倡导节约资源、文明健康的生活方式。积极倡导适度、节俭绿色消费方式，每个人都有维护生态平衡、维护他人生存权利的义务，担当起保护生态环境的重要职责。建设生态文明的文化氛围，使人与自然和谐的理念成为人从奉行的价值观。

第二节　构建生态系统功能顺向演替为基础的生态恢复保护体系①

一　实现生态系统功能的顺向演替是生态恢复保护的目标

实现包含“自然—人—社会”复合生态系统功能的顺向演替，是当今世界生态保护研究的焦点和重点。日益严重的水环境污染、大气污染和固体废弃物污染；不断加剧的资源短缺，如水资源、耕地资源、森林资源、矿产资源的锐减；生态系统的破坏及其所带来的土地荒漠化、酸雨蔓延、全球气候变暖、生物多样性减少等，打破了全球生态系统的自然循环和自我平衡，造成了日益严重的环境危机，威胁着人类的生存发展，甚至对地球的命运也造成了严重的威胁。“如果我们继续沿着目前的经济道路走下去，问题就不会是环境恶化是否将导致经济衰退，而是什么时候衰退。如果环境支持系统崩溃了，经济是无法幸存的，技术再先进也将于事无补。”②

生态功能保护成为当今国际社会区域生态保护重要切入点，国际上普遍重视对具有重要生态功能的生态系统进行系统方式的管理，尊重大自然的力量，依靠生态系统的自我调节能力进行修复，或者辅以人工措施，使遭到破坏的生态系统逐步恢复或使生态系统向良性循环方向发展。③ 目前，我国重要生态功能区生态破坏严重，部分区域生态功能整体退化甚至丧失，严重威胁国家和区域的生态安全。突出表现在：大江大河源头区生态功能退化，水源涵养功能下降，对下游地区的生态安全带来威胁；北方重要防风固沙区植被破坏和绿洲萎缩，沙尘暴威胁严重；江河、湖泊湿地萎缩，生态系统退化，洪水调蓄功能下降；部分地区水土流失加剧，威胁区域可持续发展；部分重要物种资源集中分布区自然生境退化加剧，生物多样性维系功能衰退等。其主要原因之一，便是经济发展与生态保护之间

---

① 李志萌：《生态保护区环保与经济和谐共生发展研究——以东江源区为例》，《江西社会科学》2006 年第 1 期。

② 莱斯特·布朗：《B 模式 2.0：拯救地球　延续文明》，东方出版社 2006 年版。

③ 刘照光、包维楷：《生态恢复重建的基本观点》，《世界科技研究与发展》2001 年第 12 期。

的矛盾以及落后的生产生活方式造成区域生态功能破坏。因此，构建保护区生态修复保护体系，实现生态系统功能由逆向演替向顺向演替转变迫在眉睫。

二 东江源区生态恢复与重建的目标是生态系统整体功能的提升

为建设东江源国家生态功能保护区，江西省进行了系列的生态保护和生态修复工程，对重点生态功能区施行抢救性保护、对重点资源开发区施行强制性保护，除划定东江源区生态功能核心区禁止开采矿产资源外，凡新建矿产资源开采项目都必须符合矿产资源总体规划要求，并做好环境影响评估报告和水土保护方案及地质灾害评估报告，对生态环境良好区施行积极性战略，加速区域生态质量的恢复和生态环境重建。作为我国稀土矿的主产地之一，东江源区县由于经济的落后和受利益的驱使，20世纪稀土矿开采曾一窝蜂上，往往破坏了整座山的植被，剥去了表层土，山体被挖得沟壑纵横，生成了严重的沙土流失和环境污染。90年代中期，推广新技术，采取了原地浸矿的采矿方法，这种方法不会破坏植被，又可回收稀土，较好地解决了采矿环境破坏的问题，这一新的浸提工艺已取得明显的效应。虽然保护环境的要求缩小了发展道路的选择空间，但新技术的选择又可拓展发展的空间，不仅消除了污染、又降低了成本，避开发展与环境的矛盾。当地政府目前加强了矿产开发的管理，严禁兴建高浪费、高消耗、高污染的小采矿、小冶炼工业，解决结构性污染问题，山体及植被得到了良好的保护，通过植树育林重现了青山绿水的景象。

退化生态系统恢复与重建的程序与内容有：确定恢复对象和系统边界——生态退化诊断分析和综合评价——生态系统恢复与重建决策——恢复与重建试验示范研究——生态恢复的后续监测、预测与评价——完善与调整——实现恢复的目标。

三 促进“发展度、协调度、持续度”三者结合最优化的生态系统保障

历史的教训和当前的人地矛盾现实也告诉我们，人工植物群落重建必须同时考虑生态学和经济学原则，必须同时考虑人类的经济发展的愿望和

表 12—1　　　生态系统恢复与重建的程序、内容及保护体系

<table>
<tr><th>序号</th><th>程序</th><th>内容</th><th>制度保障</th><th>目标</th></tr>
<tr><td>1</td><td>确定恢复对象和系统边界</td><td>系统层次、级别、空间尺度、结构</td><td rowspan="7">探索出切实可行的生态恢复重建模式；强化生态环境监管，完善资源管理体制；利用先进生产技术，加强环境资源再生能力建设</td><td rowspan="7">实现“发展度、协调度、持续度”三者结合的最优化</td></tr>
<tr><td>2</td><td>生态退化诊断分析和综合评价</td><td>退化原因、类型、阶段、强度</td></tr>
<tr><td>3</td><td>生态系统恢复与重建决策</td><td>恢复与重建的方向可行性分析；投资、生态风险评价；恢复与重建优化方案</td></tr>
<tr><td>4</td><td>恢复与重建试验示范研究</td><td>根据恢复目标和原则，对恢复对象进行可行的技术、工程修改实践</td></tr>
<tr><td>5</td><td>生态恢复的后续监测、预测与评价</td><td>生态恢复后的生态经济社会效益，对生态系统良性发展的作用</td></tr>
<tr><td>6</td><td>完善与调整</td><td>对监测、预测与评价中存在问题及时修正与调整、完善</td></tr>
<tr><td>7</td><td>实现恢复目标</td><td>复杂生态系统朝向更加合理、更为协调的方向进化</td></tr>
</table>

环境治理的现实，兼顾生态和经济效益①。从国内正反两方面的事实可以得出，符合我国的适当的恢复和重建目标应是生态与经济结合的，达到具有一定的结构、功能相互协调的良性循环状态的高效和谐的山地生态系统。既改善环境、扭转系统退化、提高系统整体功能，又能使生态经济同时持续发展②。为此，根据生态系统生产力理论，处理好土地资源、水资源、森林资源、矿产资源开发利用与保护的关系，提高资源节约与高效利用的潜力，研究资源开发利用的限制因素，建立以资源环境承载力为基础

① 刘照光、包维楷：《生态恢复重建的基本观点》，《世界科技研究与发展》，2001 年。

② 孙书存、包维楷：《恢复生态学》，化学工业出版社 2005 年版。

的经济发展模式[①]。由此：

第一，保护自然资源，提高生态环境质量。积极探索东江源生态修复保护模式、修复技术和生态工程建设措施，借鉴国内外山地水源保护成功的做法，探索出切实可行的生态恢复重建模式。目前，以短期经济效益的获取为目标的经济型植被的重建，如人工速生用材林、各类经济林、薪材林等，造成了环境保护与经济发展矛盾，不能很好解决当前面临的人地矛盾、林农牧矛盾，不利于区域持续发展[②]。近几年，杉木、落叶松、桉树等人工林地衰退严重，马尾松林、柏木林病虫害严重等问题已困扰着我国南方林区林业的持续发展（盛炜彤，1993）。其根本原因在于没有考虑环境弱化的现实和生态学规律的制约，致使环境进一步退化。反过来，经济效益也难以持续。由此，东江源区必须充分借鉴国外的水环境治理、湿地恢复及我国“三北”地区的防护林工程建设、长江中上游防护林工程建设、南方丘陵红壤治理等成功的做法和失败的教训，按自然法则、社会经济技术原则充分发挥生态系统的自我修复能力，封山育林、退耕还林还草，保护恢复生态功能，用生态系统方式提高森林生态系统、土壤生态系统的生态功能，加大区域自然生态系统的保护和恢复力度，恢复和维护区域生态功能。第二，强化生态环境监管，完善资源管理体制。加强东江源区法律法规和监管能力建设，提高环境执法能力，避免边建设、边破坏；强化监测和科研，提高区内生态环境监测、预报、预警水平，及时准确掌握区内主导生态功能的动态变化情况，为生态功能保护区的建设和管理提供决策依据。逐步完善自然资源法规体系，确立法治在自然资源开发利用与保护中的核心地位，合理开发利用资源，满足可持续发展需要。第三，充分利用先进生产技术，加强环境资源再生能力建设。大力提高为解决环境问题的物质和技术条件，减少生态破坏，处理好土地资源、水资源、森林资源、矿产资源开发利用与保护的关系，提高资源节约与高效利用的潜力，实现资源的永续利用。根据生态系统生产力理论，研究资源开发利用的限制因素，避免“因过致溃”现象产生，建立以资源环境承载力和环

---

① 李志萌：《构建环境经济社会和谐共生支持体系——基于生态功能保护区建设的思考》，《江西社会科学》，2008年。

② 刘照光、包维楷：《生态恢复重建的基本观点》，《世界科技研究与发展》，2001年。

境容量为基础的经济发展模式。实现经济发展方式根本转变，寻找实现经济发展与环境保护的平衡点。实现“自然——人——社会”的复杂生态系统朝向更加合理、更为协调的方向进化，实现“发展度、协调度、持续度”三者结合的最优化①。

第三节　构建以生态产业及循环经济为特征的生态经济体系

一　生态恢复重建应实现“生态链”与特色“产业链”的结合

生态的退化和经济发展的落后一个重要的原因便是人类非持续利用生存和发展所需资源的恶果。在恢复和重建过程中，必须与地方产业与经济开发结合，生态恢复重建才有可能真正实现，尤其是在欠发达的国家和地区。单从保护生态环境的角度去管理或单从发展经济的角度去谈发展，最终都将无法实现预定目标②。生存和发展是两大根本。反思存在的多重矛盾和现实存在的状况，生态恢复重建必须与区域社会经济文化状况联系起来，特别在生态脆弱区和脆弱带，贫困人口所占比重很大，只考虑生态上的恢复，而不考虑经济上的发展，也很难为人们普遍接受③。如东江源地区，生态建设另一个核心点就是使当地群众脱贫致富，发展经济。必须根据当地生态建设区域、自然资源优势和现阶段的状况，根据市场的需求，以当地历史上形成的名优产品，培育新经济增长点，发展产业链。以市场为导向，通过龙头企业，带动发展区域有特色的产业，包括农、牧、林、副以及旅游产业等其他无污染无公害的绿色产业，形成（恢复）已有的优势产业。构成基地建设——初加工——深加工——精加工以及形成商品的一系列的不断增值的新兴产业，特别是发展精品生产，既有利于区域经济发展，又有利于农村劳动力的转移和城镇化的形成，可以强化生态恢复重建在农村经济结构调整、山区脱贫和国土整治中的作用，从而促进生态

---

① 李志萌：《构建环境经济社会和谐共生支持体系——基于生态功能保护区建设的思考》，《江西社会科学》，2008 年。

② 李志萌：《生态保护区环保与经济和谐共生发展研究——以东江源区为例》，《江西社会科学》，2006 年。

③ 刘照光、包维楷：《生态恢复重建的基本观点》，《世界科技研究与发展》，2001 年。

与社会经济双重效益的协调发展。产业链是在多样性的基础上考虑的，必须以区域特色的生物多样性资源为基础①。在延伸产业链，发展精品产业上必须要精、要有特色，要延伸产业链形成精品产业。要在不同生态类型区，根据市场需求与发展，根据区域人口社会与经济发展状况，科学地找到自己的特色资源，突出重点，在生态链的基础上发展特色产业链②。

二　在生态价值实现的条件下实现经济价值

在确保生态价值实现的条件下去实现经济价值：一方面，传统的产业要实现生态化转向，如传统农业和工业向生态农业和生态工业转变，创造符合生态规律的经济价值，确保经济效益和生态价值的共同实现；另一方面，由于生态价值和精神价值本身含有丰富经济价值，我们应因地制宜，转变发展方式，重点建设以实现生态系统的生态价值和精神价值为目的的新兴产业，如东江源保护区可发展生态森林产品、良好的水质生态产品，提升生态服务能力，开展生态旅游、生态有机农业，文化创意产业等，将生态经济的价值以经济价值的方式实现出来，丰富经济价值的内涵，实现生态资源保护与经济开发利用的统一。

表 12—2　生态文明价值理念下生态保护与经济开发相统一的发展模式

	工业文明	生态文明
经济模式	线性经济	循环、生态经济
自然资源利用方式	加工后使用	少取或不取，再利用
自然资源消解方式	废弃，不可自然恢复	低排放、零排放
产业政策引导	传统产业	环境友好型产业（生态森林产品、生态旅游、有机农业、文化创意）、产业链与生态链的融合
政绩考核	GDP 数量	GDP 质量
区域发展	行政区划内布局发展	根据主体功能定位优化发展
发展结果	居民收入增加，但付出环境代价	居民收入及生态产品增加，区域生态服务能力提升

① 刘照光、包维楷：《生态恢复重建的基本观点》，《世界科技研究与发展》，2001 年。

② 同上。

三　形成以“自然平衡”为前提、和谐共生为基础的产业体系

构建东江源区的产业体系，要在保护优先的前提下进行，生态环境与产业发展有着极高的相关度，产业政策的制定与实施会直接或间接影响环境系统[①]。在观念创新的基础上，自觉发展生态产业。利用一切现代科技的积极成果，在促进可再生自然资源增殖的同时，不断开发不可再生自然资源的替代品的产业。选择适合的主导产业，要发展资源消耗少、排放低、效率高的生态工业、生态农业、生态服务业等环境友好型与资源节约型产业[②]。建立以“自然平衡”为前提、以和谐共生为基础、以持续发展为目标、以综合效益为内容的生态产业，实现经济发展和生态保护“双赢”。[③]

第一，遵循自然生态规律，产业定位、布局必须符合功能区要求。建立产业政策的环境影响评价制度，充分考虑产业对环境的影响，调整产业结构，发展资源消耗少、排放低、效率高的环境友好型与资源节约型产业，大力推进产业生态化进程，努力探索生态环境效益型经济发展模式，推进东源头区域经济增长方式转变。决不能以“饮鸩止渴”的危险方式来发展经济，否则将会对环境造成严重的损害，最终会危及本地区的可持续发展。第二，建立支撑功能保护区发展的生态产业体系。生态产业的意义不仅在于恢复生态循环和减轻环境压力，更在于能确保人类物质支持系统的可持续性。生态保护区经济的发展必须因地制宜，利用自身生态环境和文化独特优势，发展符合功能区定位的产业。重点发展生态农业和生态旅游业，同时发展适度规模的生态工业、生态资源产业，大力倡导绿色消费，实现经济产业生态化和生态经济产业化，获得最佳的综合效益。如东江源国家生态功能保护区面向香港、广东及海外等，以“东江源”为品牌开展“母亲河”探源及当地历史民俗、客家文化为特色的生态旅游业；以绿色无公害脐橙种植、“猪——沼——果”生态循环的农业产业，大力创办绿色基地；从本地资源优势出发，用先进生态技术促进产业发展，依

---

① 李志萌：《构建环境经济社会和谐共生支持体系——基于生态功能保护区建设的思考》，《江西社会科学》，2008 年。

② 同上。

③ 同上。

托丰富森林竹木资源制品的加工业以及新技术稀土采矿等产业发展态势良好[①]。这些主导产业的选择和进一步发展是变东江源区资源优势为经济优势，把经济可持续发展建立在资源可持续利用的基础上。第三，树立循环理念，探索发展循环经济的有效途径。推动“资源——产品——污染排放”所构成的传统模式，向“资源——产品——再生资源”所构成的循环经济模式转变。积极推广沼气、小水电、太阳能及其他清洁能源，解决农村能源需求，减少对自然生态系统的破坏。推动发展模式从先污染后治理型向生态亲和型转变，使生态产业在区域国民经济中逐步占据主导地位，形成具有区域特色的生态经济格局。

第四节　构建以环境友好、和谐稳定为目标的生态社会体系

一　维持良好的环境与摆脱贫困是保护区建设的目标

建立良好的生态社会体系，是保护区建设的重要社会基础。我国生态保护区的强制性保护资源管理方式，在一定程度上制约了当地社区居民对资源的利用，当地传统的生产生活方式受到限制。但保护区的生态建设与和谐社区建设又具有统一性。生态功能保护区的建设，可提高当地社区的知名度，有利于当地社区与外界的沟通，引进先进的资源利用管理技术，推动传统生产方式的变革，促进当地社区生态产业的发展，并在一定程度上改善社区的环境；另外自然保护区建设需要当地社区的支持和帮助，当地居民参加自然保护区建设保护还可以节约管理成本，并可使部分居民从依赖和利用资源来维持生活转向从事资源管理工作，从而缓解当地社区对资源保护的压力。[②] 可见，摆脱贫困与维持良好的环境之间，并没有必然的矛盾。现实中两者之间存在的冲突，往往是某种摆脱贫困的方式导致的或是某种保护环境的方式造成的，如果说贫困农民的生态环境保护意识差，这更多地是指他们可能不会主动地有意识

① 刘良源、李志萌：《东江源区生态资源评价与环境保护研究》，江西科技出版社 2006 年版。

② 吴晓敏等：《论自然保护区与社区协调发展》，《农业生态环境》2002 年第 2 期。

地保护生态环境，但对于他们赖以生存的土地、山林等自然资源，他们是知道应该和如何维护这些衣食之本的。他们对于有稳定所有权和使用权的资源，总是精心维护，因为资源环境恶化，贫困地区的农民是首当其冲的受害者。但作为一项恢复和重建计划，没有群众的参与是难以实现的，若不考虑经济利益，群众是没有积极性的，恢复和重建就难以成功。[①] 因此，必须有正确的政策引导、完善的体制机制，创新保护区的管理模式，让生态区居民成为资源环境可持续利用的维护者和保护区经济社会发展的建设者。

二　生态恢复重建要兼顾生态和经济社会效益

从我国近几十年的山地森林恢复与重建的实践历史来看，主要有两类目标。一类是以水源涵养、水土保持林等生态效益发挥为主要目标，突出恢复和重建生态型植被。如我国植树造林事业迅速发展，但植被恢复与重建的效果并不令人满意。究其原因：一方面是因为对自然条件认识不足，未能很好遵循生态学原理，造林办法不当及缺乏有效的管理；另一方面就在于未能与当地社会经济持续发展联系起来。没有充分考虑地方群众脱贫致富的经济需求，群众不积极参加，顺利实施难，恢复的也难以持续发展。历史教训也让我们清醒认识到生态恢复重建必须同时考虑生态学和经济学原则，必须同时考虑人类的经济发展的愿望和环境治理的现实，兼顾生态和经济效益。[②]

第一，提高基本公共服务水平，消除地区发展的不平衡状况。着力解决东江源区居民的贫困问题，提高农民和城镇低收入家庭的收入水平。加大对生态建设和环境保护支持力度，改善农村特别是核心区农民生产生活条件，把农村和谐社区建设与生态社区建设结合起来，探索建立生态敏感区农民增收的长效机制，努力提高基本公共服务水平，使生态保护区内的居民生活水平达到本地区中等水平。[③] 第二，树立环境安全观念，建立有

---

① 李小云等：《环境与贫困：中国实践与国际经验》，社会科学文献出版社 2005 年版。

② 孙书存、包维楷：《恢复生态学》，化学工业出版社 2005 年版。

③ 李志萌：《推进鄱阳湖生态经济区五大体系建设》，《江西日报》2010 年 2 月 1 日。

效的社区参与机制。引导当地居民认识到生态功能保护区建设的重要作用和意义，不断提高全民的生态环境保护意识，增强全社会公众参与的积极性。树立“青山绿水也是金山银山”的观念，让人们体悟到自然是人类生命的依托，尊重生命、爱护生命并不是人类对其他生命存在物的慷慨施舍，而是人类自身进步的需要。[①] 第三，严格控制人口总量，努力提高人口素质。实现保护区的人口、经济发展与生态环境资源的承载能力相适应，逐步消除贫困落后对生态的压力。东江源生态功能保护区位于偏远的山区，人口科学文化素质较低。人口素质的提高，能有效地促进下一代的健康成长，增加他们工作的机会，提高他们的社会地位，有利于社区的民主管理与社会稳定。农民的科学文化素质提高了，不仅有助于加快他们脱贫致富的步伐，而且有助于他们采用更有效的资源利用方式，减少对资源的盲目和破坏性利用[②]；实施农民知识化工程，对农民进行就业培训，增强农民的产业技能、务工技能和创业技能，通过区域协作机制，积极组织东江源头地区农业富余劳动力输出到长珠闽地区就业，以较好地减轻人口对生态环境建设的压力。同时结合生态移民工程和新农村建设，实现当地农民异地脱贫致富。第四，建立城乡协调的人居环境体系。以确保人民健康为目标，进一步完善政府公共管理和社会服务职能。大力加强环境卫生建设，完善城乡公共卫生服务设施，建立绿色安全的人居环境，空气质量、水质、主要污染物排放强度、污水生活垃圾处理率、人均绿地面积等生态环境指标达到生态城乡的标准；按照建设生态功能区定位要求，结合区域的发展趋势与特点，深化区域城镇体系规划。要特别注意城镇土地、水资源的保护与合理利用，提高城镇文化品位，强化和完善城镇功能；加快社会主义新农村建设，统筹城乡建设规划，编制体现地方特色和时代特征的乡镇村庄规划，建设生态型乡镇、村庄。通过建设环境优美乡镇、生态村等多种形式，提高当地居民参与生态功能保护区建设的积极性，使当地的经济发展与生态功能保护区的建设融为一体。

---

① 徐春：《生态文明蕴涵的价值融合》，《光明日报》2005 年 1 月 30 日。

② 李周：《中国反贫困与可持续发展》，科学出版社 2007 年版。

第五节　构建体现公平与可持续发展为原则的生态政策体系

一　需要体现保护区居民生存权与发展权公平的政策

生态功能保护区，因其特殊的功能定位，在国土空间开发中，属于禁止开发、限制开发区，经济相对落后。目前我国对生态功能保护区的抢救和强制性保护政策，忽视协调解决保护区与社区发展的基本矛盾，实际上是在扩大两者之间的距离[①]。由于国家对管理区的支持力度不够，在经费严重不足的情况下往往走上开发道路，通过各种途径创收增加经费来源，保护区在创收的过程中，往往通过特殊的权力获得特殊的利益，这种不公平的利益机制引起当地居民的不满，造成保护区的建设与当地社区居民生产生活的矛盾。由于没有提供到位的补偿和替代发展的政策和途径，当地居民得到利益往往很少，并且在很大程度上要求当地居民以牺牲自身的利益承担保护的责任，必然影响当地居民维护生态资源的积极性和主动性。

二　区域不协调、环境保护制度的创新和激励、补偿机制不完善

区域之间协调机制不完善，如水流域上下游所处的功能区划、环境容量、环境功能达标要求不同，单个行政单元辖区内及行政单元之间发展和保护矛盾突出，导致上下游老百姓实际享有的生存权、发展权在一些地区长期以来不对等。而流域内行政单元各自为政的划定，给上下游协调发展带来极大困难，给整个流域生态功能保护及对经济社会发展支撑作用发挥带来极大制约，也容易最终导致各自发展的不持续。

环境保护制度的创新和激励、补偿机制不完善。目前，环境保护制度形成的一种导向就是：环境保护是政府的事，消费者和企业则是制度的被动的遵守者，缺乏自觉遵守制度的激励和补偿，一旦制度出现了漏洞或监管不力，就会容易钻政策的空子[②]。目前，环境破坏对企业而言往往只是

---

① 中国人与生物圈国家委员会：《中国自然保护区可持续管理研究》，科学技术文献出版社2000年版。

② 李梓辉：《努力实现经济与环保的共生发展》，《江西社会科学》，2002年。

一种外部不经济性，短期内常常对企业的经营状况不产生直接影响，因而企业缺乏对环保技术需求和对环保改造的积极性和自觉性[①]。

建立东江流域生态协作协调发展机制。应打破原来的单一水环境管理方式，以前以流域综合流域管理并提升到生态系统管理角度，目前国际上已将水环境研究、流域综合管理的重心转向流域生态系统管理，从流域尺度进行污染治理、生态恢复以及生态系统管理，实现流域内社会经济与生态系统健康的统一、协调。能有效突破传统的以行政区为单元、人为割裂流域各要素和各区段之间自然联系的做法，达到人与自然和谐的可持续发展目标。

表 12—3　　从生态系统角度进行管理转变

	单一水环境管理	流域综合管理	流域生态系统管理
目标	相对单一：水质保护、水环境功能维持	相对集中：水资源利用的最大化和优化配置，维持社会经济发展	较为综合：维系流域水系生态结构和功能的完整性和持续性，水质保护、资源利用的可持续性，实现流域经济的持续发展
原则	水环境保护为主	综合协调、水质水量并重、上下游兼顾、水资源配置优化	综合协调基础上的维系生态系统结构与功能，以适当的科学工具、适应性管理
管理对象	水系和污染源	水资源及其利用主体	水系和流域生态系统
管理方式	命令—控制型为主	产权基础上的经济刺激性管理为主综合管理与利益者协调并重	管理模拟自然过程；服务于综合目标而非单一目标；多种管理方式并重；适应性管理
水资源利用	行政区为单元	水资源优化利用	流域统一规划和综合管理
管理机构	地方管理	部门与地区之间的合作	成立上中下游统一管理的东江流域管理委员会

① 黄建清、韦倩虹、方成江：《左江壮文化生态保护区环保与经济可持续发展研究》，《农村经济与科技》，2007 年。

三　建立体现公平和可持续发展政策制度体系

政策制度支持体系建设是生态功能区保护与发展的重要保障，政策制度支持体系的设置必须体现公平、可持续发展的原则。

第一，加快建立体现社会公平的生态补偿政策。生态补偿体现了两种含义：人类对生态环境的补偿，实现生态正义；人类社会成员之间的补偿，实现生态责任和生态利益分配正义。[①] 应根据生态系统服务价值、生态保护成本、发展机会成本，运用财政、税费、市场等手段，调节生态保护者、受益者和破坏者经济利益关系的制度安排。一是建立有利于生态的财政转移支付制度。在目前财政政策的框架基础上，增加对重要生态功能区的补助，形成激励机制。对重要的生态服务功能实施国家购买，对国家级生态功能保护区和国家级生态公益林的经济价值进行评估，将分年度的补偿转变为分期付款，实行国家购买。[②] 二是建立基于主体功能区的生态补偿政策及流域生态补偿和污染赔偿机制。增加对限制开发区、禁止开发区的财政转移支付，逐步使当地居民在教育、医疗、社会保障、公共管理、生态保护与建设等方面享有均等化的基本公共服务。加大对限制开发区和禁止开发区生态环境保护项目的投资力度。

第二，加强地区合作，加快建立有利于生态服务的区域协调机制。生态服务具有公共性，生态保护区建设应该以国家为实施主体，由于生态服务又具有地域性和层级性，还有赖于直接受益地区、企业、组织、民间团体以及个人的支持与资助，实现生态补偿的横向转移支付。一是加快流域生态补偿。目前建立在生态受益区赎买生态建设区生态服务基础上的机制极其稀缺。[③] 加快流域生态补偿则是我国生态补偿应该优先突破的领域，其核心是水质和水量的控制，将流域水资源进行统一管理与合理配置，建立和完善水权制度，明晰水资源的使用权，明确水质水量达标的补偿责任与不达标的赔偿责任。建立国家、地方、部门协调机制，明确监督、管理

---

① 王良海：《试论生态补偿的内涵》，《四川环境》2006 年第 6 期。

② 王金南：《建立环境经济政策体系　推动又好又快发展》（上、下），《中国环境报》2008 年 1 月 14 日。

③ 中国 21 世纪议程管理中心可持续发展战略研究组：《生态补偿：国际经验与中国实践》，社会科学文献出版社 2007 年版。

责任。通过机制建立，明确流域功能定位、各行政单元责任和义务，变行政单元各自的发展而导致偏利、偏害为互惠、和谐多赢。[①] 二是建立生态产业扶持机制。如东江流域的中下游广东、深圳和香港等地应以水资源补偿的名义向东江源区投资，进行合作，兴办绿色生态产业，并给予税收优惠等政策上扶持，有效解决江河源区发展权的实现问题。引导当地农民走产业就业富民的道路，奠定坚实的生态修复基础。

第三，建立多渠道的投融资体系，创新环境保护制度。要探索建立生态功能保护区建设的多元化投融资机制，充分发挥市场机制作用，吸引社会资金和国际资金的投入。如涵养水源功能区应积极筹措建立流域“生态环境建设基金”争取共用江河水资源的各地政府和民间支援，争取国际组织和企业集团的资助，吸引多方资金投入环保产业，进一步拓宽环保资金渠道。改变长期以来巨大的环保资金投入由源区来承担，上下游地区的经济社会发展差距越来越大的局面，实现源头区域由“靠山吃山”向“养山就业”转变。同时，要克服存在的体制障碍和技术制约，加强环境管理跨省（区、市）的协调体制，建立绿色国民经济核算体系和环境审计体系，逐步完善资源与效益的量化技术和货币化技术，为生态补偿提供强有力的技术支持。实现环保制度的创新，将经济激励与约束机制引入环境保护制度中。运用价格与利益机制给经济主体提供充分的激励，将环境保护与企业利润最大化或消费者的效用最大化目标联系起来，推动绿色消费，发展先进的生产力，实现生产、消费与环境保护的和谐一致。

第四，完善市场建设，充分发挥市场主体作用。明确环境责任原则，实现开发者养护、利用者补偿、污染者治理、受益者负担、破坏者恢复、管理者负责。一是利用市场政策：按照“谁污染，谁付费”的原则，对单位污染物排放量限制，使之成为排污企业的内在成本，纳入企业的经济决策中，从而促使企业转变发展方式，达到减少污染排放的目的。二是创建市场：包括明确产权，建立可交易的许可证与排污权，建立森林碳汇等区域间及国际补偿等。建立企业环境综合评价体系，对讲信用、环境设施完善、环保产品生产企业，在市场准入、消费引导方面给予支持和激励。

---

① 刘国才：《流域经济要与环境保护协调发展》，《中国环境报》2007年4月18日。

增强企业社会责任感，把节能环保当着增强核心竞争力和提升企业社会形象的大事，提高企业节能减排、推动运用环保技术积极性和保护环境的自觉意识。三是增加主体的环境违约成本。通过环境保护制度的完善与创新。以严格的约束制度，一旦企业或个人的违约成本超过收益，面临着成本与收益的权衡上，企业或个人必然会作出理性的选择。[①]

第六节　政府主导、市场运作、群众参与的生态保护组织体系

一　环境管理组织的有机系统及政策工具

环境管理体制是指环境管理系统的结构和组成方式，即采用怎样的组织形式以及如何将这些组织形式结合成为一个合理的有机系统，并以怎样的手段和方法来实现环境管理的任务。[②] 政府、企业、公众“三元结构”是将环境管理从“政府直控”转变为“社会制衡”的方式。在环境管理中，政府的角色是规制者、监督者和裁判者，企业是实施方和自我管理方，公众包括市民、学者、媒体和环境社会组织，如非政府组织（NGO），是社会监督者和自我参与者。

目前政策体系主要是以政府为核心，但政策的单向度明显。在西方发达国家，环境保护事业已经高度社会化，企业和公众的参与在环境管理中已经具有举足轻重的地位。[③] 长期以来，社会公众的监督参与被视为环境管理体制的外部作用机制，但随着公众参与在环境保护中的作用日益明显，我国环境管理体制的内涵得到扩展，社会公众参与监督机制将纳入体制的范畴。社会公众参与监督机制已成为我国的公共管理模式新内涵。

二　政府、企业、社会三方责任和目标

多元的治理架构与政策目标最大化的需求。把生态建设和环境保护放

---

① 李梓辉：《努力实现经济与环保的共生发展》，《江西社会科学》，2002 年。

② 马军惠：《中国政府环境保护管理体制的改革完善研究》，西北大学硕士论文，2008 年。

③ 同上。

在首要位置，把资源承载能力、生态环境容量作为经济发展的重要依据，探索建立反映资源环境成本和生态效益的绿色国民经济核算体系，在保护生态环境中谋求发展。由此，必须设置与生态文明建设相适应的环境保护政策，从政府法规、制度、行政管理手段，市场机制、公众参与三方面政策。明确政府、企业、社会三方责任和目标。

表12—4 行政、市场、公众三种不同的政策工具

行政手段	利用市场	创建市场	公众参与
标准 禁令 许可证/配额	减少补贴 环境税 使用税 补偿金/保证金 专项补贴	产权（环境权、资源权、排放权等）确立权力下放/民营化可交易的许可证/使用权	公众参与 信息公开

资料来源：世界银行：《里约后五年——环境政策的创新》，中国环境科学出版社1997年版。

政府的责任与目标：建立法律和制度基础架构，保证现代社会的稳定、进步和经济的运行、增长；通过制定和实行公共政策，保持宏观经济的稳定，避免市场经济的发展出现周期性的变动；保持社会的正义、秩序和稳定。在社会经济发展过程中，协调和解决各种社会利益冲突，保护弱势群体的利益不受侵害；承担起保护环境和自然资源的责任；维护市场公平竞争和市场秩序；通过税收制度等经济杠杆纠正要素市场的不完备，实现社会公平和稳定。

企业的责任与目标：作为人类生产资料和生活资料的生产者和制造者，企业在工业化、现代化进程中扮演着重要角色：一方面，企业对人类生存和发展作出了巨大贡献；另一方面，作为自然资源的最大消费者和环境污染的主要制造者，企业又是自然环境受到污染、生态平衡遭到破坏、自然资源日趋枯竭等问题的主要肇事者。推动环境保护工作实现环境科技的创新，转变发展方式是企业的责任、义务，也是企业未来利润的增长点。

个人的责任与目标：环境保护不能依赖运动式的政府行动，需要社会公众的广泛参与，并建立一种长效机制，从法律制度上确保公众参与的有

效落实，这是环境保护的根基。[①] 社会主体一方面作为社会发展中的一员，贡献其智慧和力量；另一方面又为政府和企业在执行可持续发展政策中的影响者，承担监督作用。在生态功能保护区要充分发挥农户生态保护中的作用，促成其经营行为对当地的生态环境积极作用。[②]

三　农户经营行为对东江源区生态环境影响研究

农户的生态环境意识直接影响到农户的经营行为，并会导致其行为对生态环境产生积极或消极的作用。可见，农户生产经营行为同农村生态环境质量具有非常重要的关系。因此，从农户入手，研究并优化农户生产经营行为方式，保护和改善农村生态环境，对促进东江源生态环境建设具有重要的意义。在此背景下，本研究主要利用一般计量模型建构了农户生产经营行为对东江源区生态环境影响的数理模型，利用微观调查数据检验分析，力求给出合理政策建议。[③]

（一）研究方法设计

1. 变量选取与模型构建[④]

农户经营行为是指为了满足自身物质需要或精神需要，个体或群体在特定的社会环境中对农产品价格和生产要素价格变动作出的农业投入与管理的反应或决策，主要包括农户生产投资行为、消费行为、择业行为和储蓄行为等。在此定义基础上，学者们通常认为应从农户的角度把农户经营行为的影响因素分为内、外部影响因素。我们通过访谈发现，农户的经营行为很大程度上受到传统意识和耕作方式的影响，农户在现有的经济、社会外部条件约束下来确定自己的经营目标，为实现该目标而采用相应的手段。往往通过经营行为，追求短期的增产和效益，而忽略对生态环境的长期影响。基于此，本研究将选取表 12—5 所示变量来衡量农户的生产经营行为。

---

① 王洪亮、黄江铃、刘良源：《江西东江源区森林涵养水源价值评估与保护对策》，《江西林业科技》，2010 年。

② 曹明德：《环境保护的根基》，人民网，2007 年 6 月 20 日。

③ 侯俊东、吕军、尹伟峰：《农户经营行为对农村生态环境影响研究》，《中国人口·资源与环境》2012 年第 3 期。

④ 同上。

表 12—5 农户经营行为分析变量选择及编码

指标类型	变量名称	代码	变量涵义及取值
农户家庭特征	家庭总人口	X1	1 = 1—2 人；2 = 3—4 人；3 = 5—6 人；4 = 7 人以上
	人均收入	X2	1 = 2300 元以下；2 = 2301—4000 元；3 = 4001—6000 元；4 = 6001—8000 元；5 = 8001 元以上
	农户户主年龄	X3	1 = 30 岁以下；2 = 30—50 岁；3 = 51—60 岁；4 = 60 岁以上
农户家庭经营特征	农户经营土地面积	X4	实际土地亩数
	每亩化肥施用量	X5	实际投入化肥量

根据郭秋忠等（2011）对江西东江源区生态环境综合评价研究结果，我们也将东江源区各乡镇生态综合质量指数（y）作为衡量农村生态环境的指标，参考已有的研究方法，采用一般线性模型来分析农户经营行为对生态环境环境及其具体表现的效应。模型的一般形式：

$$y = \alpha + \beta_1 x_1 + \beta_2 x_2 + \cdots + \beta_p x_p + \varepsilon$$

其中：y 表示农村生态环境变量，X_i（$i = 1, 2, \cdots, p$）表示农户生产经营行为变量，ε 表示随机扰动项。

2. 农户调研方案设计

东江流域源头地区按水系划分跨越江西省寻乌、安远、定南三县，涉及 29 个乡镇，面积达 350 万平方公里。其中我们在寻乌县选择 14 个乡镇，包括长宁镇、晨光镇、留车镇、南桥镇、吉潭镇、澄江镇、桂竹帽镇、文峰乡、三标乡、菖蒲乡、龙廷乡、丹溪乡、项山乡、水源乡。安远县选择 8 个乡镇，包括凤山乡、新龙乡、高云山乡、欣山镇、镇岗乡、孔田镇、鹤仔乡、三百山镇。定南县选择 7 个乡镇，包括龙塘镇、鹅公镇、天九镇、历市镇、老城镇、岭北镇、岿美山镇。根据调查样本的需要和各个区域的特点，每个乡镇选择 10 户进行调研，总共 290 户农户进行相关数据调研分析。

（二）研究结果

1. 描述统计分析结果分析

在表 12—6 中，x_1 代表家庭总人口；x_2 代表人均收入；x_3 代表农户户主年龄；x_4 代表农户经营土地面积；x_5 代表每亩化肥施用量。其中家庭总人口变量中，最大值为 6，最小值为 4，均值为 5.1；家庭人均收入变量中，最大值为 4134 元，而最小值为 2258 元，均值 2891 元；农户户主年龄变量中，最大为 55 岁，最小为 42 岁，均值 49.4 岁；农户经营土地面积最大值 94 亩，最小为 31 亩；每亩化肥施用量最大 130 公斤，最小为 70 公斤，平均每亩 95.1 公斤。

表 12—6　　　东江源农户经营行为的描述性统计分析

变量名称	最大值	最小值	均值	中位数
x_1	6	4	5.1	5
x_2	4134	2258	2891	2753
x_3	55	42	49.4	49
x_4	94	31	50.8	47
x_5	130	70	95.1	98

2. 计量分析结果分析

为了消除数据的不平稳性，本报告对相关变量取对数化处理。由于方程在估计可能存在自相关，所以本报告利用 ARMA 技术对估计方程进行了调整。最终建立模型如下：

$$\ln Y = \alpha_0 + \beta_0 * \ln(x_1) + \beta_1 * \ln(x_2) + \beta_2 * \ln(x_3) + \beta_3 * \ln(x_4) + \beta_4 * \ln(x_5)$$

所采用的分析软件是 Eviews 6.0，估计的结果如表 12—7 所示：

根据对模型进行定量分析，其回归结果表明：

x_1 代表家庭总人口；x_2 代表人均收入；x_3 代表农户户主年龄；x_4 代表农户经营土地面积；x_5 代表每亩化肥施用量。

表 12—7 计量分析结果

解释变量	被解释变量：生态综合质量指数（log（y））		
	估计系数		t 值
常数 c	α_0	4.3501**	2.1485
ln（x_1）	β_0	-0.2918**	-0.8682
ln（x_2）	β_1	0.1027	0.6934
ln（x_3）	β_2	0.4941	2.2184
ln（x_4）	β_3	-0.2075**	-2.3115
ln（x_5）	β_4	-0.3472**	-0.8864
调整的 R^2	0.6059		
F 统计量	9.7641		
D-W 值	1.47		

注：***、**、*分别表示在1%、5%、10%水平上显著。

一是在农户家庭特征方面，农户的家庭总人口与生态综合质量指数呈显著的负相关性，这说明家庭人口越大，产生的生活垃圾、消耗资源越大，对环境污染程度越高，从而影响到生态综合质量指数提升。农户人均收入与生态综合质量指数呈正相关，原因可能是人均收入越高，生活水平也就越高，对环境保护的投入相对比较高，这也有利于提升区域生态综合质量指数水平。农户户主年龄与生态综合质量指数呈正相关，原因可能是农户户主年龄越大，对农业生产经验更多，生产生活造成污染排放和资料使用更少，这也有利生活环境质量提高。但农户人均收入、农户户主年龄在回归统计上不显著。

二是在农户家庭经营特征方面。农户经营土地面积和单位面积化肥施用量与生态综合质量指数呈显著的负相关性，这原因可能是农户经营土地面积越大，单位面积化肥施用量越大，也有可能影响到周边环境，也就造成生态综合质量指数下降。

（三）结论与政策建议

通过东江源区农户生产经营行为对农村生态环境影响的实证分析，可以得出以下结论并提出建议：

一是在农户家庭特征方面，农户人均收入与农户户主年龄有可能影响到生态环境状况，这两个指标与生态综合质量指数都是呈正相关关系，原因可能是人均收入越高，生活水平也就越高，对环境保护的投入相对比较高，环保意识越强。当前，东江源区农业环境的恶化，很大一部分原因就是农户环境保护意识不足，对农业经营行为所造成的环境污染的后果认识不到位。当然，当地农户的收入水平比较低，对环境保护投入不足，这也是重要原因。因此，一方面要加大对环境保护意识，培养农户的生态保护的自觉性；另一方面则是提出发展多种生态经营，进行生态资本运行，提高当地农户的收入。

二是在生产经营过程中，农户的土地经营规模、土地经营方式对农村生态环境中的污染影响较大，不利于当地生态综合质量水平提高。因此，未来减低当前农户经营行为对环境造成的不利影响，要大力发展生态农业，加强农户技术的培训和推广。

参考文献

1. 王松霈：《生态经济建设大辞典》，江西科技出版社 2013 年版。

2. 李周、杨荣俊、李志萌：《产业生态经济：理论与实践》，社会科学文献出版社 2011 年版。

3. 王晓鸿等：《鄱阳湖湿地生态系统评估》，科技出版社 2004 年版。

4. 欧阳志云、王如松、赵景柱：《生态系统服务功能及其生态经济价值评价》，《应用生态学报》1999 年第 5 期。

5. 张建国：《森林生态经济问题研究》，中国林业出版社 1986 年版。

6. 杨淳朴、吴国深等：《世纪工程——山江湖开发治理》，江西科技出版社 1996 年版。

7. 杨美玲、米文宝、周民良：《主体功能区架构下我国限制开发区域的研究进展与展望》，《生态经济》2013 年第 10 期。

8. 邹冬生：《生态保护产业及其集群发展战略研究》，《湖南大学学报》2013 年第 6 期。

9. 付佰杰、陈利顶、刘国华：《中国生态区划的目的任务及特点》，《生态学报》1999 年第 5 期。

10. 燕乃玲、虞孝感：《我国生态功能区划的目标原则与体系》，《长江流域资源与环境》2003 年第 6 期。

11. 蔡佳亮、殷贺、黄艺：《生态功能区划理论研究进展》，《生态学报》2010 年第 30（11）期。

12. 张胜武、石培基：《主体功能区研究进展与述评》，《开发研究》2012 年第 3 期。

13. 张媛、王靖飞、吴亦红：《生态功能区划与主体功能区划关系探讨》，《河北科技大学学报（季刊）》2009 年第 1 期。

14. 《国家生态保护红线——生态功能基线划定技术指南（试行）》，国家环境保护部，2014 年。

15. 李云燕：《北京市生态涵养区生态补偿机制的实施途径与政策措施》，《中央财政大学学报》2011 年第 12 期。

16. 李国平、李啸：《国家重点生态功能区转移支付资金分配机制研究》，《中国人口·资源与环境》2014 年第 5 期。

17. 高国力：《我国主体功能区划分及其分类政策初步研究》，《宏观经济研究》2007 年第 4 期。

18. 财政部：《国家重点生态功能区转移支付办法》2011 年 7 月 19 日。

19. 艾晓燕、徐广军：《基于生态恢复与生态修复及其相关概念的分析》，《黑龙江水利科技》2010 年第 3 期。

20. 李洪远、鞠美庭：《生态恢复的原理与实践》，化学工业出版社 2005 年版。

21. 朱丽：《关于生态恢复与生态修复的几点思考》，《阴山学刊》2007 年第 1 期。

22. 王煜倩：《生态退化与生态恢复研究综述》，《太原科技》2009 年第 4 期。

23. 马世骏：《现代生态学透视》，科学出版社 1990 年版。

24. 彭少麟、陆宏芳：《恢复生态学焦点问题》，《生态学报》2003 年第 23（7）期。

25. 胡聃：《生态恢复设计的理论分析》，《中国环境科学学会成立 20 周年大会论文集》，中国环境科学出版社。

26. 师尚礼：《生态恢复理论与技术研究现状及浅评》，《草业科学》2004 年第 21（5）期。

27. 任海、彭少麟：《恢复生态学导论》，科学出版社 2002 年版。

28. 刘兴土：《我国湿地的主要生态问题及治理对策》，《湿地科学与管理》2007 年第 3（1）期。

29. 魏远、顾红波等：《矿山废弃地土地复垦与生态恢复研究进展》，《中国水土保持科学》2012 年第 4 期。

30. 杨晓艳、姬长生、王秀丽：《我国矿山废弃地的生态恢复与重建》，《矿业快报》2008 年第 10 期。

31. 李海英、顾尚义、吴志强：《矿山废弃土地复垦技术研究进展》，《矿业工程》2007 年第 5（2）期。

32. 杨晓艳、姬长生、王秀丽：《我国矿山废弃地的生态恢复与重建》，《矿业快报》2008 年第 10 期。

33. 王永生等：《采治同步　确保生态恢复——加拿大、澳大利亚矿山环境治理制度与实践》，《中国国土资源报》2007 年 4 月 27 日。

34. 李洪远、马春等：《国外多途径生态恢复 40 案例》，化学工业出版社 2010 年版。

35. 黄敬军、华建伟等：《废弃露采矿山旅游资源的开发利用——以盱眙象山国家矿山公园建设为例》，《地质灾害与环境保护》2007 年第 18（2）期。

36. 胡锦涛：《坚定不移沿着中国特色社会主义道路前进　为全面建成小康社会而奋斗》，《人民日报》2012 年 11 月 18 日。

37. 陈湘满：《论流域开发管理中的区域利益协调》，《经济地理》2002 年第 5 期。

38. 毛显强、钟瑜、张胜：《生态补偿的理论探讨》，《中国人口·资源与环境》2002 年第 12（4）期。

39. 李文华、李芬、李世东等：《森林生态效益补偿的研究现状与展望》，《自然资源学报》2006 年第 21（5）期。

40. 钱水苗、王怀章：《论流域生态补偿的制度构建——从社会公正的视角》，《中国地质学报》2005 年第 9 期。

41. 王金南：《环境经济学：理论·方法·政策》，清华大学出版社 1994 年版。

42. 刘国才：《流域经济要与环境保护协调发展》，《中国环境报》2007 年 4 月 18 日。

43. 王朝才、刘军民：《中国生态补偿的政策实践与几点建议》，《经济研究参考》2012 年第 1 期。

44. 董战峰、林健枝、陈永勤：《论东江流域生态补偿机制建设》，《环境保护》2012 年第 2 期。

45. 陈德敏、董正爱：《主体利益调整与流域生态补偿机制——省际协调的决策模式与法规范基础》，《西安交通大学学报（社会科学版）》2012 年第 3 期。

46. 宦洁、胡德胜：《以机制创新推动生态补偿机制科学化》，《理论导刊》2011 年第 10 期。

47. 郭恒哲：《城市水污染生态补偿法律制度研究》，《法制与社会》2007 年第 10 期。

48. 安徽省财政厅：《新安江流域水环境补偿试点工作材料》，内部资料，2012 年 7 月。

49. 贺海峰：《试点来之不易：新安江跨省生态补偿试点调查》，《决策》2012 年第 8 期。

50. 郑海霞：《中国流域生态服务补偿机制与政策研究》，中国经济出版社 2010 年版。

51. 葛颜祥、吴菲菲、王蓓蓓、梁丽娟：《流域生态补偿：政府补偿与市场补偿比较与选择》，《山东农业大学学报（社会科学版）》2007 年第 4 期。

52. 龚高健：《中国生态补偿若干问题研究》，中国社会科学出版社 2011 年版。

53. 丁四保等：《区域生态补偿的方式探讨》，科学出版社 2010 年版。

54. 任勇、冯东方、俞海等：《中国生态补偿理论与政策框架设计》，中国环境科学出版社 2008 年版。

55. 吴箐、汪金武：《完善我国流域生态补偿制度的思考》，《生态环境学报》2010 年第 19（3）期。

56. 韩升：《自由主义视野的表达与批判——查尔斯·泰勒的共同体概念》，《哲学动态》2009 年第 4 期。

57. 秦艳红、康慕谊：《国内外生态补偿现状及其完善措施》，《自然资源学报》2007 年第 4 期。

58. 周玉玺、葛颜祥：《水权交易制度绩效分析》，《生态经济学报》2006 年第 4（1）期。

59. 李志萌：《保护区生态环境功能退化的成因与对策——以东江源国家级生态功能保护区为例》，《鄱阳湖学刊》2012 年第 3 期。

60. 陈声明等：《生态保护与生物修复》，科学出版社 2008 年版。

61. 王权典：《基于主体功能区划自然保护区生态补偿机制之构建与完善》，《华南农业大学学报（社会科学版）》2010 年第 1 期。

62. 国家环境保护总局：《全国生态保护“十一五”规划》，http：//www.china.com.cn/policy/txt/2006 - 11/08/content_9252600_2.htm，2006 - 11 - 08.

63. 李志萌等：《东江源区森林资源价值核算与评估》，《中国科技成果》2010 年第 7 期。

64. 刘良源、李玉敏、李志萌等：《东江源区流域保护和生态补偿研究》，江西科学技术出版社 2011 年版。

65. 胡魁德、邢久生、龙兴：《江西省水资源调查评价概况》，《江西水利科技》2005 年第 2 期。

66. 李志萌：《以产业生态化推进经济发展方式转变》，《江西日报》2011 年 2 月 14 日。

67. 国家环境保护总局：《关于印发〈国家重点生态功能保护区规划纲要〉的通知》，http：//www.zhb.gov.cn/gkml/zj/wj/200910/t20091022_ 172483.htm，2007 - 10 - 31.

68. 张志辽：《生态移民的缔约分析》，《重庆大学学报（自然科学版）》2005 年第 8 期。

69. 任耀武、袁国宝、季凤瑚：《试论三峡库区生态移民》，《农业现代化研究》1993 年第 1 期。

70. 包智明：《关于生态移民的定义、分类及若干问题》，《中央民族大学学报》2006 年第 1 期。

71. 葛根高娃、乌云巴图：《内蒙古牧区生态移民的概念、问题与对策》，《内蒙古社会科学》2003 年第 2 期。

72. 刘学敏：《西北地区生态移民的效果与问题探讨》，《中国农村经济》2002 年第 4 期。

73. 方兵、彭志光：《生态移民：西部脱贫与生态环境保护新思路》，广西人民出版社 2002 年版。

74. 国家发改委国土开发与地区经济研究所：《中国生态移民的起源与发展》，内部资料，2004 年。

75. 李东：《中国生态移民的研究——一个文献综述》，《西北人口》2009 年第 1 期。

76. 杜小丽：《基于建构主义的生态移民研究》，中国海洋大学硕士论文，2010 年。

77. 许德祥：《水库移民系统与行政管理》，新华出版社 1998 年版。

78. 张小明、赵常兴：《诱导式生态移民的决策过程和决策因素分析》，《环境科学与管理》2008 年第 5 期。

79. 谭国太：《三峡库区生态移民的理论与实践》，《重庆行政（公共论坛）》2010 年第 2 期。

80. 周建、施国庆、李菁怡：《生态移民政策与效果探析——以新疆塔里木河流域轮台县生态移民为例》，《水利经济》2009 年第 27（5）期。

81. 温会礼：《移民扶贫是科学发展的重要民生工程——对江西赣州市移民扶贫工作的调研》，《老区建设》2009 年第 9 期。

82. 王玉倩：《山区移民搬迁扶贫开发模式研究》，河北农业大学硕士论文，2012 年。

83. 王永平、陈勇：《贵州生态移民实践：成效、问题与对策思考》，《贵州民族研究》2012 年第 5 期。

84. 孙家雨：《关于深山区移民的调研——江西省安远县深山区移民的生活现状与对策》，《老区建设》2009 年第 10 期。

85. 李志萌：《流域生态补偿：实现地区发展公平、协调与共赢》，《鄱阳湖学刊》2013 年第 1 期。

86. 杨志诚：《东江源区经济发展转型与产业结构调整》，《科技广场》2012 年第 8 期。

87. 马玉成：《“三江源”生态移民后续产业发展的对策措施》，《农业经济》2007 年第 12 期。

88. 欧阳志远：《关于生态文明的定位问题》，《光明日报》2008 年 1 月 29 日。

89. 章汝先：《论生态文化　生态文明》，http：//archives. hainan. gov. cn，2009－08－17.

90. 潘岳：《环境文化与民族复兴》，《管理世界》2004 年第 1 期。

91. ［美］加雷德·达尔蒙：《环境的崩溃与文明的终结（上）》，《国外社会科学文摘》2003 年第 10 期。

92. 莱斯特·布朗：《B 模式 2.0：拯救地球　延续文明》，东方出版社 2006 年版。

93. 孙书存、包维楷：《恢复生态学》，化学工业出版社 2005 年版。

94. 刘良源、李志萌：《东江源区生态资源评价与环境保护研究》，江西科技出版社 2006 年版。

95. 吴晓敏等：《论自然保护区与社区协调发展》，《农业生态环境》2002 年第 2 期。

96. 李小云等：《环境与贫困：中国实践与国际经验》，社会科学文献出版社 2005 年版。

97. 徐春：《生态文明蕴涵的价值融合》，《光明日报》2005 年 1 月 30 日。

98. 李周：《中国反贫困与可持续发展》，科学出版社 2007 年版。

99. 中国人与生物圈国家委员会：《中国自然保护区可持续管理研究》，科学技术文献出版社 2000 年版。

100. 王良海：《试论生态补偿的内涵》，《四川环境》2006 年第 6 期。

101. 王金南：《建立环境经济政策体系　推动又好又快发展（上、下）》，《中国环境报》2008 年 1 月 14 日。

102. 中国 21 世纪议程管理中心可持续发展战略研究组：《生态补偿：国际经验与中国实践》，社会科学文献出版社 2007 年版。

103. 世界银行：《里约后五年——环境政策的创新》，中国环境科学出版社 1997 年版。

104. 曹明德：《环境保护的根基》，人民网，2007 年 6 月 20 日。

105. 全国农业自然资源调查和农业区划委员会：《中国综合农业区划（初稿）》，中国农业出版社 1980 年版。

106. 国家发改委宏观研究院课题组：《我国主体功能区划分及其分类政策初步研究》，《宏观经济研究》2007 年第 4 期。

107. 燕乃玲：《生态功能区划与生态系统管理：理论与实证》，上海社会科学院出版社 2007 年版。

108. 胡鞍钢：《关于设立国家生态安全保障基金的建议——以青海三江源地区为例》，《攀登》2010 年第 1 期。

109. 魏后凯：《中国区域政策：评价与展望》，经济管理出版社 2011 年版。

110. 田代贵：《主体功能区的划分及其财政政策效应》，《改革》2009 年第 12 期。

111. 杨京平、卢剑波：《生态恢复工程技术》，化学工业出版社 2002 年版。

112. 彭少麟：《退化生态系统恢复与恢复生态学》，《中国基础科学》2001 年第 3 期。

113. 包维楷、刘照光、刘庆：《生态恢复重建研究与发展现状及存在的主要问题》，《世界科技研究与发展》2001 年第 23（1）期。

114. 卢剑波、王兆骞：《南方红壤小流域生态系统综合开发利用的限制因子分析》，《自然资源》1995 年第 4 期。

115. 彭冬水：《赣南稀土矿水土流失特点及防治技术》，《亚热带水土保持》2005 年第 17（3）期。

116. 梁福庆：《三峡工程库区生态移民研究》，《中国科技论坛》2007 年第 10 期。

117. 史树娜、黄小葵：《北方少数民族地区生态移民研究文献综述》，《内蒙古财经学院学报》2011 年第 5 期。

118. 皮海峰、吴正宇：《近年来生态移民研究述评》，《三峡大学学报（人文社会科学版）》2008 年第 1 期。

119. 刘小强、王立群：《国内生态移民研究文献评述》，《生态经济（学术版）》2008 年第 1 期。

120. 税伟、徐国伟、兰肖雄、王雅文、马菁：《生态移民国外研究进展》，《世界地理研究》2012 年第 3 期。

121. 乌力更：《社会公平与生态移民——生态移民工程中的民族文化保护问题》，《理论研究》2006 年第 5 期。

122. 谭国良等：《江西水系》，长江出版社 2007 年版。

123. 江西省水利厅、江西省水文局：《江西河湖大典》，长江出版社 2007 年版。

124. 彭崑生等主编：《江西生态》，江西人民出版社 2007 年版。

125. 林毅夫等：《欠发达地区资源开发补偿机制若干问题的思考》，科学出版社 2009 年版。

126. 陶春：《中国稀土资源战略研究》，中国地质大学博士论文，

2011 年。

127. 尚宇：《中国稀土产业国际竞争力研究》，中国地质大学博士论文，2011 年。

128. 苏文清：《中国稀土产业经济分析与政策研究》，中国财政经济出版社 2009 年版。

129. 倪平鹏等：《我国稀土资源开采利用现状及保护性开发战略》，《宏观经济研究》2010 年第 10 期。

130. 姚国征等：《矿区土地复垦与生态修复研究综述》，《西部资源》2006 年第 3 期。

131. 廖作鸿：《赣州市矿产资源开发利用的 SWOT 分析》，《中国矿业》2009 年第 3 期。

132. 《江西省人民政府办公厅印发赣州市稀土整治工作方案的通知》赣府厅字［2011］28 号。

133. 孙亚平：《赣州市龙南地区稀土矿矿山环境遥感研究》，中国地质大学硕士论文，2006 年。

134. 孔凡斌：《中国生态补偿机制：理论、实践与政策设计》，中国环境科学出版社 2010 年版。

135. 韩永伟等：《重要生态功能区及其生态服务研究》，中国环境科学出版社 2012 年版。

136. 严耕、杨志华：《生态文明的理论与系统建构》，中央编译出版社 2009 年版。

137. 诸大建：《生态文明与绿色发展》，上海人民出版社 2008 年版。

138. 沈满洪等：《生态文明建设与区域协调发展战略研究》，科学出版社 2012 年版。

139. 李志萌：《生态保护区环保与经济和谐共生发展研究——以东江源区为例》，《江西社会科学》2006 年第 6 期。

140. 李志萌：《构建环境经济社会和谐共生支持体系——基于生态功能保护区建设的思考》，《江西社会科学》2008 年第 6 期。

141. 李周：《生态经济理论与实践进展》，《林业经济》，2008 年。

142. 赵景柱等：《基于可持续发展综合国力的生态系统服务评价研究——13 个国家生态系统服务价值的测算》，《系统工程理论与实践》

2003 年第 1 期。

143.《生态功能区划与主体功能区划的关系研究》课题组：《必须明确生态功能区划与主体功能区划关系》，《浙江经济》2007 年第 2 期。

144. 杨邦杰、高吉喜、邹长新：《划定生态保护红线的战略意义》，《中国发展》2014 年第 1 期。

145. 李干杰：《划定生态保护红线 确保国家生态安全》，《中国矿业报》2014 年 2 月 11 日。

146. 唐俐俐、孙国峰：《我国主体功能区划与区域联合生产力培育浅析》，《生产力研究》2011 年第 7 期。

147. 环境保护部、国家发展和改革委员会、财政部：《关于加强国家重点生态功能区环境保护和管理的意见》，环发［2013］16 号，2013 年 1 月 22 日。

148. 徐长勇：《我国主要生态功能区绿色农业发展模式研究》，《生态经济》2009 年第 6 期。

149. 许开鹏、黄一凡、石磊：《已有区划评价及对环境功能区划的启示》，《环境保护》2010 年第 14 期。

150. 宋法龙：《以基材—植被系统为基础的生态护坡技术研究》，安徽农业大学硕士学位论文，2009 年。

151. 叶建军、许文年、王铁桥、周明涛等：《南方岩质坡地生态恢复探讨》，《岩石力学与工程学报》2003 年第 22（增 1）期。

152. 杨永利：《滨海重盐渍荒漠地区生态重建技术模式及效果的研究——以天津滨海新区为例》，中国农业大学博士论文，2004 年。

153. 穆林林：《生态公路边坡生态恢复设计与研究》，武汉理工大学硕士学位论文，2010 年。

154. 胡双双：《岩质边坡生态护坡基材研究》，武汉理工大学硕士学位论文，2006 年。

155. 施大华、张强等：《生态恢复的理论与方法研究》，《科学教育研究》2007 年第 3 期。

156. 赵晓英：《对中国生态恢复的几点思考》，《资源生态环境网络研究动态》1999 年第 10（4）期。

157. 李文朝：《富营养水体中常绿水生植被组建及净化效果研究》，

《中国环境科学》1997 年第 17（1）期。

158. 章家恩、徐琪等：《恢复生态学研究的一些基本问题探讨》，《应用生态学报》1999 年第 10（1）期。

159. 张经炜、姚清尹、李焕珊等：《华南坡地研究》，科学出版社 1994 年版。

160. 刘晓涛：《关于城市河流治理若干问题的探讨》，《上海水务》2001 年第 9 期。

161. 徐曙光：《澳大利亚的矿山环境恢复技术与生态系统管理》，《国土资源情报》2003 年 2 月 15 日。

162. 王永生、黄洁、李虹：《澳大利亚矿山环境治理管理、规范与启示》，《中国国土资源经济》2006 年第 11 期。

163. 赵银军等：《流域生态补偿理论探讨》，《生态环境学报》2012 年第 21（5）期。

164. 中国共产党十八大报告：《坚定不移沿着中国特色社会主义道路前进　为全面建成小康社会而奋斗》，《人民日报》2012 年 11 月 18 日。

165. 麻智辉、高玫：《跨省流域生态补偿试点研究——以新安江流域为例》，《企业经济》2013 年第 7 期。

166. 高玫：《流域生态补偿模式比较与选择》，《江西社会科学》2013 年第 11 期。

167. 张菊梅：《浅析东江行政文化的内涵与特征》，《惠州学院学报（社会科学版）》2009 年第 10 期。

168. 刘青：《江河源区生态系统服务价值与生态补偿机制研究》，南昌大学，2007 年。

169. 曹洪亮：《东江源地区土地利用与覆被时空特征分析》，江西师范大学，2010 年。

170. 麻智辉、薛智韵：《提升江西工业园区发展水平的对策研究》，《科技广场》2008 年第 6 期。

171. 徐玉霞：《基于生态足迹的城市化研究——以宝鸡市为例》，《江西农业学报》2010 年第 6 期。

172. 尹岩等：《基于生态足迹理论的县域可持续发展状况分析——以康平县为例》，《林业资源管理》2012 年第 4 期。

173. 龚建文、张正栋：《基于生态足迹模型的区域可持续发展定量评估——以东江流域东源县为例》，《生态环境学报》2009 年第 9 期。

174. 高长波：《广东省生态可持续发展定量研究：生态足迹时间维动态分析》，《生态环境》2005 年第 2 期。

175. 黄涛：《广州市 2008 年生态足迹核算与分析》，《广东化工》2013 年第 6 期。

176. 刘云南：《生态足迹理论在生态市建设规划中的应用——以海口市为例》，《生态学报》2007 年第 5 期。

177. 侯鑫喆：《用生态足迹法研究我国土地资源人口承载力》，《山西财经大学学报（高等教育版）》2010 年第 11 期。

178. 魏静：《1995—2004 年河北省生态足迹分析与评价》，《干旱区资源与环境》2008 年第 6 期。

179. 郭秀锐、杨居荣、毛显强：《城市生态足迹计算与分析——以广州为例》，《地理研究》2003 年第 10 期。

180. 林家淮、欧书丹、刘良源：《东江源区森林涵养水源、固碳制氧价值估算》，《江西科学》2009 年第 4 期。

181. 黄水生、姜爱萍、李志萌、陆建秀、刘良源：《东江源区森林水源涵养、吸收二氧化碳和释放氧气价值核算》，《江西农业学报》2009 年第 12 期。

182. 廖忠明、陆建秀、刘良源：《东江源区森林净化环境价值核算》，《安徽农业科学》2010 年第 7 期。

183. 《江西省水资源公报》（2000—2013 年），江西省水利厅。

184. 广东省东莞市塘厦镇旗岭泵站输水明渠：《洁净东江水 汩汩涌香》，《人民日报》（海外版）2003 年 1 月 20 日。

185. 黄毓哲：《江西东江源生态补偿机制的思考》，《江西农业大学学报（社会科学版）》2008 年第 12 期。

186. 方红亚、刘足根：《东江源生态补偿机制初探》，《江西社会科学》2010 年第 10 期。

187. 胡小华、方红亚、刘足根、陈小兰：《建立东江源生态补偿机制的探讨》，《环境保护》2008 年第 1 期。

188. 孔凡斌：《江河源头水源涵养生态功能区生态补偿机制研究——

以江西东江源区为例》，《经济地理》2010 年第 2 期。

189. 胡朋：《国外稀土资源开发与利用现状》，《世界有色金属》2009 年第 9 期。

190. 邢晟：《我国稀土国际市场定价话语权的困境与对策研究》，《价格理论与实践》2011 年第 11 期。

191. 霍再强：《我国稀土国际贸易议价能力制约因素的系统思考》，《中国商贸》2014 年第 5 期。

192. 《中国的稀土状况与政策》白皮书（全文），http：//blog. sina. com. cn/s/blog_92df76be010149ty. html.

193. 沈祝芬：《2010 年江西省稀土产业发展分析》，《中国金属通报》2011 年第 4 期。

194. 程建忠、车丽萍：《中国稀土资源开采现状及发展趋势》，《稀土》2010 年第 4 期。

195. 刘乃瑜：《我国稀土产业新监管框架的形成背景综述》，《商场现代化》2010 年第 12 期。

196. 《加强管理　科学规划　实现稀土产业的可持续发展——热烈祝贺中国（赣州）稀土发展战略研讨会召开》，《稀土信息》2006 年第 6 期。

197. 陈元旭：《从可持续发展看我国非传统矿产资源的开发与利用》，《北京市经济管理干部学院学报》2005 年第 3 期。

198. 陈建国、李志萌：《稀土矿矿山环境治理与土地复垦——以赣南"龙南模式"为例》，《2010 中国环境科学学会学术年会论文集（第四卷)》，2010 年。

199. 李志萌、何雄伟：《赣南稀土产业转型发展与生态修复问题研究》，《2012 年中国生态经济学会学术年会论文集》，2012 年。

200. 江西省社科院课题组：《鄱阳湖生态经济区建设——欠发达地区经济生态化与生态经济化模式的探索》，《江西社会科学》2008 年第 8 期。

201. 傅修延：《生态文明与地域文化视阈中的鄱文化》，《江西社会科学》2008 年第 8 期。

202. 黄新建：《工业园区循环经济发展研究》，中国社会科学出版社 2009 年。

203. 尹小健：《赣南脐橙产业现代化路径分析》，《企业经济》2012年第7期。

204. 傅春：《现有矿产制度下补偿机制实施中的博弈分析》，《生态经济》2009年第1期。

205. 蒋培：《关于我国生态移民研究的几个问题》，《西部学刊》2014年第7期。

206. 刘建明：《新华网专访江西省扶贫和移民办公室主任章康华》，中国江西网，http：//www. jdzol. com/2012/0830/44713. html.

207. 刘萍：《东江流域水源保护区生态补偿机制研究》，山东大学硕士论文，2013年。

208. 胡鞍钢：《关于设立国家生态安全保障基金的建议——以青海三江源地区为例》，《攀登》2010年第1期。

209. 财政部财政科学研究所课题组，贾康：《用好用足中央支持原中央苏区和海峡西岸政策，促进龙岩又好又快可持续发展》，《经济研究参考》2010年第34期。

210. 潘岳：《建设环境文化　倡导生态文明》，《求是》2004年第2期。

211. 李梓辉：《努力实现经济与环保的共生发展》，《江西社会科学》，2002年。

212. 黄建清、韦倩虹、方成江：《左江壮文化生态保护区环保与经济可持续发展研究》，《农村经济与科技》，2007年。

213. 马军惠：《中国政府环境保护管理体制的改革完善研究》，西北大学硕士论文，2008年。

214. 侯俊东、吕军、尹伟峰：《农户经营行为对农村生态环境影响研究》，《中国人口·资源与环境》2012年第3期。

215. 《东江源区森林资源价值核算与评估》，http：//www. docin. com/p—455226277. html.

216. 欧阳志云、王如松：《生态系统服务功能、生态价值与可持续发展》，《世界科技研究与发展》2000年第5期。

217. 邓永红：《大围山自然保护区森林生物多样性生态服务功能评价》，《林业调查规划》2006年10月30日。

218. 王明方、曾桂清、马小勤等:《峡江县森林涵养水源和保育土壤价值核算》,《中国林业经济》2012 年 3 月 10 日。

219. 游小燕、刘英标、华芳:《东江源区水环境保护策略探析》,《人民珠江》2007 年 1 月 25 日。

220. 刘观香、孙贵琴、殷茵:《流域生态补偿分析——以江西东江源区为例》,《江西化工》2006 年 12 月 30 日。

221. 邹璐、王国权、刘良源:《次生林封育与森林生态产业研究——以东江源区森林生态产业为例》,《江西科学》2010 年 2 月 15 日。

222. 王洪亮、黄江玲、刘良源:《江西东江源区森林涵养水源价值评估与保护对策》,《江西林业科技》2010 年第 6 期。

后　记

本书为国家社会科学基金项目《生态恢复保护与经济社会和谐共生研究》（08BJY034）的最终成果。课题于2015年9月通过鉴定，获得良好等级。本书在此基础上充分吸收了评审专家的意见进行修改和完善，并获江西省社会科学院学术文库基金资助出版。

生态环境退化已成为世界各国普遍面临的重要问题，我国是世界上生态系统退化最严重的国家之一，在工业化和城镇化快速的推进中，部分区域生态功能整体退化甚至丧失，实现生态恢复保护与经济社会发展和谐共生已刻不容缓。我国重要生态功能区大都地处生态脆弱带，又是相对贫困、人口较多的地区，面临着人口增加、发展经济与环境保护等多重压力，为确保国家和区域的生态安全，要以生态功能保护区抢救性保护为重点，因地制宜开展生态恢复保护，运用切实可行的生态系统修复的方法和技术，使遭到破坏的生态系统功能逐步恢复，提高生态系统承载力，实现“自然—人—社会”的复合生态系统，朝向更加合理、更为协调的方向进化，实现“发展度、协调度、持续度”三者结合的最优化。

江西东江源区是以水源涵养为主导功能的国家重点生态功能保护区，保持其优良的水质和充足的水量，直接关系到东江流域珠江三角洲、特别是香港同胞饮用水安全和地区的稳定与发展。东江源头区县是全国典型的贫困地区，而中下游区域则是经济社会发达地区，上下游居民收入差距、地区差距、城乡差别十分巨大，地区不平衡、不协调的矛盾突出。本研究结合国家主体功能区规划，重点研究生态功能保护区生态经济社会和谐共生发展支持体系建设，跨地区、跨流域重大环境问题共同解决的协调机制，提出建立体现发展公平为价值取向的生态补偿机制，充分体现生态服务产品的市场供求、资源稀缺程度，体现生态服务价值，构建流域“生态共同体”，调节上下游省际区域间经济发展与环境保护，平衡生态保护义务与受益权的不对称，实现区域发展共赢。在生态保护恢复过程，建立起责任、监督、补偿等有机结合的机制，修复和完善区域生态功能，实现保护区山青水秀；在经济社会发展上，改变粗放型的经济发展方式，实现产业链与生态链的统一，实现地方产业发展与当地群众脱贫致富相结合。本课题以此为例，以小见大、以点带面，在全国具有典型意义，为全国生态功能保护区解决生态功能退化与经济社会发展的突出矛盾，积累了经验，提供了理念指导和现实借鉴。

本书分生态恢复保护综合篇和东江源区生态保护与经济社会协调发展篇，共十二章，参与撰写的人员如下：

导言，李志萌；第一章，李志萌、杨荣俊；第二章，杨荣俊、杨志诚；第三章，杨锦琪、李志萌；第四章，李志萌、高玫；第五章，李志萌、何雄伟、李志茹；第六章，李志萌、喻中文、曾金凤；第七章，李志萌；第八章，李志萌、何雄伟；第九章，李志萌、杨志诚；第十章，张宜红；第十一章，李志萌、杨志诚、李志茹；第十二章，李志萌。

本书得到著名生态经济学家、中国社会科学院原农村发展研究所所长李周研究员，原江西省社会科学院院长傅修延教授，南昌大学黄新建教授，南昌大学傅春教授，江西农业大学黄国勤教授，江西省林业专家、教授级高工刘良源先生的指导和支持。陈宁、马回助理研究员为本书做了大量的资料整理工作。在本书撰写过程中，除已列举的主要参考文献外，作者还吸收了专家、媒体、网站的一些观点和数据资料，因限于篇幅，不能一一列举，在此表示诚挚的谢意。由于本人学识有限，不妥之处在所难免，希望学界同人给予诚恳的批评指正。

李志萌

2017 年 8 月